"创新设计思维"
数字媒体与艺术设计类新形态丛书

全|彩|微|课|版

Photoshop 2022
平面设计实战教程

互联网＋数字艺术教育研究院 策划
任娜 编著

人民邮电出版社
北京

图书在版编目（CIP）数据

Photoshop 2022平面设计实战教程 ：全彩微课版 / 任娜编著. -- 北京 ：人民邮电出版社，2023.4（2024.6重印）
（“创新设计思维”数字媒体与艺术设计类新形态丛书）
ISBN 978-7-115-60389-0

Ⅰ. ①P… Ⅱ. ①任… Ⅲ. ①平面设计－图像处理软件－教材 Ⅳ. ①TP391.413

中国版本图书馆CIP数据核字(2022)第205212号

内 容 提 要

本书运用简洁流畅的语言，结合丰富的实例，详细介绍Photoshop软件的操作方法，并由浅入深地讲解Photoshop 2022在平面设计领域的应用，从而达到培养读者的设计思维、提高读者的实际操作能力的目的。

全书共11章，第1章讲解Photoshop 2022中的重要工具；第2~10章结合数码照片处理、字体设计、标志设计、海报设计、包装设计、新媒体设计、用户界面设计、电商设计、网页设计等实际工作中常见的实例，详细讲解Photoshop 2022在平面设计领域中的各种应用；第11章为两个综合实例。除最后一章外，本书每章都配有实战训练，读者在学习完本章的知识后可以动手练习，以拓展自己的创意思维，提高平面设计能力。

本书可作为普通高等院校数字媒体艺术、数字媒体技术等相关专业的教材，也可作为平面设计人员的参考书。

◆ 编　　著　任　娜
责任编辑　许金霞
责任印制　王　郁　陈　犇
◆ 人民邮电出版社出版发行　　北京市丰台区成寿寺路11号
邮编　100164　电子邮件　315@ptpress.com.cn
网址　https://www.ptpress.com.cn
临西县阅读时光印刷有限公司印刷
◆ 开本：787×1092　1/16
印张：15.25　　2023年4月第1版
字数：396千字　　2024年6月河北第5次印刷

定价：79.80元

读者服务热线：(010)81055256　印装质量热线：(010)81055316
反盗版热线：(010)81055315
广告经营许可证：京东市监广登字20170147号

前 言

Photoshop 2022是一款优秀的图像处理软件，它功能强大，应用广泛。无论是专业的设计工作还是生活中处理照片，使用Photoshop 2022都能很好地完成。

作为一本Photoshop 2022平面设计实战案例入门教程，本书立足于Photoshop 2022常用、实用的设计功能，选择典型的设计案例，力求为读者提供一套“门槛低、上手容易、提升快”的Photoshop 2022平面设计学习方案，同时兼顾教学、培训等方面的使用需求。

本书采用理论知识结合实践操作的方式进行讲解，尽量避免使用术语，以便初学者学习。本书配套提供本书所有教学实例的文件，并配有微课视频，最大限度地方便读者学习。

本书特点

本书精心设计了“知识讲解+实操案例+提示+知识拓展+实战训练+综合实例”等教学环节，符合读者学习知识的认知规律，以有效激发读者的学习兴趣，培养读者举一反三的能力。

知识讲解：讲解重要的知识点和常用的软件功能、操作技巧等。

实操案例：结合每章知识点，设计并制作有针对性的实例，帮助读者掌握所学知识。

提示：讲解重要的操作技巧，使读者在操作软件时更加灵活。

知识拓展：对基础知识进行补充扩展，以及讲解一些理论知识。

实战训练：结合本章内容设计难度适当的练习题，提高读者的实战能力。

综合实例：结合全书内容设计的两个综合实例，培养读者综合应用所学知识的能力。

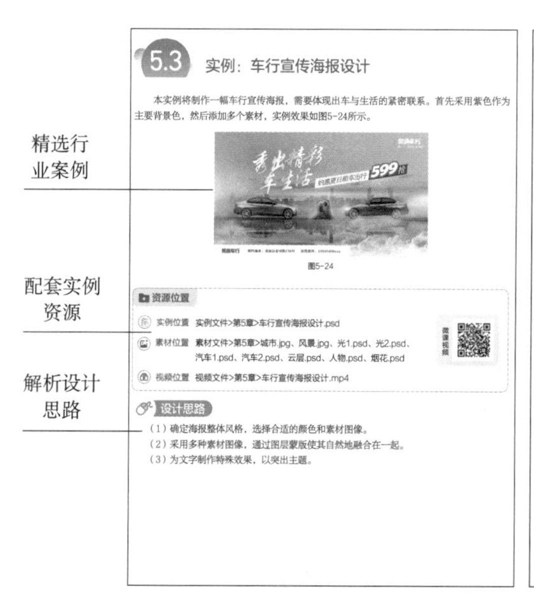

5.3 实例：车行宣传海报设计

本实例将制作一幅车行宣传海报，需要体现出车与生活的紧密联系。首先采用紫色作为主要背景色，然后添加多个素材，实例效果如图5-24所示。

图5-24

资源位置

实例位置 实例文件>第5章>车行宣传海报设计.psd

素材位置 素材文件>第5章>城市.jpg、风景.jpg、光1.psd、光2.psd、汽车1.psd、汽车2.psd、云层.psd、人物.psd、烟花.psd

视频位置 视频文件>第5章>车行宣传海报设计.mp4

微课视频

设计思路

（1）确定海报整体风格，选择合适的颜色和素材图像。

（2）采用多种素材图像，通过图层蒙版使其自然地融合在一起。

（3）为文字制作特殊效果，以突出主题。

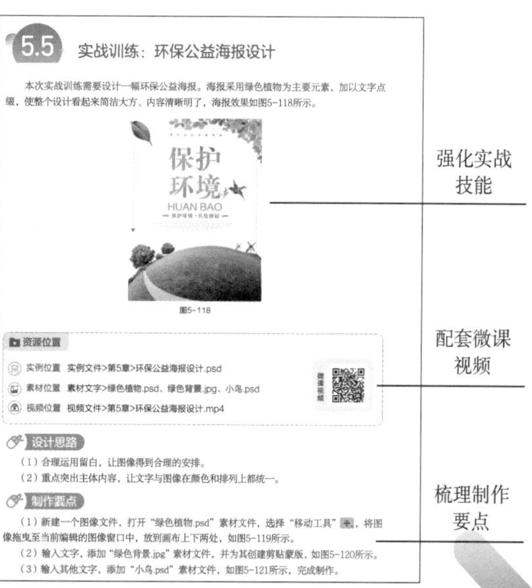

5.5 实战训练：环保公益海报设计

本次实战训练需要设计一幅环保公益海报。海报采用绿色植物为主要元素，加以文字点缀，使整个设计看起来简洁大方、内容清晰明了，海报效果如图5-118所示。

图5-118

资源位置

实例位置 实例文件>第5章>环保公益海报设计.psd

素材位置 素材文字>绿色植物.psd、绿色背景.jpg、小鸟.psd

视频位置 视频文件>第5章>环保公益海报设计.mp4

微课视频

设计思路

（1）合理运用留白，让图像得到合理的安排。

（2）重点突出主体内容，让文字与图像在颜色和排列上都统一。

制作要点

（1）新建一个图像文件，打开“绿色植物.psd”素材文件，选择“移动工具”，将图像拖曳至当前编辑的图像窗口中，放到画布上下两处，如图5-119所示。

（2）输入文字，添加“绿色背景.jpg”素材文件，并为其创建剪贴蒙版，如图5-120所示。

（3）输入其他文字，添加“小鸟.psd”素材文件，如图5-121所示，完成制作。

教学内容

本书主要讲解平面设计与制作的理论知识及操作技巧。全书分为11章，各章简介如下。

第1章主要介绍Photoshop 2022的基础技能，帮助读者熟悉Photoshop 2022的操作，掌握各种工具的使用方法。

第2章主要介绍数码照片的各种修饰与调色方法。

第3~4章主要介绍字体与标志的设计制作过程，并对相关理论知识进行梳理。

第5~6章主要介绍海报与包装的设计制作过程。

第7章主要介绍新媒体设计，包括新媒体设计的相关知识，以及如何绘制、设计符合要求的设计图。

第8~10章主要介绍用户界面设计、电商设计，以及网页设计。通过多个实例对图标、网店内容和网页的制作做全面、详细的讲解。

第11章为综合实例，主要介绍两个不同类型实例的制作过程。

教学资源

本书提供了丰富的教学资源，读者可登录人邮教育社区（www.ryjiaoyu.com），在本书页面中下载。

微课视频：本书所有案例配套微课视频，扫描书中二维码即可观看。

5.4 实例：音乐节宣传海报设计

本实例将制作一幅音乐节宣传海报，要求海报有氛围感，整体简洁大方，采用一张背景图和文字结合的方式进行制作，实例效果如图5-74所示。

图5-74

资源位置

实例位置 实例文件>第5章>音乐节宣传海报设计.psd

素材位置 素材文件>第5章>黑色背景.jpg、烟花.jpg、演唱会.jpg、人群.jpg、紫色.psd、光束.psd、灯.jpg、音符.psd、图形.psd

视频位置 视频文件>第5章>音乐节宣传海报设计.mp4

微课视频

设计思路

（1）将灯光和人群的图像组合在一起，烘托出音乐节的氛围感。

（2）制作特殊的荧光边框效果，为文字添加外发光效果，突出主体。

（3）添加光束效果，与画面融合在一起，加强氛围感。

素材和效果文件：本书提供了所有案例需要的素材和效果文件，素材和效果文件均以案例名称命名。

教学辅助文件：本书提供PPT课件、教学大纲、教学教案、拓展案例库、拓展素材资源等。

目录

第1章 Photoshop 2022 基础技能

第 2 章 数码照片处理

第 3 章 字体设计

第 4 章
标志设计

第 5 章
海报设计

第6章 包装设计

第7章 新媒体设计

第8章 用户界面设计

第9章 电商设计

第10章 网页设计

第11章 综合实例

本书微课视频清单

1.1.5　制作古镇形象宣传广告

1.2.4　裁剪广告图像

1.3.4　制作网店产品促销标签

1.4.4　绘制咖啡屋招牌

1.5.4　绘制唯美欧式婚礼 LOGO

1.6.4　制作雪景图

1.6.8　调整照片色调

1.7.5　抠取边缘复杂的图像

1.8.5　抠取玻璃杯

1.9.4　去除水印

1.9.6　去除背景中的杂物

1.10.6　制作迷雾森林

1.11　汽车广告设计

2.2　商业图片修图

2.3　人物美颜处理

2.4　修复人物红眼

3.2　浪漫告白文字设计

3.3　变形字体设计

3.4　母亲节海报文字设计

4.2　餐厅标志设计

4.3　企业标志设计

4.4　奶茶店标志设计

5.3　车行宣传海报设计

5.4　音乐节宣传海报设计

5.5　环保公益海报设计

6.2　果汁包装设计

6.3　茶包装设计

6.4　巧克力包装设计

7.2　微信公众号封面首图设计

7.3　小红书产品推荐配图设计

7.4　宠物玩具推荐图设计

8.2MBE 风格图标设计

8.3　可爱风格手机界面设计

8.4　手机音量键图标设计

9.3　网店海报设计

9.4　网店优惠券设计

9.5　领券入口图设计

10.2　网页首图设计

10.3　用户注册版块设计

10.4　网站图标设计

11.1　篮球比赛海报设计

11.2　书籍装帧设计

第1章 Photoshop 2022基础技能

本章将讲解Photoshop 2022中的常用技巧和命令，帮助读者熟悉Photoshop 2022的基础操作、掌握Photoshop 2022中各种工具的使用方法。

1.1 文件的操作

本节介绍Photoshop 2022的文件操作，首先介绍Photoshop 2022的界面和工作区，然后对图像文件的新建、打开、置入、保存和关闭等基础操作做介绍，最后介绍辅助工具的用法及查看图像的方法。

1.1.1 Photoshop 2022界面详解

随着版本的不断升级，Photoshop 2022工作界面的布局也更加合理、更加人性化。启动Photoshop 2022，进入主页界面，如图1-1所示，在左侧可以选择“新建”或“打开”图像文件，在中间可以预览最近打开过的图像文件。

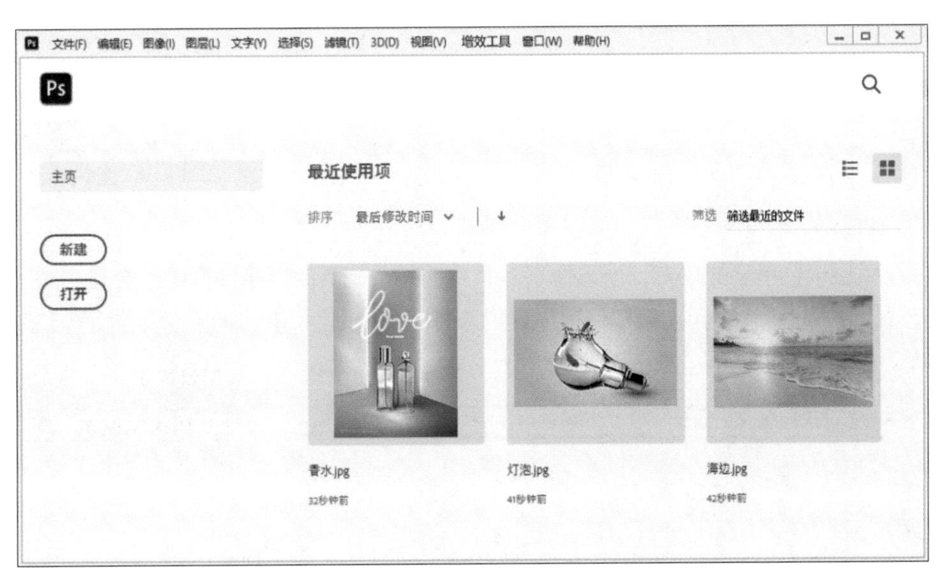

图1-1

新建或打开图像文件后，进入图像编辑工作界面，如图1-2所示。工作界面由菜单栏、属性栏、标题栏、工具箱、状态栏、图像窗口及各式各样的面板组成。

图1-2

提示

选择“编辑→首选项→常规”菜单命令，打开“首选项”对话框，取消“自动显示主屏幕”选项，即可在打开Photoshop 2022后直接显示图像编辑工作界面，而不显示主页界面。

1. 菜单栏

Photoshop 2022的菜单栏位于工作界面的上方，其中包含12个菜单，分别为“文件”“编辑”“图像”“图层”“文字”“选择”“滤镜”“3D”“视图”“增效工具”“窗口”“帮助”，如图1-3所示。展示菜单栏上相应的菜单，即可看到该菜单中的命令，如图1-4所示。

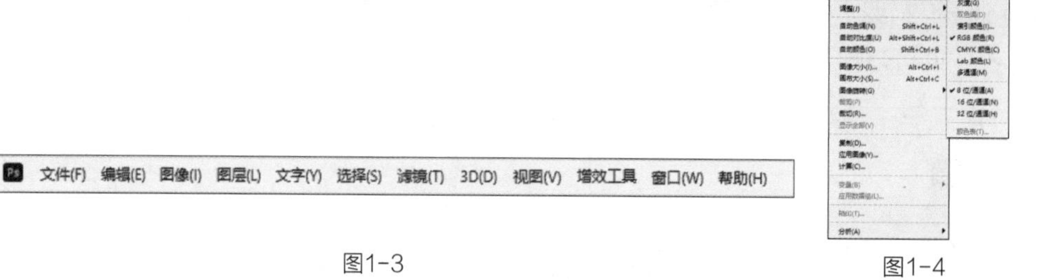

图1-3

图1-4

2. 属性栏

属性栏位于菜单栏的下方，当选择工具箱中的某个工具时，属性栏中就会显示该工具的属性设置。在属性栏中，用户可以快速地设置工具的各种属性。图1-5所示为“画笔工具”的属性栏。

图1-5

3. 工具箱

在默认状态下，工具箱位于工作界面的左侧，使用其中的工具几乎可以完成图像处理过程中的所有操作。用户可以将鼠标指针移动到工具箱顶部，按住鼠标左键，将其拖曳至工作界面的任意位置。

工具箱中部分工具按钮右下角带有黑色小三角形，它表示这是一个工具组，其中隐藏着多个子工具，如图1-6所示。将鼠标指针指向工具箱中的工具按钮，将会出现该工具的名称和注释，以及工具使用动画，方框中的字母是此工具对应的快捷键，如图1-7所示。

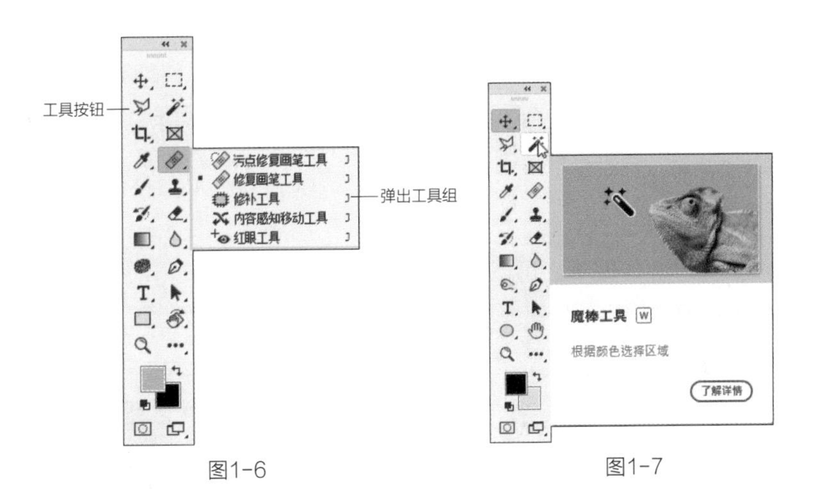

图1-6

图1-7

4. 标题栏

标题栏位于属性栏的下方，主要用于显示文件名称、格式、缩放比例及颜色模式等信息，如图1-8所示，其右侧的[最小化]、[还原]、[关闭]按钮分别用来最小化、还原、关闭图像窗口。

图1-8

5. 图像窗口

图像窗口是工作界面中显示图像文件的地方，图像窗口中的画布是对图像文件进行浏览和编辑操作的主要场所。如果只打开了一个图像文件，则只有一个图像窗口，如图1-9所示。如果打开了多个图像文件，则图像窗口会以选项卡的形式进行显示，如图1-10所示。单击图像窗口的标题栏即可将其设置为当前活动窗口。

图1-9

图1-10

在默认情况下，Photoshop 2022中打开的所有图像文件都会以选项卡的形式紧挨在一起。按住鼠标左键拖曳图像窗口的标题栏，可以将其设置为浮动窗口；按住鼠标左键将浮动窗口的标题栏拖曳至选项卡区域，可以将图像窗口停放为选项卡形式。

6. 状态栏

状态栏位于工作界面的底部，可以显示文档大小、文档尺寸、当前工具和窗口缩放比例等信息。单击状态栏中的三角形按钮〉，可设置想要显示的内容，如图1-11所示。

图1-11

7. 面板

Photoshop 2022提供了多个面板，这些面板默认情况下都位于工作界面的右侧，用户也可以将它们拖曳至工作界面的任何位置。在这些面板中可以进行选择颜色、编辑图层、新建通道、编辑路径和撤销编辑等操作。

在“窗口”菜单中可以选择需要打开或隐藏的面板。选择“窗口→工作区→基本功能（默认）”菜单命令，将得到图1-12所示的面板组。单击面板右上方的 » 按钮，可以将面板缩小为图标，如图1-13所示。要使用缩小为图标的面板时，单击所需面板的图标，即可展开该面板，如图1-14所示。

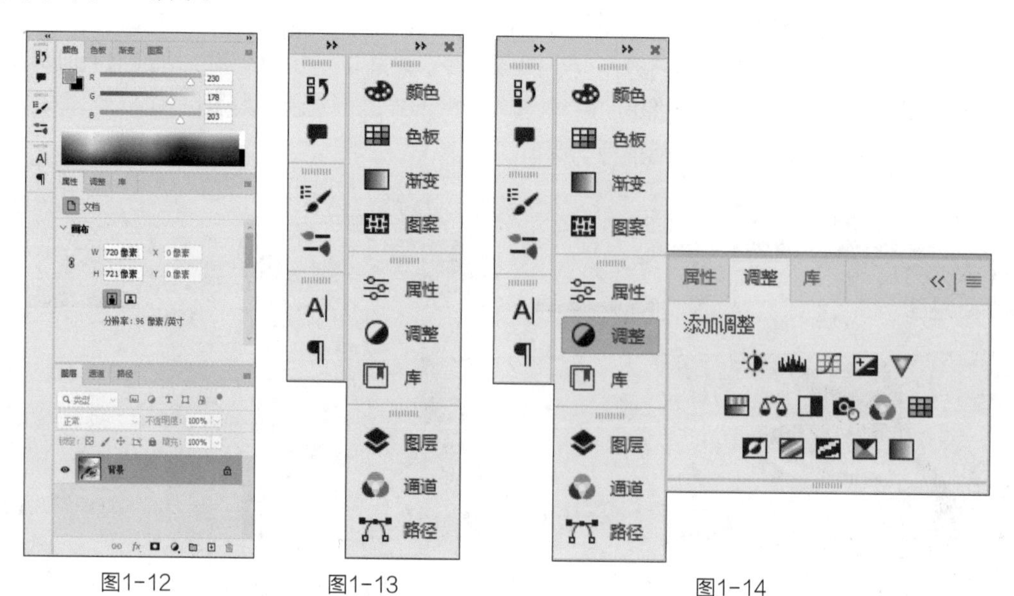

图1-12　　图1-13　　图1-14

在面板组中的某一面板上按住鼠标左键，将其拖曳至工作界面的空白处，释放鼠标即可拆分面板组。面板组拆分后还可以再组合，在组合过程中可以将各个面板按任意次序放置，也可以将不同的面板进行组合，生成新的面板组。

1.1.2 设置工作区

Photoshop 2022中的工作区包括图像窗口、工具箱、菜单栏和各种面板。Photoshop 2022提供了适用于不同任务的预设工作区，选择“窗口→工作区”菜单命令，在打开的子菜单中可以看到多个预设工作区，在默认情况下选择“基本功能（默认）”工作区，如图1-15所示。选择所需的工作区后，工作界面中将显示相应的面板。

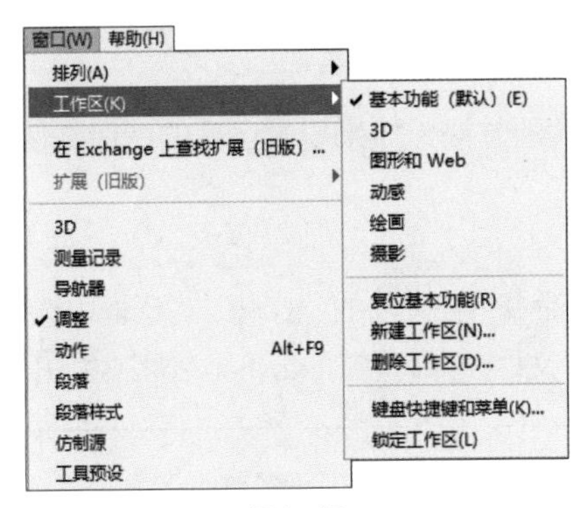

图1-15

在实际工作中，用户可以根据自己的实际情况移动组合面板，定制适合自己的工作区。选择“窗口→工作区→新建工作区”菜单命令即可保存定制的工作区；选择“窗口→工作区→复位基本功能”菜单命令可以将工作区恢复到默认的状态。

1.1.3 新建图像文件

打开Photoshop 2022，选择“文件→新建”菜单命令或按Ctrl+N组合键，打开“新建文档”对话框，在对话框右侧“预设详细信息”栏下方可以输入文件的名称，然后设置图像的“宽度”“高度”、“分辨率”等参数，如图1-16所示。设置好参数后，单击“创建”按钮即可新建一个图像文件。

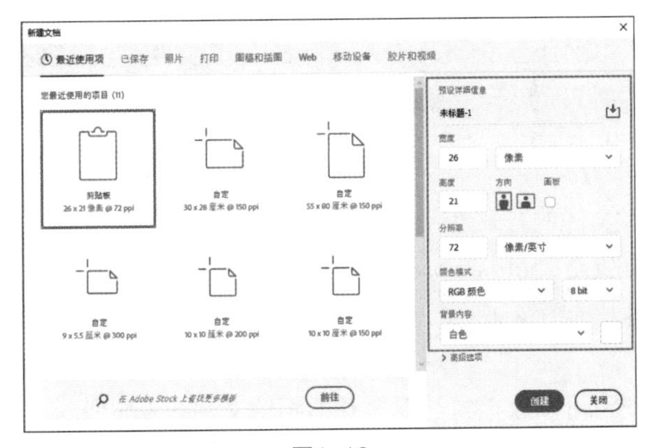

图1-16

"新建文档"对话框中各选项的作用分别如下。

- ：在该按钮的左侧单击，可输入文字为新建的图像文件命名，默认名称为"未标题-X"。单击该按钮，可以保存设置好的尺寸和分辨率等参数的预设信息。
- 宽度/高度：用于设置新建图像文件的宽度和高度，在此可以输入1~300000内的任意数值。
- 分辨率：用于设置图像的分辨率，其单位有"像素/英寸"和"像素/厘米"。
- 颜色模式：用于设置新建图像文件的颜色模式，有"位图""灰度""RGB颜色""CMYK颜色""Lab颜色"5种模式可供选择。
- 背景内容：用于设置新建图像文件的背景颜色，默认为白色，也可设置为背景色或透明色。
- 高级选项：在"高级选项"中，用户可以对"颜色配置文件""像素长宽比"两个选项进行更专业的设置。

1.1.4 打开与置入图像文件

前面介绍了新建图像文件的方法，如果要对已有的图像文件进行编辑，我们就需要打开或置入该图像文件。

1. 打开图像文件

选择"文件→打开"菜单命令，在弹出的"打开"对话框中选择需要打开的图像文件，单击"打开"按钮或双击选择的图像文件，即可在Photoshop 2022中打开该图像文件，如图1-17所示。

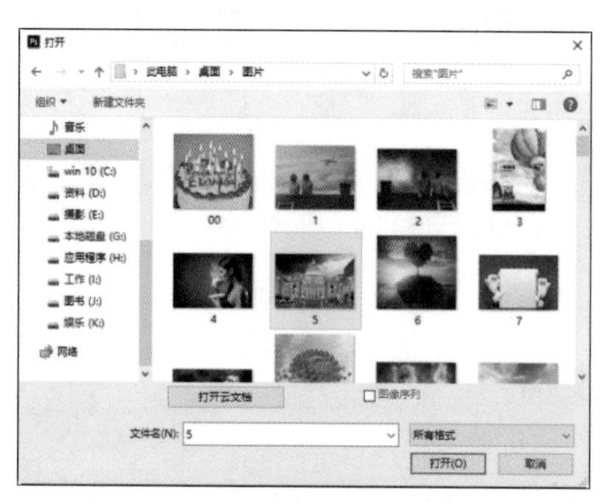

图1-17

在打开图像文件时，如果找不到想要打开的图像文件，可能有以下两个原因。

（1）Photoshop 2022不支持这种文件格式。

（2）文件类型没有设置正确。例如，设置文件类型为JPG格式，那么"打开"对话框中就只会显示这种格式的图像文件。这时可以设置文件类型为"所有格式"，这样就可以查看相应的图像文件（前提是计算机中存在该图像文件）。

除了以上打开图像文件的方式外，还可以利用快捷方式打开图像文件。选择一个需要打开的图像文件，将其拖曳至Photoshop 2022的快捷图标上即可打开该图像文件，如图1-18所示。此外，选择需要打开的图像文件，单击鼠标右键，在弹出的快捷菜单中选择"打开方式→Adobe Photoshop 2022"命令也可以打开该图像文件，如图1-19所示。如果已经运行了Photoshop 2022，此时也可以直接将需要打开的图像文件拖曳至Photoshop 2022的工作界面中打开该图像文件，如图1-20所示。

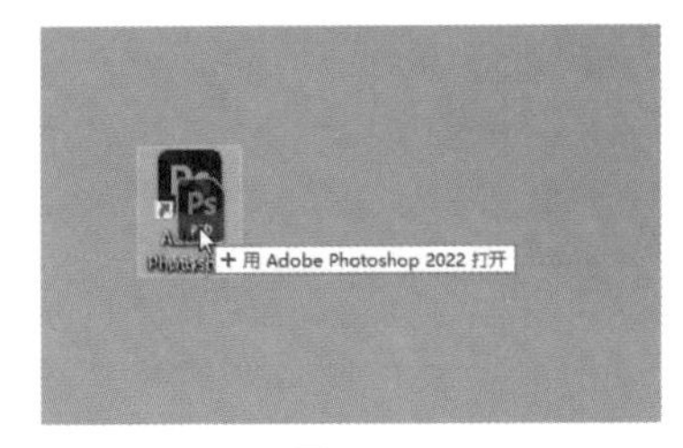

图1-18

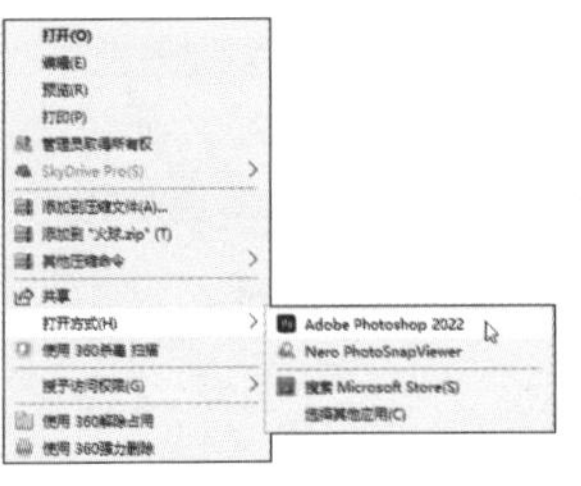

图1-19

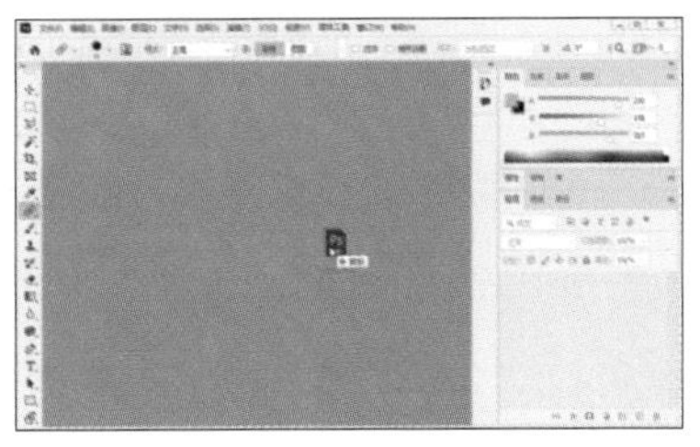

图1-20

2. 置入文件

置入文件是将照片、图片或任何Photoshop 2022支持的文件作为智能对象添加到当前操作的图像窗口中。

新建或打开一个图像文件后，选择“文件→置入嵌入的对象”菜单命令，在打开的对话框中选择需要置入的图像文件即可将该图像文件置入，调整好图像的大小和位置后，按Enter键确认置入，如图1-21所示。

图1-21

在置入图像文件时，置入的图像将自动放置在画布的中间，并保持其原始的长宽比。当置入的图像比当前编辑的图像大时，图像将被调整到与画布相同大小的尺寸。

在置入图像文件后，可以对作为智能对象的图像进行缩放、定位、斜切、旋转或变形等操作，这些操作不会降低图像质量。

1.1.5 实例：制作古镇形象宣传广告

本实例通过置入素材文件制作古镇宣传广告，实例效果如图1-22所示。

图1-22

资源位置

实例位置 实例文件>第1章>制作古镇形象宣传广告.psd

素材位置 素材文件>第1章>古镇背景.jpg、风景1.png、风景2.psd、花朵.psd

视频位置 视频文件>第1章>制作古镇形象宣传广告.mp4

微课视频

设计思路

（1）准备好广告的分层素材文件，并用Photoshop 2022打开主图。

（2）选择“文件→置入嵌入的对象”菜单命令，置入其他装饰素材文件。

操作步骤

①选择“文件→打开”菜单命令或按Ctrl+O组合键，打开“打开”对话框，如图1-23所示，选择“古镇背景.jpg”素材文件，如图1-24所示。

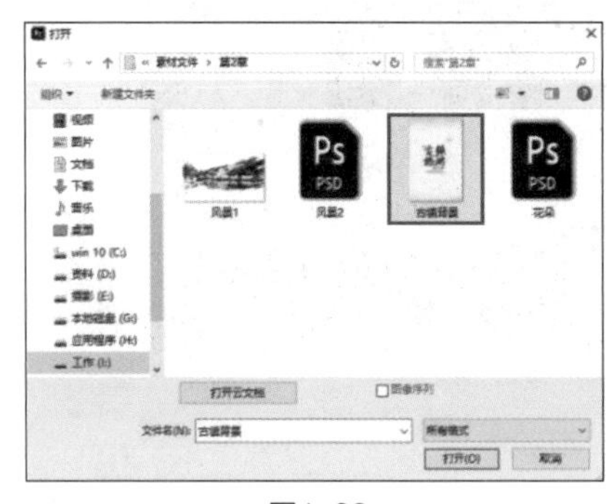

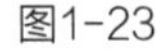
图1-23　　图1-24

②选择“文件→置入嵌入的对象”菜单命令，打开“置入嵌入的对象”对话框，选择“风景1.png”素材文件，如图1-25所示。单击“置入”按钮，素材文件被置入后会被放置在画布中心，如图1-26所示。可以看到，PNG格式支持透明背景效果。

图1-25　　图1-26

③双击或按Enter键确认置入，“图层”面板中将自动新建一个智能对象图层，选择“移动工具”，把智能对象移动到画布上方，如图1-27所示。

④选择“文件→打开”菜单命令，打开“风景2.psd”素材文件，使用“移动工具”将其直接拖曳至当前编辑的图像窗口中，放到画布下方，如图1-28所示，得到一个新的普通图层。

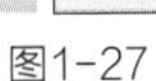
图1-27

图1-28

读者可以在学习了“缩放”等命令以后对智能对象进行缩放，观察对智能对象和普通图像进行缩放的区别：对普通图像进行缩放会降低图像质量，而对智能对象进行缩放不会降低图像质量。

⑤按Ctrl+O组合键，打开“花朵.psd”素材文件，使用“移动工具”将其拖曳到当前编辑的图像窗口中，放到文字两侧，如图1-29所示，完成本实例的制作。

图1-29

1.1.6 保存与关闭图像文件

图像文件编辑完成后，选择“文件→存储”菜单命令或按Ctrl+S组合键，即可保存图像文件。在保存图像文件时，将保留对图像文件的更改，并替换原有图像文件，同时按原有格式保存。

如果需要将图像文件保存到另一个位置或使用另一个文件名进行保存，此时就可以选择“文件→存储为”菜单命令（或按Shift+Ctrl+S组合键）打开“另存为”对话框，如图1-30所示，设置好另存位置和名称后单击“保存”按钮。

图1-30

保存了图像文件后即可将其关闭，Photoshop 2022提供了以下4种关闭图像文件的方法。

- 单击图像窗口标题栏中的“关闭”按钮 ×。
- 选择“文件→关闭”菜单命令。
- 按Ctrl+W组合键。
- 按Ctrl+F4组合键。

1.1.7 使用辅助工具

辅助工具包括标尺、参考线、网格和注释工具等，借助这些辅助工具可以进行参考、对齐、对位等操作，有助于准确地处理图像。

标尺和参考线可以帮助用户精确地定位图像或元素，选择“视图→标尺”菜单命令或按Ctrl+R组合键，在图像窗口顶部和左侧会出现标尺，如图1-31所示。

将鼠标指针分别放置在顶部和左侧的标尺上，按住鼠标左键向画布中心拖曳，拉出参考线，如图1-32所示。如果想删除参考线，我们可以选择要删除的参考线，将其拖曳回标尺上。

图1-31

图1-32

1.1.8 查看图像

在Photoshop 2022中选择合理的方式查看图像，有助于用户更好地对图像进行编辑。使用工具箱中的“缩放工具” 和“抓手工具” 工具来查看图像是较常用的方式。选择工具箱中的“缩放工具” ，将鼠标指针移动到图像窗口中，此时鼠标指针将呈放大镜形状，其内部将显示一个+形状，单击图像即可将其放大，如图1-33所示。选择“抓手工具” ，按住鼠标左键在图像中拖曳，即可查看图像的不同部分，如图1-34所示。

图1-33

图1-34

1.2 图像的编辑

本节将学习图像的基本编辑操作，包括选择与移动图像、复制与剪切图像，以及裁剪图像等。

1.2.1 选择与移动图像

在“图层”面板中选择图层，即可选择该图层对应的图像。选择“移动工具”，其属性栏如图1-35所示。单击按钮，可以显示所有对齐与分布按钮。

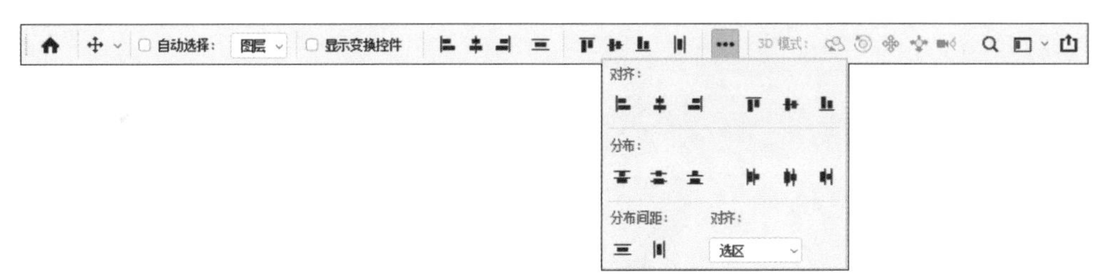

图1-35

“移动工具”属性栏中主要选项的含义如下。

- 自动选择：当图层较多时，勾选该选项，则只需单击就可以直接定位某一图层。
- 显示变换控件：勾选该选项，选择一个图层时，就会在该图层内容的周围显示定界框，此时可以通过拖曳控制点来对图像进行变换操作；如果图层数量较多，并且经常要进行缩放、旋转等变换操作，就可以勾线该选项。
- 对齐：当同时选择了两个或两个以上的图层时，单击相应的按钮可以将所选图层对齐；对齐方式包括“顶对齐”、“垂直居中对齐”、“底对齐”、“左对齐”、“水平居中对齐”和“右对齐”。
- 分布：如果选择了3个或3个以上的图层，单击相应的按钮可以将所选图层按一定规则均匀分布排列；分布方式包括“按顶分布”、“垂直居中分布”、“按底分布”、“按左分布”、“水平居中分布”和“按右分布”。
- 分布间距：如果选择了3个或3个以上的图层，我们在分布间距中可以选择“垂直分布”或“水平分布”，并设置分布间距。

在“图层”面板中选择要移动的图像所在的图层，如图1-36所示。选择“移动工具”，按住鼠标左键在画布中拖曳即可移动选择的图像，如图1-37所示。

图1-36

图1-37

使用“移动工具”还可以在不同图像窗口中移动图像。使用“移动工具”可以将选中的图像拖曳至另一个图像窗口中，同时会在该图像窗口中生成一个新的图层。

1.2.2 复制与剪切图像

在图像中创建选区后，可以对图像进行复制、剪切和粘贴等操作。选择“编辑→拷贝”菜单命令或者按Ctrl+C组合键，即可将选区中的图像复制到剪贴板中，如图1-38所示。选择“编辑→粘贴”菜单命令或者按Ctrl+V组合键，即可对复制的图像进行粘贴操作，并自动生成一个新的图层，如图1-39所示。选择“编辑→剪切”菜单命令并进行粘贴操作，即可完成剪切操作。

图1-38

图1-39

1.2.3 裁剪图像

使用“裁剪工具”可以裁剪图像中多余的部分，并重新定义画布的大小。“裁剪工具”的属性栏如图1-40所示，其中主要选项的含义如下。

图1-40

- 比例：在“比例”下拉列表框中选择一个选项，即可按相应比例对图像进行裁剪。
- 清除：单击该按钮，可以清除设置的比例、高度、宽度及分辨率等。
- 按钮：单击该按钮，可以通过在图像上绘制一条线来确定裁剪区域与裁剪框的旋转角度。
- 按钮：单击该按钮，在下拉列表中可选择裁剪参考线的样式及叠加方式。

提示

当多个图像都在同一个图层中时，可以使用“裁剪并拉直照片”命令快速将其分离为单独的图像文件。打开一个有多个图像的文件，如图1-41所示。选择“文件→自动→裁剪并拉直照片”菜单命令，Photoshop 2022将自动分离图像，得到单独的图像文件，如图1-42所示，然后选择“文件→存储为”菜单命令保存图像文件即可。

图1-41

图1-42

1.2.4 实例：裁剪广告图像

本实例使用“裁剪工具”裁剪广告图像，实例效果如图1-43所示。

图1-43

资源位置

实例位置 实例文件>第1章>裁剪广告图像.psd

素材位置 素材文件>第1章>夏季宣传.jpg

视频位置 视频文件>第1章>裁剪广告图像.mp4

设计思路

（1）打开需要裁剪的素材文件。

（2）用“裁剪工具”设定裁剪范围，然后按Enter键进行裁剪。

操作步骤

1 按Ctrl+O组合键打开“夏季宣传.jpg”素材文件，如图1-44所示。

2 选择“裁剪工具”，此时画布四周会显示裁剪框，如图1-45所示。

3 调整裁剪框的控制点，确定裁剪的区域，在确定区域的过程中可以按Ctrl++组合键和Ctrl+-组合键来缩放画布，如图1-46所示。确定裁剪区域以后，可以按Enter键或在裁剪区域内双击确认裁剪。

图1-44

图1-45

图1-46

1.3 图层的操作

在Photoshop 2022中，图层的应用是非常重要的。用户可以对每一个图层中的图像单独进行处理，也可以调整图层的堆叠顺序，而不会影响其他图层中的内容。

1.3.1 新建图层

新建图层的方法有很多，可以在“图层”面板中创建新的普通空白图层，也可以通过复制已有的图层来创建新的图层，还可以将图像中的局部选区创建为新的图层。下面介绍几种常用的新建图层的方法。

- 在“图层”面板中创建新图层：在“图层”面板底部单击“创建新图层”按钮 ⊞，即可在当前图层的上面新建一个图层，如图1-47所示；如果要在当前图层的下面新建一个图层，按住Ctrl键并单击“创建新图层”按钮 ⊞ 即可。

图1-47

提示　单击“图层”面板底部的“创建新组”按钮 ▭，可新建一个图层组。

- 使用命令新建图层：选择“图层→新建→图层”菜单命令，在打开的“新建图层”对话框中设置图层的“名称”“颜色”“模式”“不透明度”等，设置完成后单击“确定”按钮，即可新建一个图层，如图1-48所示。
- 通过复制得到新图层：选择一个图层，选择“图层→新建→通过拷贝的图层”菜单命令或按Ctrl+J组合键，可以将当前图层复制一个；如果当前图像中存在选区，如图1-49所示，选择该命令可以将选区中的图像复制到一个新的图层中，如图1-50所示。

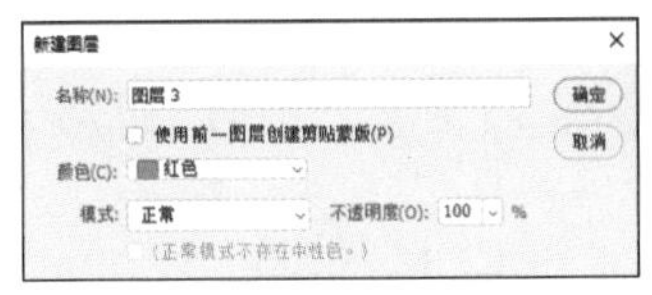

图1-48

图1-49

图1-50

在图像中创建选区后，可以将选区内的图像复制到新的图层中。按Ctrl+C组合键复制选区内的图像，然后在同一图像文件或其他图像文件中按Ctrl+V组合键粘贴图像，即可得到一个新的图层。

如果打开了多个图像文件，使用“移动工具” 可以将一个图层拖曳至另一个图像文件中，同时在该图像文件中创建一个新的图层。

需要注意的是，在图像文件之间复制图层时，如果两个图像文件的分辨率和尺寸不同，则图像在两个图像文件中的视觉大小会有变化。例如，当两个图像文件的尺寸相同，源图像文件的分辨率小于目标图像文件的分辨率时，图像复制到目标图像文件中后会显得比原来小。

1.3.2 编辑图层

当创建好图层后，就可以对图层进行操作。下面进行具体讲解。

1.复制与删除图层

在“图层”面板中选择需要复制的图层，按住鼠标左键将其拖曳至“图层”面板底部的“创建新图层”按钮 上，释放鼠标即可复制该图层，如图1-51所示。此外，也可以选择要复制的图层，然后按Ctrl+J组合键进行复制。如果复制的新图层不符合要求，我们只需将其拖曳至“图层”面板底部的“删除图层”按钮 上即可删除该图层。

图1-51

2. 合并图层

编辑完成后，如果不需要再对图像进行修改，我们可以将图层合并，从而减小图像文件。展开“图层”菜单，即可看到图1-52所示的合并图层命令。在其中选择相应的命令，即可进行不同类型的合并图层操作。

图1-52

- 向下合并：选择“图层→向下合并”菜单命令，当前图层会与下一层图层合并为一个图层；如果在“图层”面板中选择两个以上要合并的图层，同样可以使用该命令将它们合并为一个图层。
- 合并可见图层：选择“图层→合并可见图层”菜单命令，可将“图层”面板中所有可见图层合并，而隐藏的图层不会被合并。
- 拼合图像：选择“图层→拼合图像”菜单命令，可将“图层”面板中所有可见图层合并，而隐藏的图层将被丢弃，并以白色填充所有透明区域。

3. 调整图层堆叠顺序

图层在Photoshop 2022中是以类似堆栈的形式放置的，先建立的图层在下，后建立的图层在上。图层的堆叠顺序会直接影响图像的显示效果，上面的图层会遮盖下面的图层，用户可以通过改变图层的堆叠顺序来编辑图像的效果。

选择要移动的图层，选择“图层→排列”菜单命令，从展开的子菜单中选择一个需要的命令，如图1-53所示。

置为顶层(F)	Shift+Ctrl+]
前移一层(W)	Ctrl+]
后移一层(K)	Ctrl+[
置为底层(B)	Shift+Ctrl+[
反向(R)	

图1-53

- 置为顶层：将当前正在编辑的活动图层移动到顶层。
- 前移一层：将当前正在编辑的活动图层向上移动一层。
- 后移一层：将当前正在编辑的活动图层向下移动一层。
- 置为底层：将当前正在编辑的活动图层移动到底层。

4. 显示/隐藏图层

图层缩略图左侧的眼睛图标用来控制图层的可见性。有该图标的图层为可见图层，没有该图标的图层为隐藏图层，单击眼睛图标可以切换图层的显示状态。

5. 链接与取消链接图层

如果要同时处理多个图层中的内容（如移动、应用变换或创建剪贴蒙版），我们可以将这些图层链接在一起。选择两个或多个图层，选择“图层→链接图层”菜单命令或在“图层”面板中单击“链接图层”按钮，如图1-54所示，可以将这些图层链接起来，被链接的图层右侧会显示链接图标，如图1-55所示。选择链接的图层，单击“链接图层”按钮即可取消图层链接。

图1-54

图1-55

选择一个图层，如图1-56所示。按Alt+]组合键，可以将当前图层切换为与选中图层相邻的上一个图层，如图1-57所示。按Alt+[组合键，则可以将当前图层切换为与选中图层相邻的下一个图层，如图1-58所示。

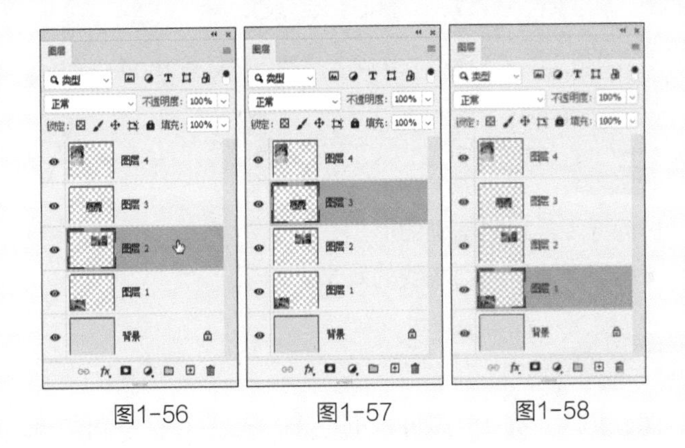

图1-56　　图1-57　　图1-58

1.3.3 设置图层的不透明度与填充效果

“图层”面板中有专门调整图层“不透明度”与“填充”效果的选项，如图1-59所示，二者在一定程度上来讲都是针对“不透明度”进行调整。数值为100%时为完全不透明，如图1-60所示；数值为50%时为半透明，如图1-61所示；数值为0%时为完全透明。

图1-59

图1-60

图1-61

“不透明度”选项不但会影响图层、图层组中图象的不透明度，如果对图层应用了图层样式，“不透明度”还会影响图层样式的不透明度。“填充”选项则只会影响图层中图像的不透明度，不会影响图层样式的不透明度。

1.3.4 实例：制作网店产品促销标签

本实例使用图层样式功能制作网店产品促销标签，效果如图1-62所示。

图1-62

资源位置

实例位置 实例文件>第1章>制作网店产品促销标签.psd

素材位置 素材文件>第1章>点赞.psd、爱心.psd

视频位置 视频文件>第1章>制作网店产品促销标签.mp4

设计思路

（1）使用选框工具绘制基础图形。

（2）设置图层样式，得到想要的效果。

操作步骤

1新建一个图像文件，选择“椭圆选框工具”，按住Shift键绘制一个圆形选区，然后选择“多边形套索工具”，按住Shift键在圆形选区上方绘制一个三角形选区，如图1-63所示。

2在“图层”面板中单击“创建新图层”按钮，得到“图层1”，如图1-64所示。设置前景色为紫色（R：211、G：89、B：225），按Alt+Delete组合键填充选区，如图1-65所示。

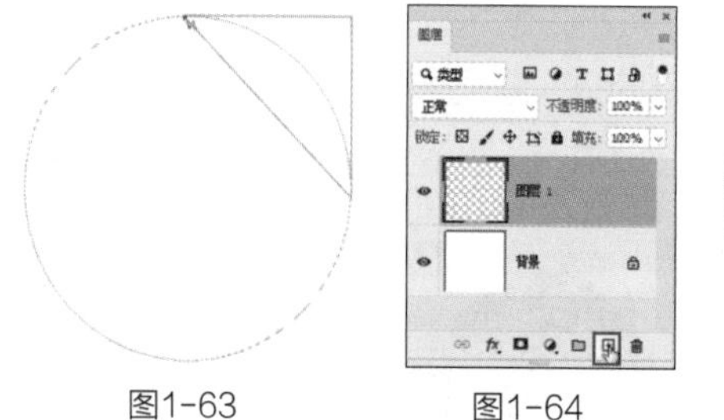

图1-63

图1-64

图1-65

3选择“图层→图层样式→斜面和浮雕”菜单命令，打开“斜面和浮雕”对话框，设置“样式”为“内斜面”，其他参数设置如图1-66所示。

4在“图层样式”对话框中勾选左侧的“渐变叠加”选项，设置“混合模式”为“叠加”、“渐变”为从黑色到白色，其他参数设置如图1-67所示。

5在“图层样式”对话框中勾选左侧的“投影”选项，设置投影颜色为深紫色（R：80、G：9、B：89），其他参数设置如图1-68所示。

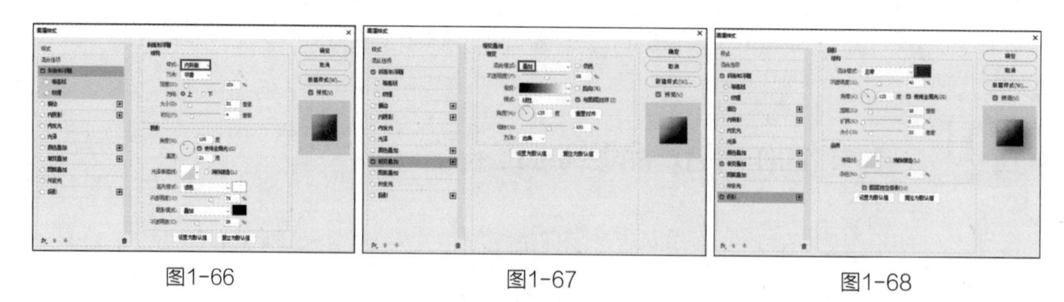

图1-66 图1-67 图1-68

6单击“确定”按钮，得到添加图层样式后的效果，在“图层”面板中可以看到添加的图层样式的名称，如图1-69所示。

7新建一个图层，得到“图层2”，选择“椭圆选框工具”，按住Shift键在画布中绘制一个圆形选区，为其填充深紫色（R：186、G：65、B：178），如图1-70所示。

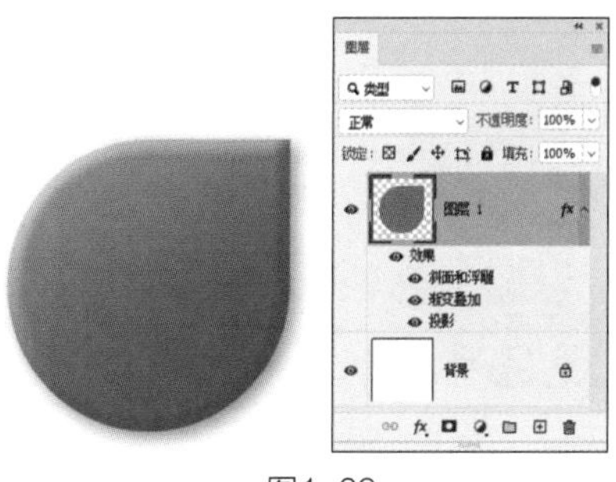

图1-69

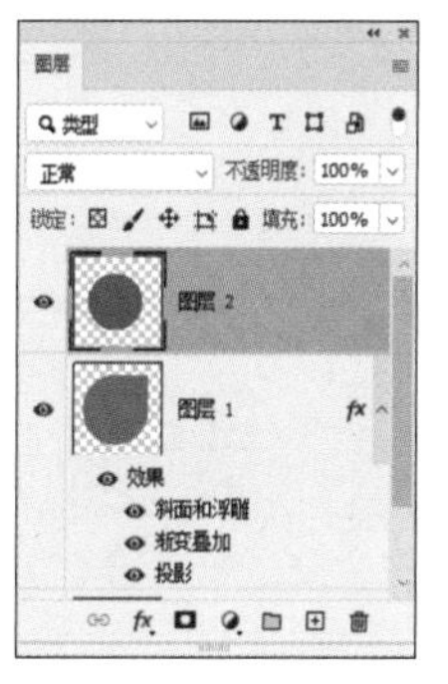

图1-70

❽选择“图层→图层样式→描边”菜单命令，打开“图层样式”对话框，设置描边“大小”为15像素、“颜色”为白色，其他参数设置如图1-71所示。

❾在“图层样式”对话框中勾选左侧的“内阴影”选项，设置混合模式为“叠加”、内阴影颜色为黑色，其他参数设置如图1-72所示。单击“确定”按钮，得到描边效果，如图1-73所示。

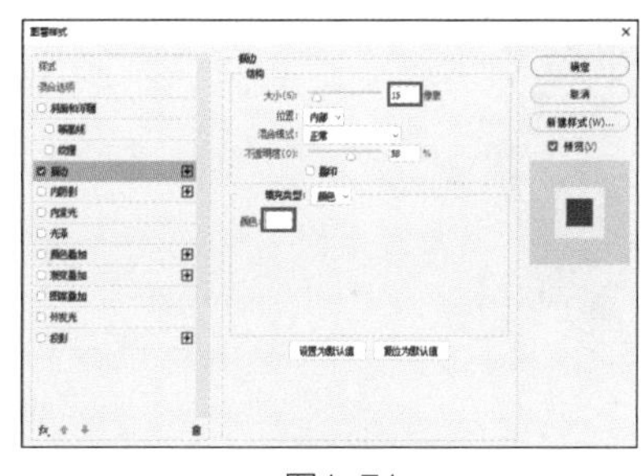

图1-71

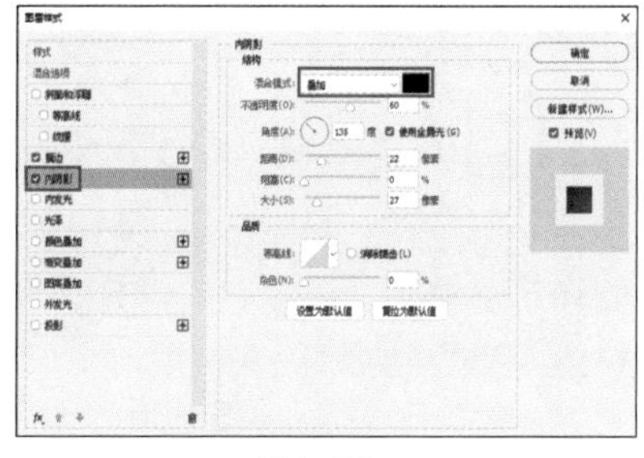

图1-72

图1-73

❿选择“横排文字工具”T，单击属性栏中的按钮，打开“字符”面板，设置字体为“汉仪粗圆简”、“颜色”为粉色，单击“仿斜体”T和“仿粗体”T按钮，其他字符属性设置如图1-74所示。在画布中输入文字“口碑推荐”，然后按Ctrl+T组合键调出变换框，适当旋转文字，如图1-75所示。

⓫在“图层”面板中选择“图层1”，单击鼠标右键，在弹出的快捷菜单中选择“拷贝图层样式”命令，如图1-76所示。选择文字图层，单击鼠标右键，在弹出的快捷菜单选择“粘贴图层样式”命令，如图1-77所示，文字将呈现“图层1”的图层样式效果。

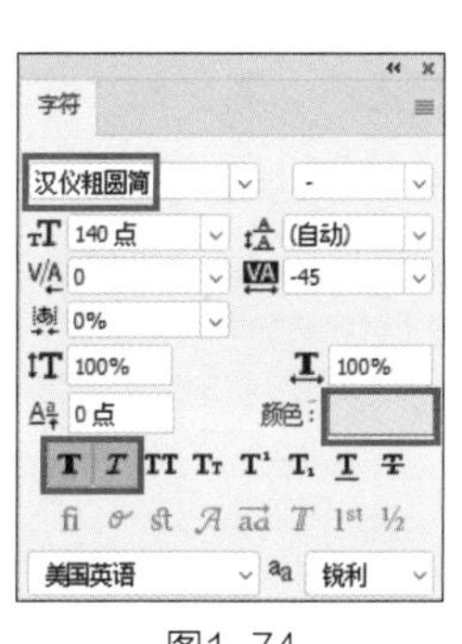

图1-74

图1-75

图1-76

图1-77

⓬选择“图层→图层样式→缩放效果”菜单命令，打开“缩放图层效果”对话框，设置“缩放”为20%，如图1-78所示。

⓭打开“爱心.psd”素材文件，使用“移动工具”将其拖曳至当前编辑的图像窗口中，放

到文字左上方，得到“图层3”，如图1-79所示。

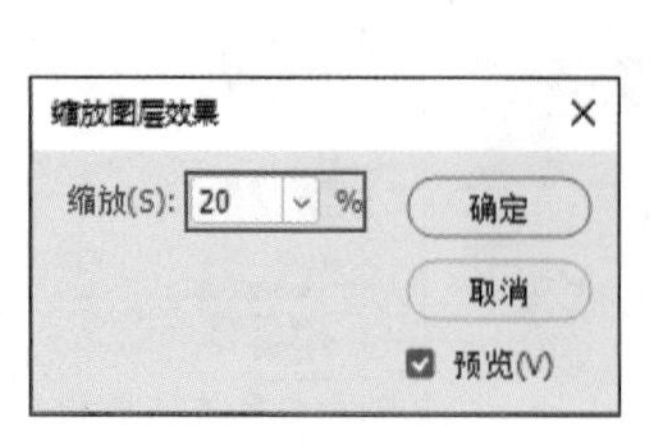

图1-78

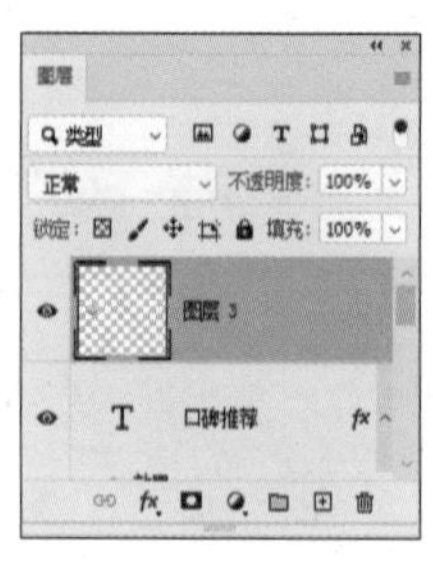

图1-79

14按Ctrl+J组合键复制图层，得到“图层3拷贝”，将其放到图像右上方，按Ctrl+T组合键，适当调整图像的大小和角度。打开“点赞.psd”素材文件，使用“移动工具”将其拖曳至当前编辑的图像窗口中，放到文字上方，如图1-80所示，完成本实例的制作。

图1-80

1.4 图像的绘制

在Photoshop 2022中可以使用“吸管工具”和“渐变工具”为图像填充颜色，还可以使用“画笔工具”、形状工具等绘制大部分图像。

1.4.1 吸管工具与颜色选取

使用“吸管工具”可以在图像的任何位置采集颜色作为前景色或背景色。图1-81所示为使用“吸管工具”设置前景色。如果要使用“吸管工具”设置背景色，我们可按住Alt键单击该颜色。选择工具箱中的“吸管工具”，其属性栏如图1-82所示。

图1-81

图1-82

“吸管工具”属性栏中的主要选项含义如下。

- 取样大小：设置吸管取样范围的大小。选择“取样点”选项时，可以选择像素的精确颜色；选择“3×3平均”选项时，可以选择所在位置3个像素区域以内的平均颜色；选择“5×5平均”选项时，可以选择所在位置5个像素区域以内的平均颜色；其他选项依此类推。
- 样本：可以选择从“当前图层”“当前和下方图层”“所有图层”“所有无调整图层”“当前和下一个无调整图层”中采集颜色。
- 显示取样环：勾选该选项，可以在拾取颜色时显示取样环，取样环圆形的上半部分颜色为当前选择颜色，下半部分颜色为上一次选择的颜色，如图1-83所示。

图1-83

1.4.2 画笔工具

“画笔工具” 与毛笔类似，选择该工具后，可以使用前景色绘制出各种线条，还可以修改通道和蒙版。该工具是使用频率较高的工具，其属性栏如图1-84所示。

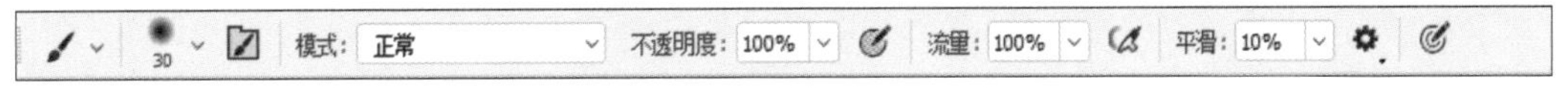

图1-84

“画笔工具”属性栏中的主要选项含义如下。

- 画笔预设选取器：单击按钮，打开画笔预设选取器，在这里可以选择笔尖样式，还可以设置画笔的“大小”和“硬度”，如图1-85所示。
- 按钮：单击该按钮，打开“画笔设置”面板，如图1-86所示，在其中可以选择需要的画笔样式并设置其属性，如“形状动态”“散布”“颜色动态”等，还可以对这些属性进行更改或添加新的属性。设置适当的画笔“大小”“硬度”“间距”后，将鼠标指针移动到画布中单击或按住鼠标左键并拖曳，即可绘制出笔触效果，如图1-87所示。

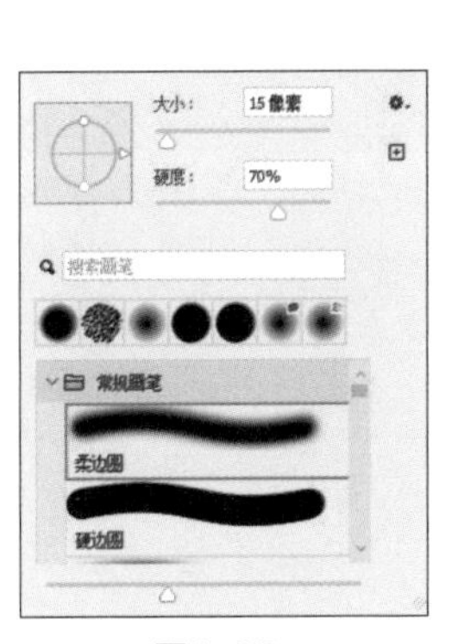

图1-85

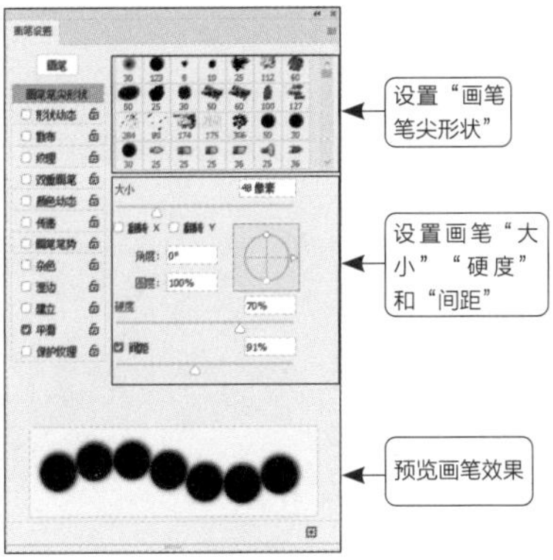

设置“画笔笔尖形状”

设置画笔“大小”“硬度”和“间距”

预览画笔效果

图1-86

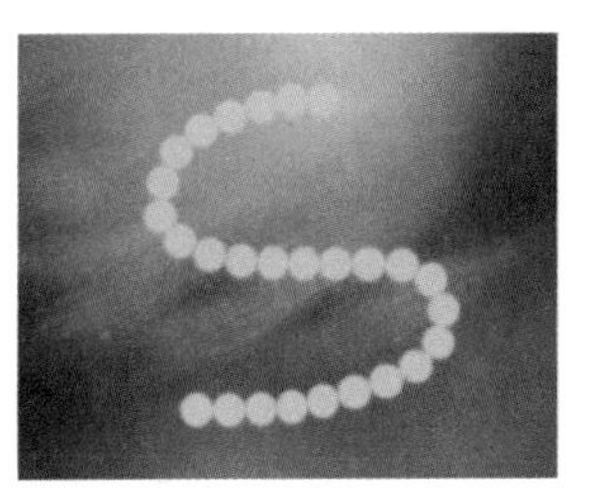

图1-87

- 模式：用于设置画笔对当前图像中像素的作用形式，即当前使用的绘图颜色与原有底色之间进行混合的模式。
- 不透明度：用于设置画笔绘制出来的颜色的不透明度，数值越大笔迹的不透明度越高，数值越小笔迹的不透明度越低。
- 流量：用于设置绘制时的压力大小，数值越大，画笔笔触越浓。
- 按钮：按下该按钮，可以启用“喷枪”功能。按住鼠标左键并拖曳，即可持续绘制笔迹；关闭“喷枪”功能后，每单击一次则只能绘制一个笔迹。

1.4.3 形状工具

使用Photoshop 2022中的形状工具可以创建出多种矢量形状，这些工具包含“矩形工具”、“圆角矩形工具”、“椭圆工具”、“三角形工具”、“多边形工具”、“直线工具”和“自定形状工具”。

1. 绘制规则形状

在工具箱中选择“矩形工具”，按住鼠标左键不放，将显示出所有形状工具，每一种形状工具的属性栏都大同小异。

选择“三角形工具”，其属性栏如图1-88所示。单击“选区”按钮，可以将当前路径转换为选区；单击“蒙版”按钮，可以基于当前路径为当前图层创建矢量蒙版；单击“形状”按钮，可以将当前路径转换为形状。

图1-88

在属性栏中的“路径”下拉列表中，有“路径”“形状”“像素”3个选项，其含义分别如下。

- 路径：选择该选项后，使用形状工具或“钢笔工具”绘制时只产生工作路径，不会建立形状图层。
- 形状：选择该选项可创建形状图层，形状图层可以理解为有形状路径的填充图层，图层中的填充色默认为前景色，双击缩略图可改变填充颜色。
- 像素：选择该选项后，绘制时既不产生工作路径，也不会建立形状图层，但会使用前景色填充图像，绘制的图像不能作为矢量对象进行编辑。

单击形状工具右侧的三角形按钮，可以设置图形的固定比例、圆形半径、星形属性等。当用户选择“圆角矩形工具”或“多边形工具”时，还可以在属性栏中设置边角圆滑半径和多边形边数。图1-89所示为边角半径为30时所绘制的圆角矩形，图1-90所示为绘制的星形。

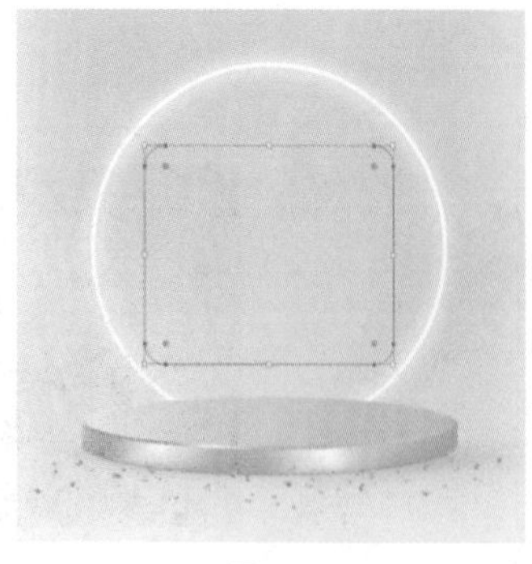

图1-89

图1-90

2. 自定义形状

选择工具箱中的“自定义形状工具”，其属性栏如图1-91所示，其中“自定义形状选项”下拉列表框和“形状”下拉列表框与其他形状工具的属性栏有所不同。

图1-91

“自定形状工具”的属性栏与其他形状工具大致相同，唯一不同的是，单击“形状”下拉列表框右侧的三角形按钮，弹出的面板中有Photoshop 2022自带的图形，如图1-92所示，用户可以选择所需的图形，然后在图像中拖曳鼠标指针进行绘制。

图1-92

1.4.4 实例：绘制咖啡屋招牌

本实例使用“自定形状工具”和图层样式功能绘制咖啡屋招牌，实例效果如图1-93所示。

图1-93

资源位置

实例位置 实例文件>第1章>咖啡屋招牌.psd、咖啡屋招牌效果图.psd

素材位置 素材文件>第1章>文字和咖啡.psd、效果图背景.jpg

视频位置 视频文件>第1章>绘制咖啡屋招牌.mp4

微课视频

设计思路

（1）用形状工具绘制招牌图形。

（2）用图层样式制作图形效果，然后加上文字。

操作步骤

①新建一个图像文件，选择工具箱中的“自定形状工具”，在属性栏中选择绘制方式为“形状”，设置“填充”为浅蓝色（R：2、G：202、B：220）、“描边”为无，单击“形状”下拉列表框右侧的三角形按钮，在弹出的“形状”面板中选择“花1”图形，如图1-94所示。

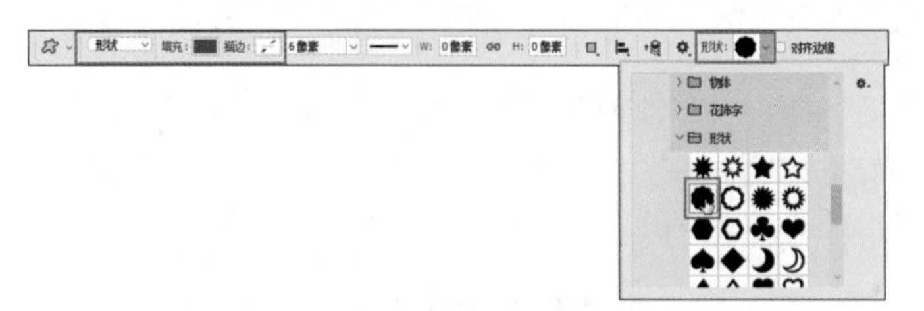

图1-94

提示　在默认情况下，“形状”面板中只有较少的几组图形。如果需要载入较多的形状，我们可以选择“窗口→形状”菜单命令，在打开的“形状”面板中单击按钮，选择“旧版形状及其他”选项，这样将向“形状”面板中载入所有图形。

②设置好属性后，在图像窗口中单击并拖曳，即可绘制出花瓣图形，如图1-95所示，这时在“图层”面板中将新建一个形状图层，如图1-96所示。

③选择“椭圆工具”，在属性栏中设置颜色为浅土黄色（R：183、G：131、B：84），按住Shift键在花瓣图形中绘制一个圆形，将其移至花瓣图形中间，如图1-97所示。

图1-95

图1-96

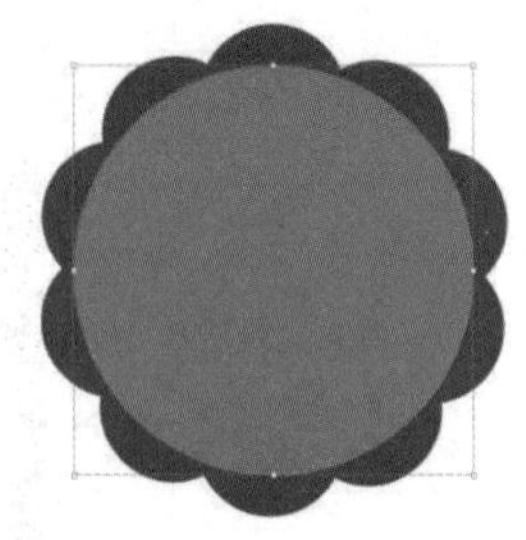

图1-97

④选择“图层→图层样式→投影”菜单命令，打开“图层样式”对话框，设置投影颜色为黑色，其他参数设置如图1-98所示。

⑤单击“确定”按钮，得到添加投影的效果，如图1-99所示。

⑥选择“椭圆工具”，在属性栏中设置“填充”为无、“描边”为白色、宽度为4像素，按住Shift键绘制一个圆环，将其移至圆形中间，如图1-100所示。

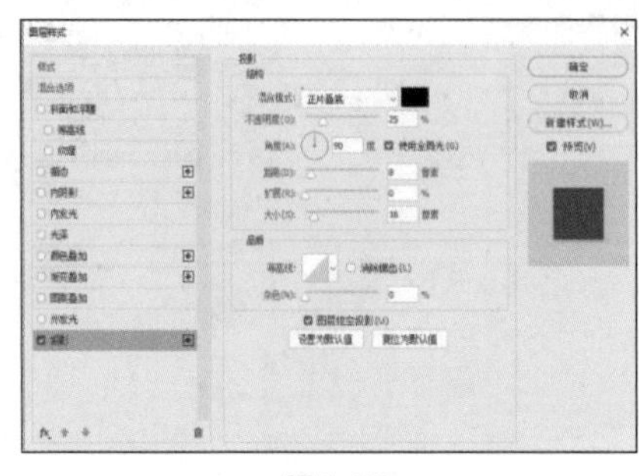

图1-98

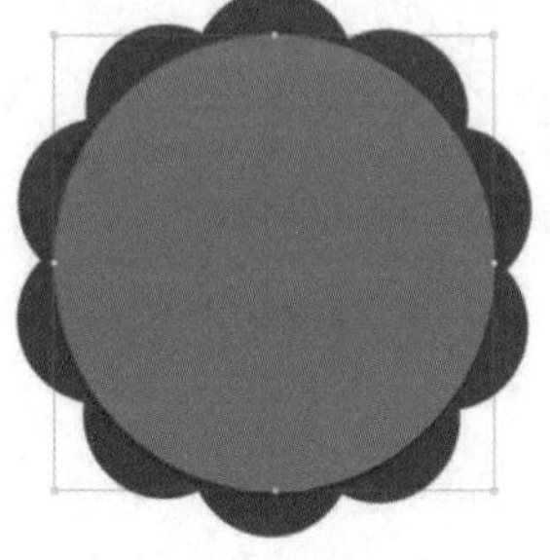

图1-99

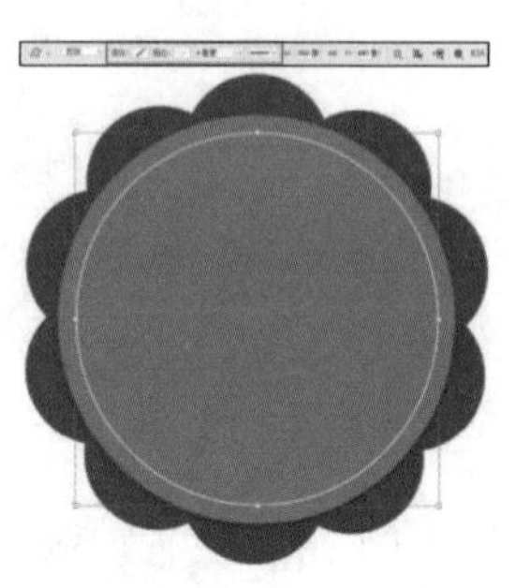

图1-100

7打开“文字和咖啡.psd”素材文件，使用“移动工具” 将其拖曳到该图像窗口中，放到画布中间，如图1-101所示。

8选择“横排文字工具” T，分别输入文字“咖啡屋”和英文字母“LEISURELV LIFE”，并在属性栏中设置中文字体为“华康布丁体”、英文字体为“黑体”、颜色为白色，如图1-102所示。

9按住Ctrl键选择除“背景”图层外的所有图层，按Ctrl+E组合键合并图层。打开“效果图背景.jpg”素材文件，使用“移动工具” 将店标拖曳至素材文件窗口中，按Ctrl+T组合键，按住Ctrl键调整变换框四角的控制点，得到斜切变形效果，如图1-103所示，完成本实例的制作。

图1-101　　图1-102　　图1-103

1.4.5 渐变工具

使用“渐变工具” 可以在整个画布或选区内填充渐变色，并且可以创建多种颜色混合的效果，其属性栏如图1-104所示。“渐变工具” 的应用非常广泛，不仅可以用来填充图像，还可以用来填充图层蒙版、快速蒙版和通道等。

图1-104

“渐变工具”属性栏中的主要选项含义如下。

- 编辑渐变色：显示了当前的渐变颜色。单击其右侧的 按钮，打开渐变拾色器，在其中可以选择预设渐变色，如图1-105所示；如果直接单击“点按可编辑渐变”下拉列表框 ，则会弹出“渐变编辑器”对话框，在该对话框中可以编辑渐变颜色或保存渐变颜色，如图1-106所示。

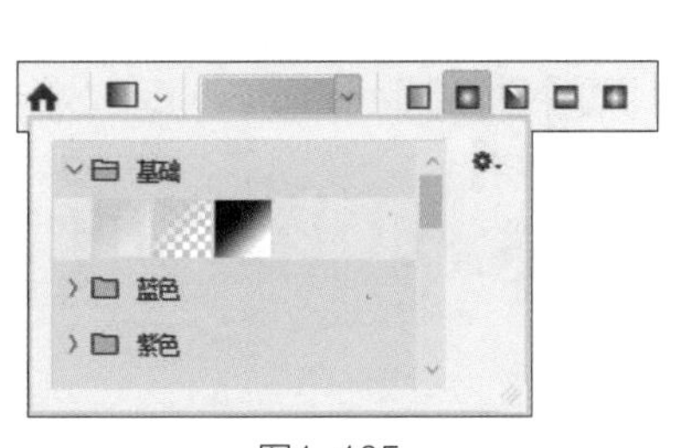

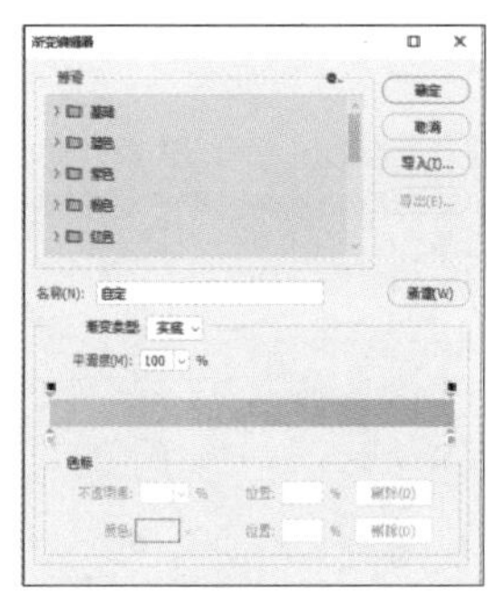

图1-105　　图1-106

- 渐变类型：单击“线性渐变”按钮 ，可以以直线的方式创建从起点到终点的渐变，如图1-107所示；单击“径向渐变”按钮 ，可以以圆形的方式创建从起点到终点的渐变，如图1-108所示；单击“角度渐变”按钮，可以创建围绕起点顺时针扫描方式的渐变，如图1-109所示；单击“对称渐变”按钮，可以使用均衡的线性渐变在起点的任意一侧创建渐变，如图1-110所示；单击“菱形渐变”按钮，可以以菱形的方式从起点向外产生渐变，如图1-111所示。

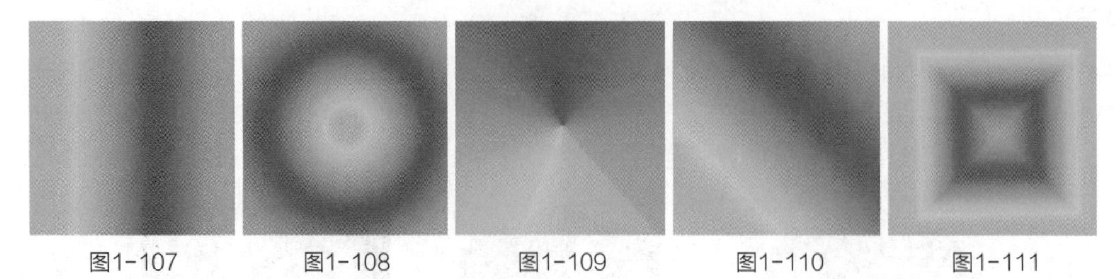

图1-107　图1-108　图1-109　图1-110　图1-111

- 模式：用来设置应用渐变时的混合模式。
- 不透明度：用来设置渐变效果的不透明度。
- 反向：勾选该选项，可转换渐变条中的颜色顺序，得到反向的渐变效果。
- 仿色：勾选该选项，可以使渐变效果更加平滑，防止打印时出现条带化现象。该现象在计算机屏幕上并不能明显地体现出来。
- 透明区域：勾选该选项，可创建透明渐变；取消该选项则只能创建实色渐变。

1.5 文字和路径的应用

文字在图像中有着非常重要的地位，它不仅可以传达与作品相关的信息，还可以起到美化版面、强化主体的作用。Photoshop 2022中的文字由基于矢量的文字轮廓组成，这些形状可用于表现字母、数字和符号。将文字与路径相结合，能够产生极具创意的效果。

1.5.1 输入并编辑文字

Photoshop 2022提供了两种输入文字的工具，分别是“横排文字工具”T和“直排文字工具”IT。“横排文字工具”T用来输入横向排列的文字，“直排文字工具”IT用来输入竖向排列的文字。

在工具箱中选择“横排文字工具”T，然后在画布上单击，出现闪动的光标，如图1-112所示，此时可以输入文字，如图1-113所示。

图1-112

图1-113

下面以“横排文字工具” T 为例，讲解文字工具的参数选项。在“横排文字工具” T 的属性栏中，可以设置字体的类型、样式、大小、颜色和对齐方式等，如图1-114所示。

图1-114

“横排文字工具” T 属性栏中主要选项含义如下。

- 按钮：如果是用“横排文字工具” T 输入的文字，我们选择文本后，在属性栏中单击“切换文本取向”按钮，可以将横向排列的文字更改为竖向排列的文字。
- 方正粗宋简体 下拉列表框：在该下拉列表框中可以选择所需的字体。
- 30点 下拉列表框：在该下拉列表中可以选择预设的字体大小，也可以输入数值。
- 设置消除锯齿的选项：输入文字后，可以在属性栏中为文字指定一种消除锯齿的方法，包括“无”“锐利”“犀利”“浑厚”“平滑”。
- 设置文本对齐方式的按钮：属性栏中提供了3种设置文本对齐方式的按钮，分别为“左对齐文本”、“居中对齐文本”、“右对齐文本”。
- 设置文本颜色的颜色块：在图像中选择文本，然后在属性栏中单击颜色块，在弹出的“拾色器（文本颜色）”对话框中设置文本的颜色。
- 按钮：单击该按钮，将打开“变形文字”对话框，在该对话框中可以选择文字变形的方式。
- 按钮：单击该按钮，可以打开“字符”面板和“段落”面板，用以调整字符格式和段落格式。

输入文字后，在“图层”面板中将自动生成一个文字图层，在图层上有一个T字母，表示当前的图层为文字图层，如图1-115所示。Photoshop 2022会自动按照输入的文字命名新建的文字图层。文字图层可以随时进行编辑，按住鼠标左键并拖曳，可以选择所需的文字，如图1-116所示。双击“图层”面板中的文字图层缩略图，可以选择所有文字。

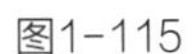
图1-115

图1-116

提示

在图像中输入文字后，还可以调整文字的大小、间距和行距等。这些操作除了可以在属性栏和面板中设置外，还可以通过快捷键来实现。

- 调整文字大小：选择文字后，按住Shift+Ctrl组合键并连续按>键，能够以1点为增量将文字调大；按住Shift+Ctrl组合键并连续按<键，能够以1点为增量将文字调小。
- 调整字间距：选择文字后，按住Alt键并连续按→键可以增大字间距；按住Alt键并连续按←键，能够减小字间距。
- 调整行间距：选择多行文字后，按住Alt键并连续按↑键可以减小行间距；按住Alt键并连续按↓键，能够增大行间距。

1.5.2 绘制路径

路径是一种轮廓，是可以转换为选区或使用颜色填充和描边的轮廓。路径的灵活多变和强大的图像处理功能使其深受广告设计人员的喜爱。使用“钢笔工具” 可以直接绘制出直线路径和曲线路径，下面分别介绍。

1. 绘制直线路径

选择工具箱中的“钢笔工具” ，在属性栏中选择工具模式为“路径”。在画布中需要绘制直线的起点处单击创建锚点，然后移动鼠标指针至另一点处单击，即可在该点与起点间绘制一条直线路径，如图1-117所示，继续单击，可以绘制相连的直线段。将鼠标指针移到路径的起点处，此时鼠标指针将变成 形状，单击即可创建一条封闭的路径，如图1-118所示。

图1-117

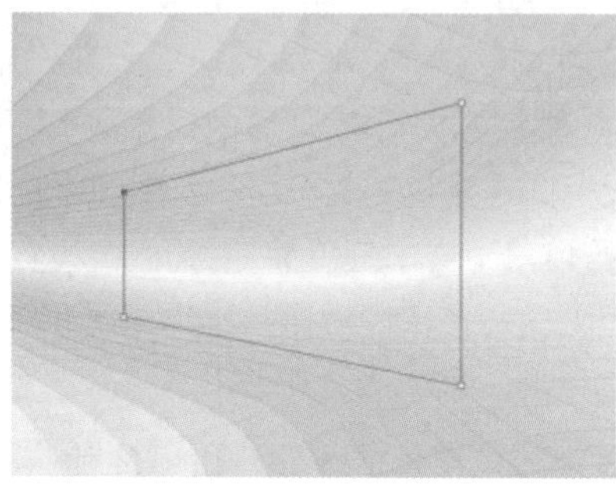

图1-118

2. 绘制曲线路径

在画布中单击创建锚点，将鼠标指针移到另一位置，按住鼠标左键并拖曳，创建控制手柄，如图1-119所示。该手柄用来控制这两个锚点间曲线段的弯曲度和方向，单击并拖曳鼠标指针，即可创建第三个锚点和曲线段，如图1-120所示。

图1-119

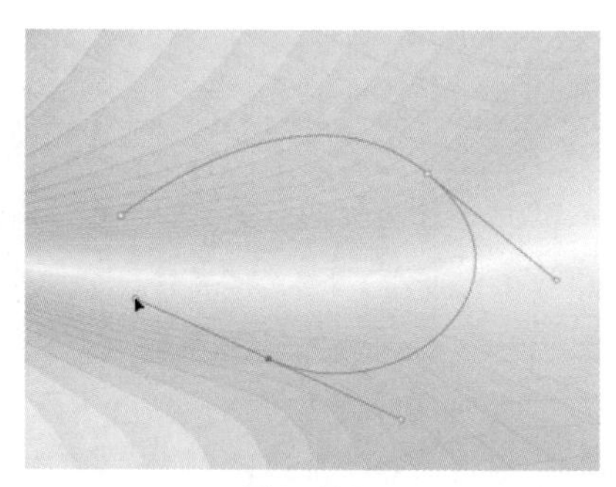

图1-120

1.5.3 创建路径文字

路径文字是指在路径上创建的文字，使用“钢笔工具” 、“直线工具” 或形状工具绘制路径，然后沿着该路径输入文字，文字会沿着路径排列，当改变路径形状时，文字的排列方式也会随之发生改变。

选择工具箱中的“钢笔工具” ，在画布中绘制图1-121所示的路径。选择工具箱中的“横排文字工具” T，在路径上单击，如图1-122所示，输入的文字效果如图1-123所示。

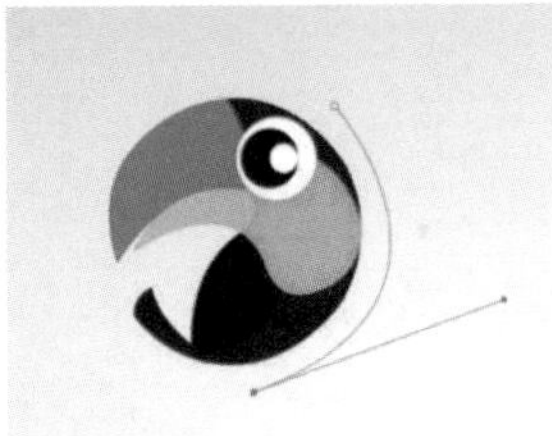

图1-121

图1-122

图1-123

1.5.4 实例：绘制唯美欧式婚礼LOGO

本实例使用形状工具和“钢笔工具” 绘制唯美欧式婚礼LOGO，实例效果如图1-124所示。

图1-124

资源位置

实例位置 实例文件>第1章>唯美欧式婚礼LOGO.psd

素材位置 素材文件>第1章>手绘花.psd

视频位置 视频文件>第1章>绘制唯美欧式婚礼LOGO.mp4

设计思路

（1）使用形状工具和“钢笔工具” 绘制LOGO的路径图形。

（2）添加装饰素材，并设计文字。

操作步骤

①新建一个图像文件，选择工具箱中的“椭圆工具” ，在属性栏中选择绘制方式为“路径”，按住Shift键绘制一个圆形路径，如图1-125所示。

②新建一个图层，设置前景色为土黄色（R：196、G：164、B：54），选择“铅笔工具” ，在属性栏中设置“大小”为2像素，单击“路径”面板底部的“用画笔描边路径”按钮 ，如图1-126所示，得到的效果如图1-127所示。

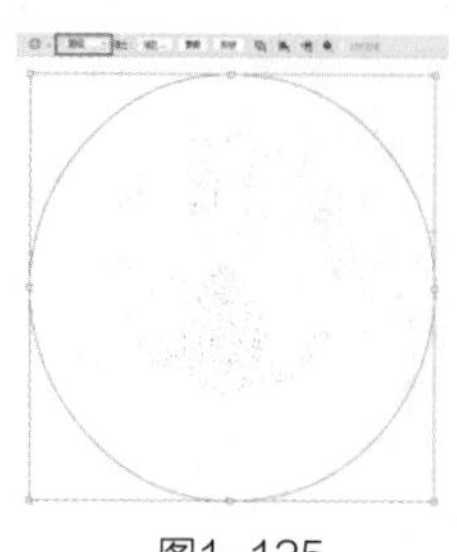

图1-125

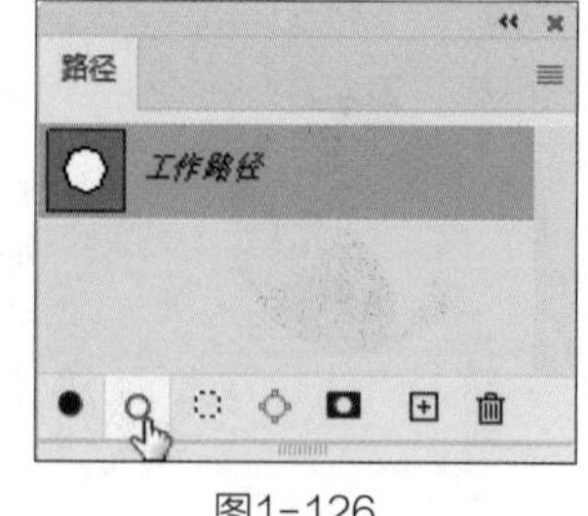

图1-126

图1-127

③选择工具箱中的“椭圆工具”，绘制第二个圆形路径，并将其适当向上移动。选择“铅笔工具”，对路径进行描边操作，如图1-128所示。

④新建一个图层，选择“椭圆工具”，在画布中绘制一个圆形，并将其填充为淡蓝色（R：228、G：236、B：249），如图1-129所示。

⑤打开“手绘花.psd”素材文件，使用“移动工具”分别将花朵拖曳至当前的图像窗口中，并将其放到圆形两侧，如图1-130所示。

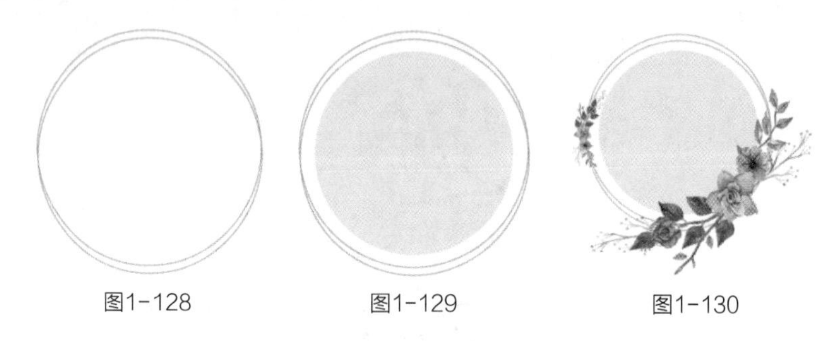

图1-128　　图1-129　　图1-130

⑥在“图层”面板中选择“图层1”，选择“橡皮擦工具”，擦除描边圆形左上方部分图像，如图1-131所示。

⑦选择手绘花图像所在图层，按Ctrl+J组合键复制图层，设置图层混合模式为“滤色”，然后适当调整图像大小，将其放到淡蓝色图像所在图层的上方，如图1-132所示。

图1-131　　图1-132

⑧新建一个图层，选择“钢笔工具”，在画布中绘制字母“C”的外形路径，按Ctrl+Enter组合键将路径转换为选区，将其填充为土黄色（R：217、G：160、B：69），如图1-133所示。

⑨选择“钢笔工具”，绘制“H”变形文字，然后将路径转换为选区，将其填充为相同的颜色，如图1-134所示。

⑩选择“椭圆工具”，绘制一个较大的圆形路径。选择“横排文字工具”，在路径左上方外侧单击，输入文字，如图1-135所示。

⑪在淡蓝色圆形右下方输入两行文字，在“字符”面板中设置字体为“方正隶二简体”、“颜色”为蓝色（R：54、G：108、B：196），字号、间距等参数的设置如图1-136所示，完成本实例的制作。

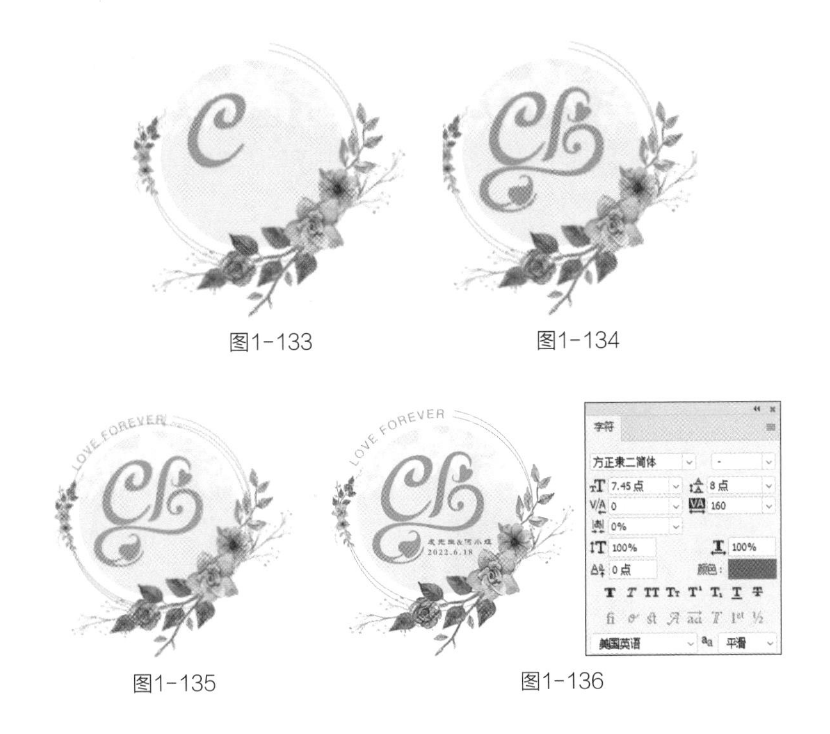

图1-133　　图1-134

图1-135　　图1-136

1.6 图像颜色的调整

现代平面广告设计由色彩、图形和文案三大要素组成，而图形和文案都离不开色彩的表现。因此从某种意义来说，色彩是第一位的。本节主要介绍Photoshop 2022中与调色有关的命令，以及怎样调出可以吸引观众的色调。

1.6.1 直方图

直方图用图形的方式显示了图像像素在各个色调区域的分布情况。通过观察直方图，可以判断出图像阴影、中间调和高光中包含的细节，以便进行校正。

打开一个图像文件，如图1-137所示。选择“窗口→直方图”菜单命令，打开“直方图”面板，如图1-138所示。在直方图中，可以看到一个或几个类似山脉的形状，这些山脉形状表示了图像中像素的分布情况，左边部分表示阴影、中间部分表示中间调、右边部分表示高光，凸出部分越高表示该区域像素越多。

图1-137

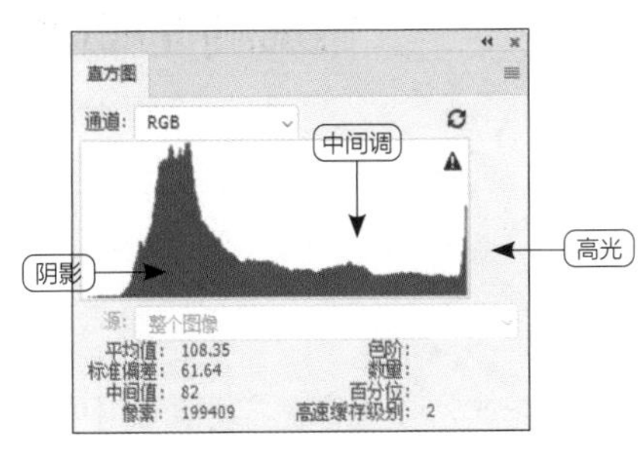

图1-138

在调整图像的过程中，当“直方图”面板右上方出现“高速缓存数据警告”图标▲时，表示当前直方图是Photoshop 2022通过对图像中的像素进行典型性取样而生成的，此时直方图显示速度较快，但并不太准确。单击该图标，可以刷新直方图，显示当前状态下的最新统计结果。

当用户在使用“色阶”或“曲线”命令调整图像时，“直方图”面板中通常会出现两个直方图，黑色的是当前调整状态下的直方图，灰色的是调整前的直方图。图1-139所示为正在调整中的直方图。调整之后，原始直方图会被新的直方图取代。

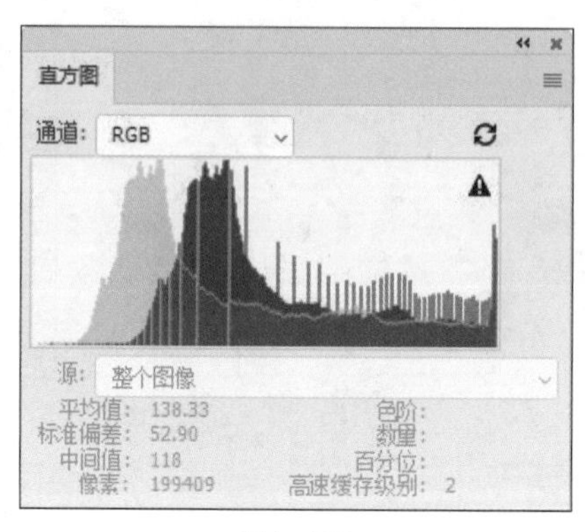

图1-139

知识拓展

当调整图像后，观察直方图，有时直方图中会出现有空隙的梳齿状图形，如图1-140所示，这种情况代表图像中出现了色调分离。在调整图像的过程中，原始图像中的平滑色调产生了断裂，造成部分细节丢失，而这些空隙则代表丢失的色彩。

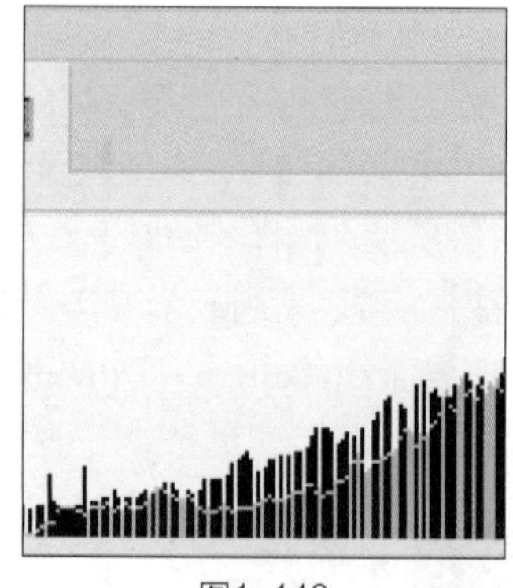

图1-140

1.6.2 曲线

“曲线”命令的功能非常强大，在实际工作中的使用频率很高。“曲线”命令同时具备“亮度/对比度”“阈值”“色阶”等命令的功能。通过调整曲线的形状，可以对图像的色调进行精确的调整。

打开一个图像文件，如图1-141所示。选择“图像→调整→曲线”菜单命令或按Ctrl+M组合键，打开“曲线”对话框，拖曳曲线进行调整，如图1-142所示，调整后的效果如图1-143所示。

图1-141

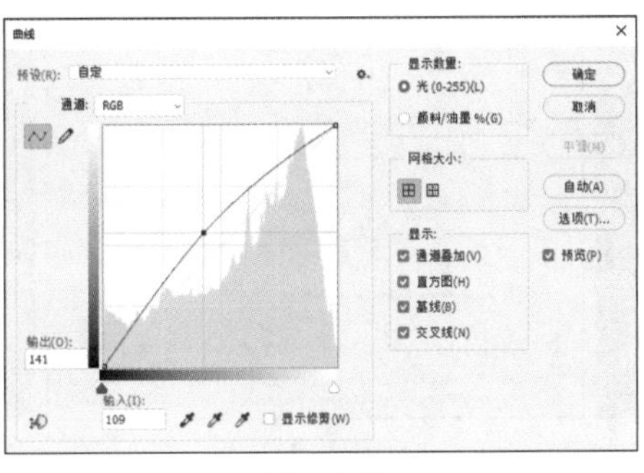

图1-142

图1-143

1.6.3 色阶

使用“色阶”命令可以对图像的阴影、中间调和高光强度级别进行调整，从而校正图像的色调范围，达到色彩平衡的效果。此外，使用“色阶”命令还可以分别对各个通道进行调整，以校正图像的色彩。

打开一个图像文件，如图1-144所示。选择“图像→调整→色阶”菜单命令或按Ctrl+L组合键，打开“色阶”对话框，拖曳“色阶”对话框中的滑块来调整明暗对比度，如图1-145所示，得到的效果如图1-146所示。

图1-144

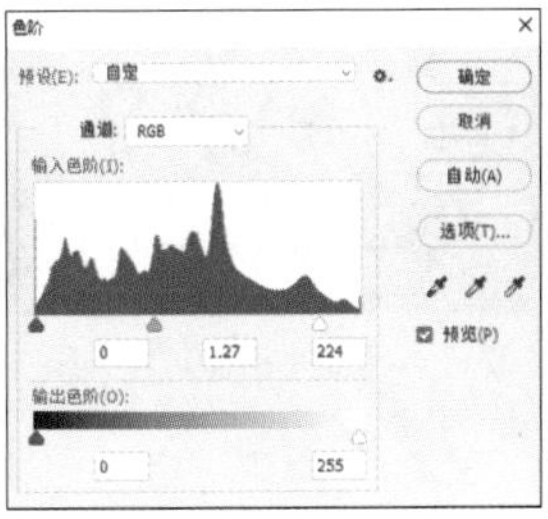

图1-145

图1-146

1.6.4 色相/饱和度

使用“色相/饱和度”命令可以调整整个图像或选区内图像的色相、饱和度和明度，还可以对单个通道进行调整。该命令是实际工作中使用频率很高的调整命令。

打开一个图像文件，如图1-147所示。选择“图像→调整→色相/饱和度”菜单命令或按Ctrl+U组合键，打开“色相/饱和度”对话框，在“色相/饱和度”对话框中调整各项参数，如图1-148所示，调整后的效果如图1-149所示。

“色相/饱和度”对话框中主要选项含义如下。

- 全图：选择“全图”选项时，调整针对整个图像，也可以为要调整的颜色选择一个预设的颜色范围。
- 色相：调整图像的色彩倾向，拖曳滑块或直接在文本框中输入数值即可进行调整。

- 饱和度：调整图像中像素的颜色的饱和度，数值越高颜色越浓，反之则越淡。
- 明度：调整图像中像素的明暗程度，数值越高图像越亮，反之则越暗。
- 着色：勾选该选项，可以消除图像中的黑白或彩色元素，将图像转变为单色调。

图1-147

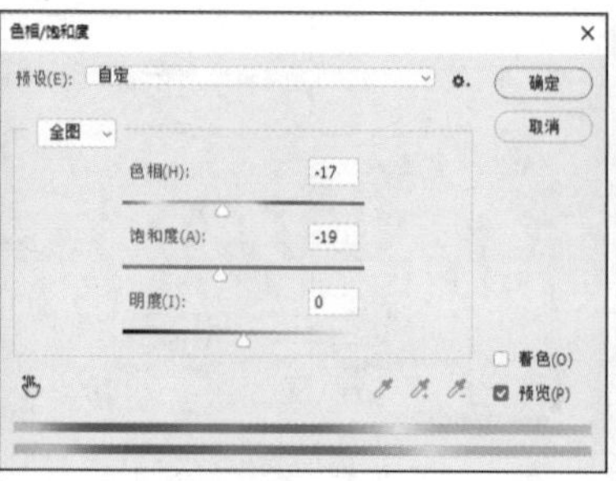

图1-148

图1-149

1.6.5 实例：制作雪景图

本实例通过调整图像的色彩通道、色相/饱和度、曲线等制作雪景图，实例效果如图1-150所示。

图1-150

资源位置

实例位置 实例文件>第1章>制作雪景图.psd

素材位置 素材文件>第1章>山里.jpg、雪花.psd

视频位置 视频文件>第1章>制作雪景图.mp4

设计思路

（1）选择一张风景图，选择通道，并载入图像选区。

（2）调整色相/饱和度、曲线等工具的参数，置入雪花素材文件。

操作步骤

❶按Ctrl+O组合键打开“山里.jpg”素材文件，如图1-151所示。在“通道”面板中选择“绿”通道，按住Ctrl键单击“绿”通道，载入图像选区，如图1-152所示。

图1-151

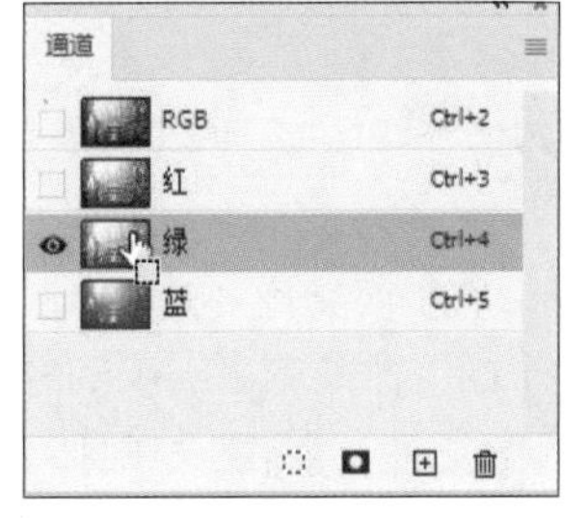

图1-152

❷选择“图层”面板，新建一个图层，设置前景色为白色，按Alt+Delete组合键填充选区，得到的填充效果如图1-153所示。

❸选择“橡皮擦工具”，在属性栏中设置“不透明度”为30%，适当擦除画面上方白色图像较多的区域，如图1-154所示，得到白雪皑皑的效果。

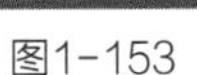

图1-153

图1-154

❹在“图层”面板中选择“背景”图层，然后选择“图像→调整→色相/饱和度”菜单命令，打开“色相/饱和度”对话框，选择“绿色”选项，设置“饱和度”为-100，如图1-155所示。

❺选择“黄色”选项，设置“饱和度”为-34，如图1-156所示。单击“确定”按钮，得到调整后的效果，如图1-157所示。

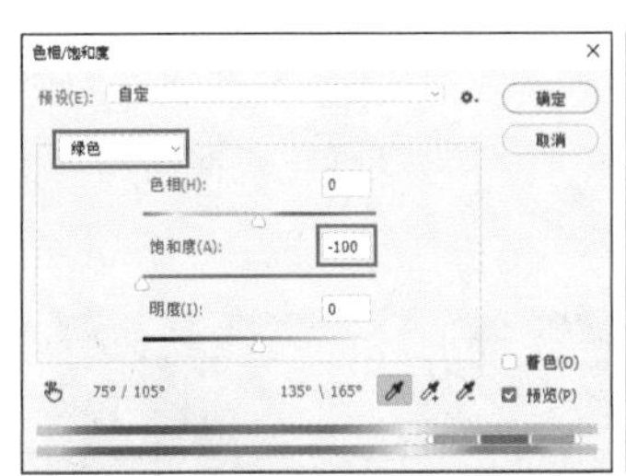

图1-155

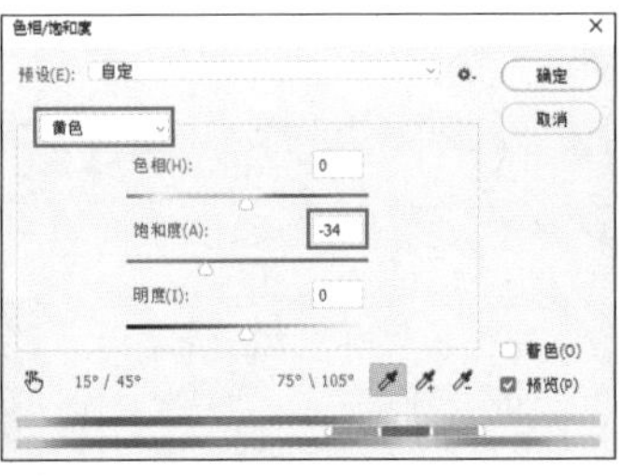

图1-156

图1-157

❻选择“图像→调整→曲线”菜单命令，打开“曲线”对话框，在曲线中添加节点，适当降低图像亮度，如图1-158所示。单击“确定”按钮，得到调整后的效果，如图1-159所示。

❼打开“雪花.psd”素材文件，使用“移动工具”将其拖曳至当前编辑的图像窗口中，并移至画面中央，得到雪花飞舞的图像，如图1-160所示。

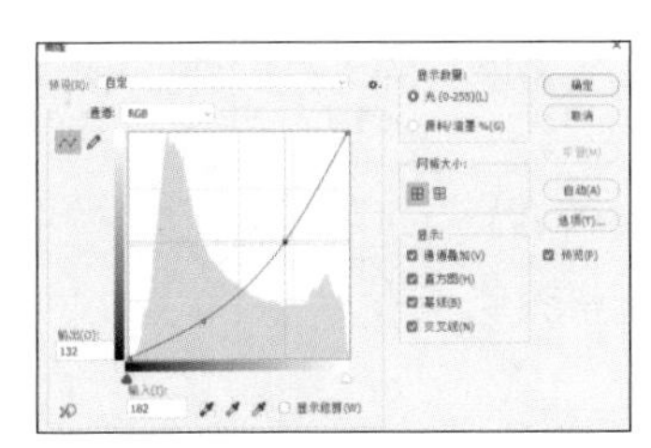

图1-158

图1-159

图1-160

1.6.6 色彩平衡

使用“色彩平衡”命令可以校正图像偏色。同时，我们也可以根据自己的喜好和制作需要，使用“色彩平衡”命令调出需要的颜色，以便更好地呈现画面效果。

打开一个图像文件，如图1-161所示。选择“图像→调整→色彩平衡”菜单命令或按Ctrl+B组合键，打开“色彩平衡”对话框。

调整“青色—红色”“洋红—绿色”“黄色—蓝色”在图像中所占的比例，可以更改图像颜色。我们可以手动输入数值，也可以通过拖曳滑块进行调整。例如，向左拖曳“青色—红色”滑块，可以增加青色，同时减少其补色红色；向右拖曳“洋红—绿色”滑块，可以增加绿色，同时减少其补色洋红色，如图1-162所示，得到的效果如图1-163所示。

图1-161

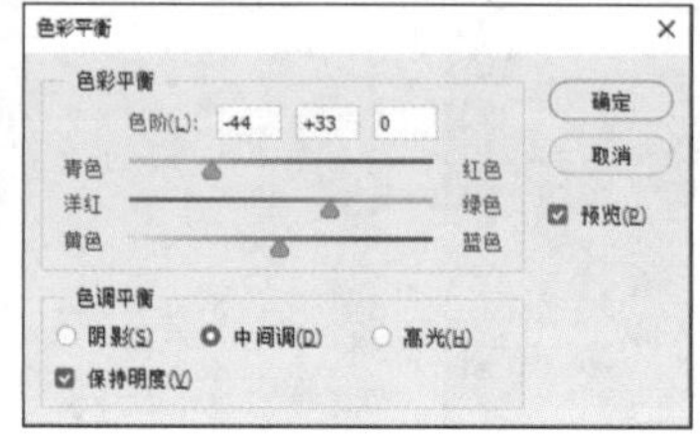

图1-162

图1-163

1.6.7 可选颜色

“可选颜色”命令是一个很重要的调色命令。使用它可以在图像中的每个主要原色成分中更改印刷色的数量，也可以有选择地修改任何主要颜色中的印刷色数量，并且不会影响其他主要颜色。

打开一个图像文件，如图1-164所示。选择“图像→调整→可选颜色”菜单命令，打开“可选颜色”对话框，在“颜色”下拉列表框中选择“红色”选项，对其进行调整，如图1-165所示，调整后的效果如图1-166所示。

图1-164

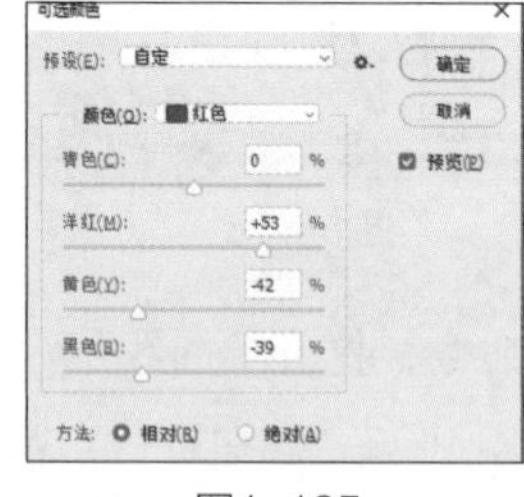

图1-165

图1-166

- 颜色：用来设置图像中需要改变的颜色，单击下拉按钮，在弹出的下拉列表中选择需要改变的颜色，可以拖曳下方的“青色”“洋红”“黄色”“黑色”滑块对选择的颜色进行设置，数值越小颜色越淡，反之则越浓。
- 方法：用于选择增减颜色模式。选择“相对”选项，将按CMYK总量的百分比来调整颜色；选择“绝对”选项，将按CMYK总量的绝对值来调整颜色。

1.6.8 实例：调整照片色调

本实例通过新建调整图层调整照片色调，实例对比效果如图1-167所示。

图1-167

资源位置

实例位置 实例文件>第1章>调整照片色调.psd

素材位置 素材文件>第1章>海滩.jpg、文字.jpg

视频位置 视频文件>第1章>调整照片色调.psd

设计思路

（1）新建调整图层，调整图像的亮度和对比度。

（2）通过新建调整图层调整图像的色彩平衡。

操作步骤

1 打开“海滩.jpg”图像文件，如图1-168所示，可以看到图像存在明显的偏色，整体色调偏绿。

2 选择“图层→新建调整图层→亮度/对比度”菜单命令，创建一个调整图层，在“属性”面板中增加“亮度”参数值，如图1-169所示，得到的效果如图1-170所示。

图1-168

图1-169

图1-170

调整图层中各色调的参数与“调整”菜单中的命令相同，使用调整图层可以重复修改，更加方便。

3 选择“图层→新建调整图层→色彩平衡”菜单命令，再次创建一个调整图层，在“色调”下拉列表框中分别选择“阴影”“中间调”“高光”选项，并修改下方的颜色参数值，增加图像中的蓝色和红色，减少图像中的黄色和青色，如图1-171至图1-173所示。

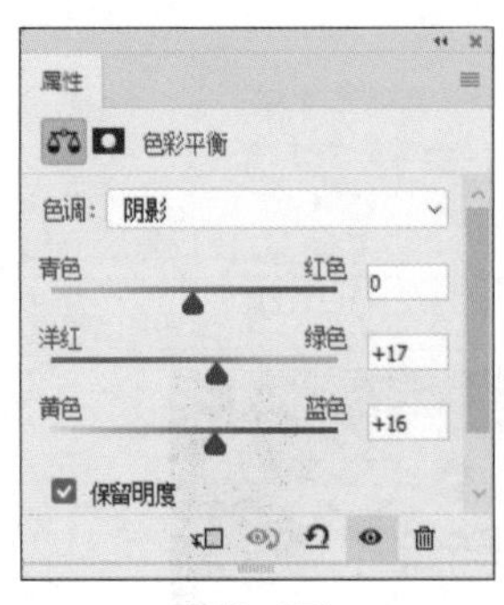

图1-171

图1-172

图1-173

4调整后的图像效果如图1-174所示，图像中的蓝色得到了很好的还原，但色调显得有些不真实。

5新建一个图层，将其填充为橘黄色（R：240、G：146、B：26），设置图层混合模式为“色相”，如图1-175所示。完成本实例的制作，得到的效果如图1-176所示。

图1-174

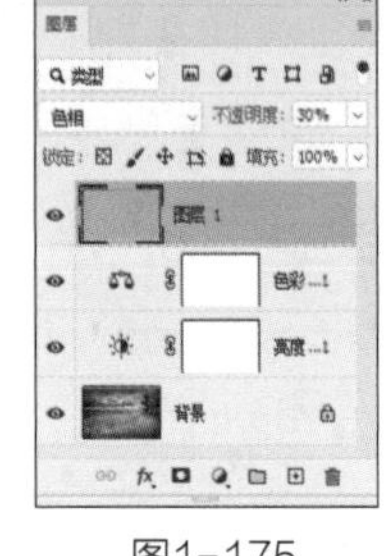
图1-175

图1-176

1.7 抠图工具的应用

选区工具除了可以用来绘制图像外，还有抠图的作用。本节将介绍几种常用的选区工具，并用其抠取较为复杂的图像。

1.7.1 魔棒工具

“魔棒工具”是一种比较智能的选区工具。使用“魔棒工具”能在一些背景较为单一的图像中快速创建选区，因此“魔棒工具”在实际工作中的使用频率相当高，其属性栏如图1-177所示。

图1-177

其中，“容差”是影响“魔棒工具”性能的重要选项，其取值范围为0~255。数值越低，对像素相似程度的要求越高，所选颜色的范围就越小；数值越高，对像素相似程度的要求越低，所选颜色的范围就越广。图1-178所示为“容差”数值为6时的选区效果，图1-179所示为“容差”值为30时的选区效果。

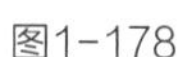
图1-178

图1-179

1.7.2 快速选择工具

使用“快速选择工具”可以通过可调整的圆形笔尖迅速绘制出选区，当拖曳鼠标指针时，选区范围不但会向外扩张，还可以自动寻找并沿着图像的边缘来描绘边界。选择工具箱中的“快速选择工具”，单击属性栏中画笔选项右侧的按钮，在打开的面板中可以设置画笔的“大小”“硬度”“间距”等参数，如图1-180所示。

图1-180

按住鼠标左键，在需要选择的区域拖曳鼠标指针，鼠标指针经过的区域将会被选择，如图1-181所示。在不释放鼠标的情况下继续沿着需要的区域拖曳鼠标指针，直至得到需要的选区，然后释放鼠标，如图1-182所示。

图1-181

图1-182

1.7.3 磁性套索工具

使用“磁性套索工具”可以自动识别图像的边界并绘制选区，该工具特别适用于快速选择与背景对比强烈且边缘复杂的图像。该工具的属性栏如图1-183所示。“宽度”可用于设置捕捉像素的范围，“对比度”文本框可用于设置捕捉的灵敏度，“频率”文本框可用于设置定位点创建的频率。使用“磁性套索工具”时，套索边界会对齐图像中定义区域的边缘，如图1-184所示。当勾选完比较复杂的边界后，可以按住Alt键暂时切换至“多边形套索工具”，以勾选转角比较强烈的边缘部分。

图1-183

图1-184

1.7.4 选择并遮住命令

选择“套索工具”，在画布中绘制一个选区，如图1-185所示。单击属性栏中的“选择并遮住”按钮，打开相应的“属性”面板，展开“边缘检测”“全局调整”两个选项组，在其中可以对选区进行“平滑”“羽化”“扩展”等处理，如图1-186所示。

图1-185

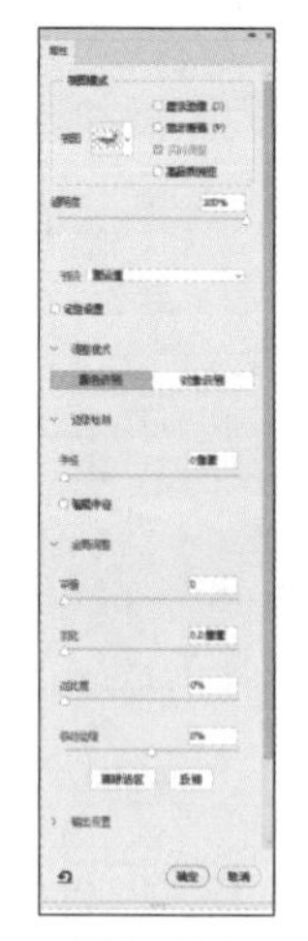

图1-186

设置“视图模式”为“图层”，然后在“属性”面板中调整各项参数值并预览选区效果。

- 调整“平滑”和“羽化”参数值，数值越大，选区边缘越圆滑，图像边缘越呈现透明效果，如图1-187所示。
- 调整“对比度”参数值可以锐化选区边缘，并去除模糊的不自然感，对于一些羽化后的选区，可以减弱或消除羽化效果，如图1-188所示。
- 调整“移动边缘”参数值可以扩展或收缩选区边界，图1-189所示为扩展选区边界的效果。

图1-187

图 1-188

图1-189

1.7.5 实例：抠取边缘复杂的图像

本实例使用“魔棒工具”、“磁性套索工具”和“选择并遮住”功能抠取边缘复杂的图像，实例效果如图1-190所示。

图1-190

资源位置

实例位置 实例文件>第1章>抠取边缘复杂的图像.psd

素材位置 素材文件>第1章>布袋.jpg、小马.jpg、水彩文字.psd

视频位置 视频文件>第1章>抠取边缘复杂的图像.mp4

微课视频

设计思路

（1）使用“魔棒工具”抠取纯色背景的图像。

（2）使用“磁性套索工具”抠取边缘不规则且较平滑的图像。

操作步骤

1 按Ctrl+O组合键打开“布袋.jpg”图像文件，如图1-191所示。打开“小马.jpg”图像文件，选择“魔棒工具”，在属性栏中设置“容差”为1，取消“连续”选项，如图1-192所示。

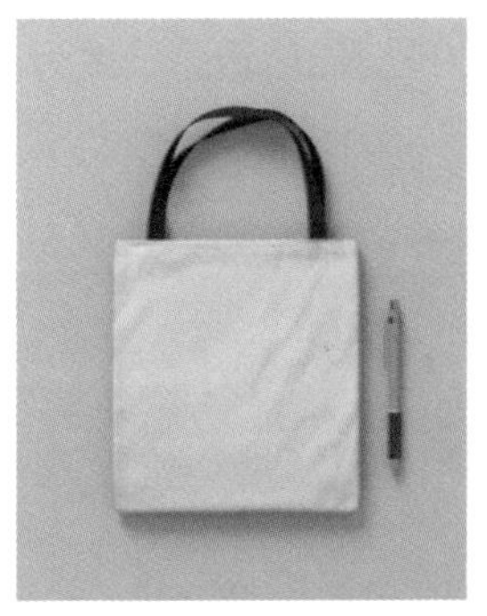

图1-191

图1-192

2 单击白色背景获取图像选区，如图1-193所示。选择“选择→反选”菜单命令，得到反向选区，使用“移动工具”将其拖曳至“布袋.jpg”图像窗口中，按Ctrl+T组合键适当调整图像大小，并将其放到袋子中间，如图1-194所示。

③在“图层”面板中设置该图层混合模式为“正片叠底”，得到的效果如图1-195所示。

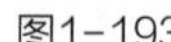

图1-193

图1-194

图1-195

④打开“水彩文字.psd”图像文件，选择“磁性套索工具”，沿图像边缘单击并拖曳，如图1-196所示，到达起点处后单击将封闭选区。

图1-196

⑤单击属性栏中的“选择并遮住”按钮，打开“属性”面板，展开“全局调整”选项组，设置“平滑”为22、“羽化”为13，其他参数保持默认设置，如图1-197所示，预览效果，如图1-198所示。

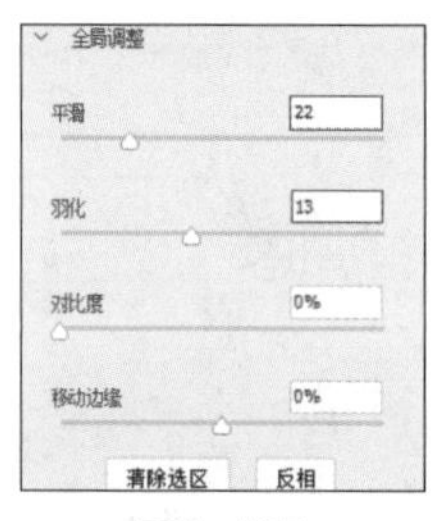

图1-197

图1-198

⑥单击“属性”面板底部的“确定”按钮得到选区，使用“移动工具”将选区内的图像拖曳至“布袋.jpg”图像窗口中，并在“图层”面板中设置图层混合模式为“正片叠底”，如图1-199所示。适当调整图像大小，将其放到小马图像上方，如图1-200所示，完成本实例的制作。

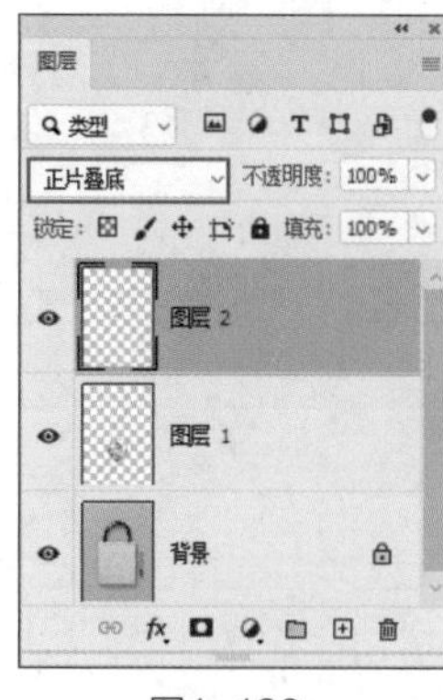

图1-199

图1-200

1.8 蒙版与通道的应用

在Photoshop 2022中处理图像时，常常需要隐藏不需要的图像，蒙版就是这样一种可以隐藏图像的工具。蒙版就像一块布，可以遮盖处理区域中的局部或全部图像。用户在区域内进行模糊、上色等操作时，被蒙版遮盖起来的部分不会受到影响。通道多用于抠取复杂的图像，蒙版与通道结合使用时，常常能制作出奇特的效果。

1.8.1 快速蒙版

快速蒙版只是一种临时蒙版，使用它只会在画布中建立选区，不会对图像进行修改。当用户在快速蒙版模式中工作时，“通道”面板中会出现一个临时的“快速蒙版”通道，所有的蒙版编辑操作都是在图像窗口中完成的。

打开一个图像文件，单击工具箱下方的“以快速蒙版模式编辑”按钮，进入快速蒙版编辑模式，可以在“通道”面板中查看新建的快速蒙版，如图1-201所示。

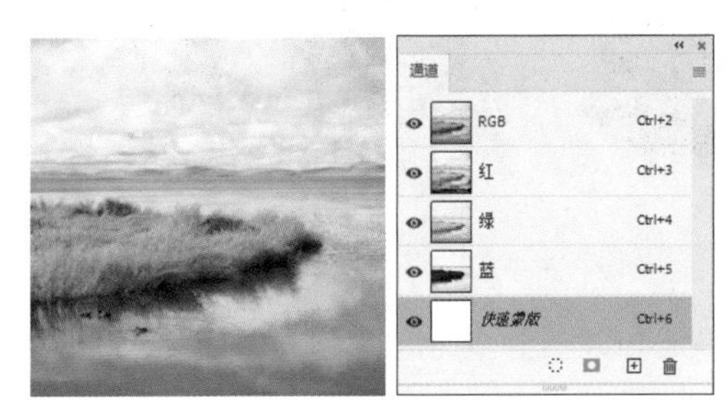

图1-201

选择“画笔工具”，设置一种画笔样式，在画布中涂抹，涂抹出来的颜色为透明红色，“通道”面板中会显示出涂抹的状态，如图1-202所示。单击工具箱中的“以标准模式编辑”按钮或按Q键，回到标准模式中，得到图像选区，如图1-203所示。将其填充为白色，得到的效果如图1-204所示。

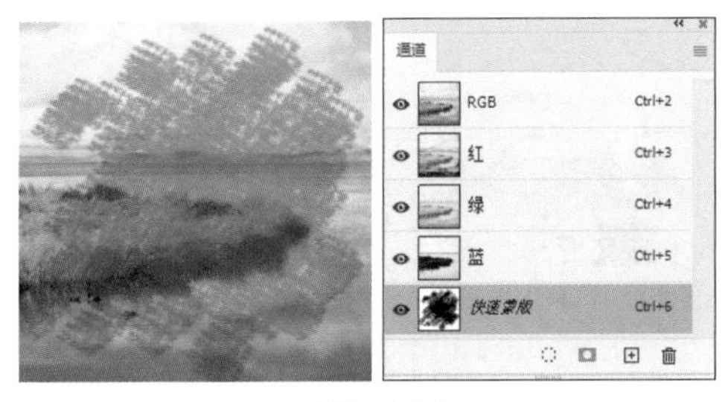

图1-202

图1-203

图1-204

1.8.2 剪贴蒙版

剪贴蒙版非常重要，它可以用一个图层中的图像来控制处于它上层的图像的显示范围，并可以针对多个图像进行控制。此外，用户可以为一个或多个调整图层创建剪贴蒙版，使其只针对一个图层进行调整。

打开一个图像文件，如图1-205所示。这个图像文件中包含3个图层，即一个“背景”图层、一个“图层1”图层和一个“水果”图层。下面以这个图像文件为例子，讲解创建剪贴蒙版的3种常用方法。

图1-205

- 选择“水果”图层，选择“图层→创建剪贴蒙版”菜单命令或按Alt+Ctrl+G组合键，即可将“水果”图层和“图层1”图层创建为一个剪贴蒙版组。创建剪贴蒙版后，“水果”图层中就只显示“图层1”图层包含的区域，如图1-206所示。

图1-206

提示 剪贴蒙版可以应用在多个图层中，这些图层必须是相邻的，不能是隔开的。

- 在“水果”图层的名称上单击鼠标右键，然后在弹出的快捷菜单中选择“创建剪贴蒙版”命令，如图1-207所示，即可将“水果”图层和“图层1”创建为一个剪贴蒙版组。
- 按住Alt键，将鼠标指针放在“水果”图层和“图层1”图层之间的分隔线上，待鼠标指针变成↓□形状时单击，如图1-208所示，可以将“水果”图层和“图层1”创建为一个剪贴蒙版组。

图1-207

图1-208

1.8.3 图层蒙版

图层蒙版是实际工作中使用频率较高的工具，可以用来隐藏、合成图像等。另外，在创建和调整图层、填充图层，以及为智能对象添加智能滤镜时，Photoshop 2022会自动为图层添加一个图层蒙版，我们可以在图层蒙版中对调色范围、填充范围，以及滤镜应用区域进行调整。在Photoshop 2022中，图层蒙版遵循“黑透白不透”的工作原理。

创建图层蒙版的方法有很多，可以直接在“图层”面板中创建，也可以从选区或图像中生成。下面介绍两种常用的创建图层蒙版的方法。

- 选择要添加图层蒙版的图层，然后在“图层”面板下单击“添加图层蒙版”按钮 ◘，即可为当前图层添加一个图层蒙版，如图1-209所示。
- 如果当前图像中存在选区，如图1-210所示，单击“图层”面板下的“添加图层蒙版”按钮 ◘，即可基于当前选区为图层添加图层蒙版，而选区以外的图像将被隐藏，如图1-211所示。

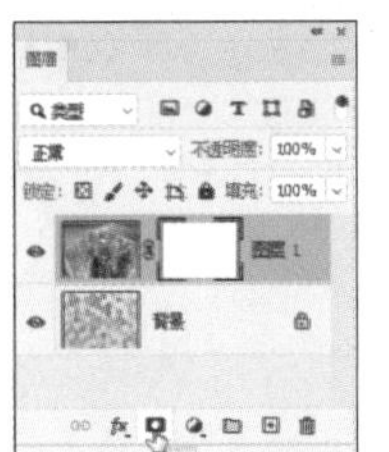

图1-209

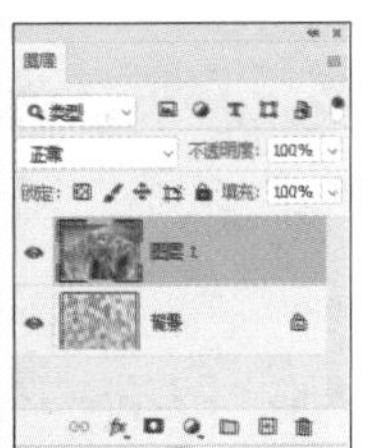

图1-210

图1-211

提示

创建选区蒙版后，可以在“属性”面板中调整“羽化”值，设置模糊蒙版，制作朦胧的效果。

1.8.4 通道抠图

使用通道抠取图像是一种主流的抠图方法，常用于抠取毛发、云朵、烟雾及半透明的婚纱等。通道抠图主要是利用图像的色相差或明度差来创建选区。在操作过程中可以重复使用“亮度/对比度”“曲线”“色阶”等命令，以及“画笔工具”“加深工具”“减淡工具”等对通道进行调整，以得到最精确的选区。

将图像中的沙粒利用通道抠出来，如图1-212所示。在“通道”面板中可以观察到，“红”通道的主体物与背景的明暗对比最强。复制一个“红”通道，如图1-213所示。按Ctrl+I组合键反相，调整色阶，使其明暗对比更加明显，如图1-214所示。

图1-212

图1-213

图1-214

将需要抠出的沙粒部分涂抹成白色，如图1-215所示。载入选区，切换至RGB颜色模式，按Ctrl+J组合键复制选区内容，即可抠出需要的图像，效果如图1-216所示。

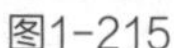

图1-215

图1-216

1.8.5 实例：抠取玻璃杯

本实例使用通道抠图法抠取玻璃杯图像，效果如图1-217所示。

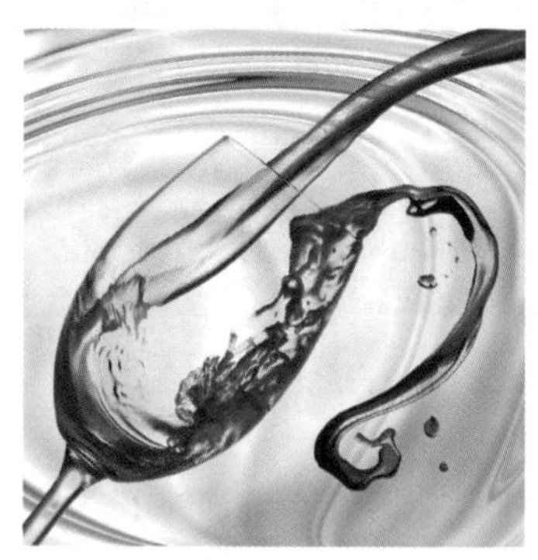

图1-217

资源位置

实例位置 实例文件>第1章>抠取玻璃杯.psd

素材位置 素材文件>第1章>红酒杯.jpg、丝绸背景.jpg

视频位置 视频文件>第1章>抠取玻璃杯.mp4

设计思路

（1）选择合适的色彩通道，抠出玻璃杯图像。

（2）为抠好的图像添加背景。

操作步骤

1 按Ctrl+O组合键，打开“红酒杯.jpg”素材文件，按Ctrl+J组合键复制图层，如图1-218所示。

2 打开“通道”面板，分别选择每一个单色通道进行观察，找到一个对比较为明显的通道。这里选择“红”通道，将其拖曳至“新建通道”按钮上，以复制该通道，如图1-219所示。

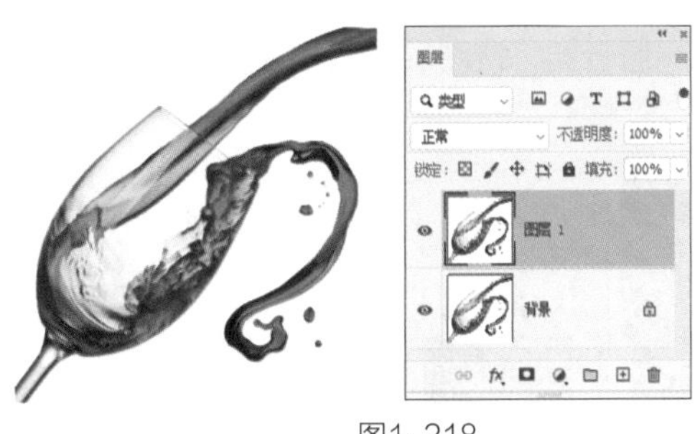
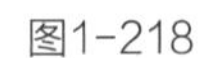

图1-218

图1-219

3选择“图像→调整→曲线”菜单命令，打开“曲线”对话框，在曲线下方添加节点，按住鼠标左键，将曲线向下拖曳，如图1-220所示，使暗部颜色更深，如图1-221所示。

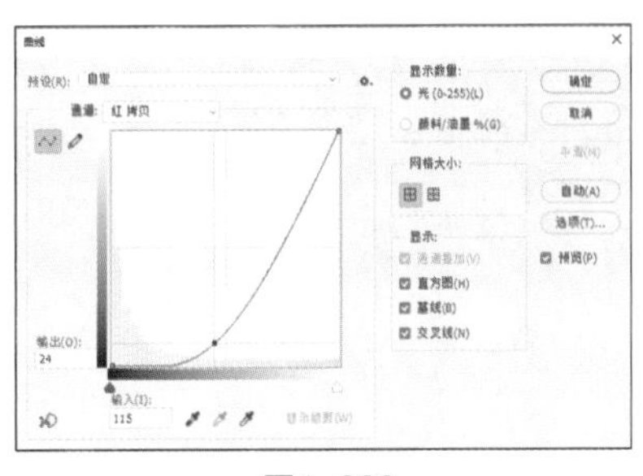

图1-220

图1-221

4按Ctrl+I组合键将颜色反相，如图1-222所示。按住Ctrl键单击该通道，载入通道选区，如图1-223所示。

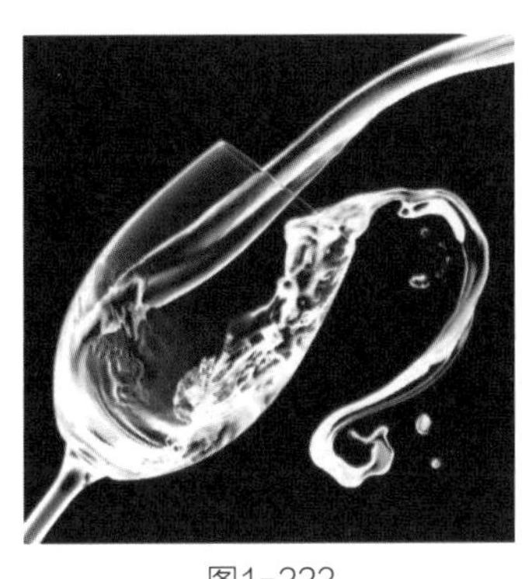

图1-222

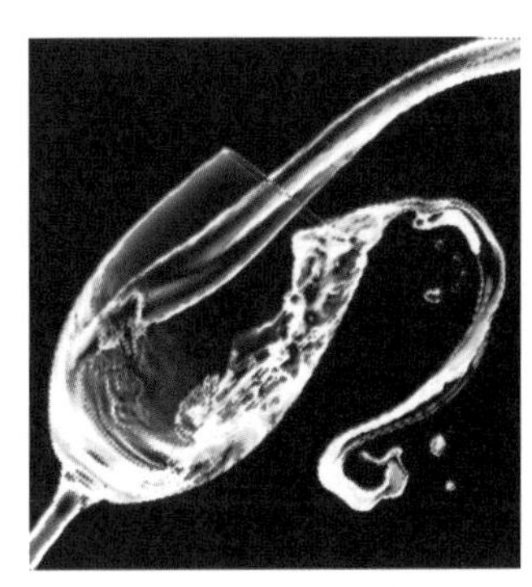

图1-223

5回到“图层”面板中，单击面板底部的“添加图层蒙版”按钮，隐藏“背景”图层，得到的效果如图1-224所示。

6打开“丝绸背景.jpg”素材文件，使用“移动工具”将其拖曳至“红酒杯.jpg”图像文件中，适当调整图像大小，将其放到“图层1”的下方，如图1-225所示。

图1-224

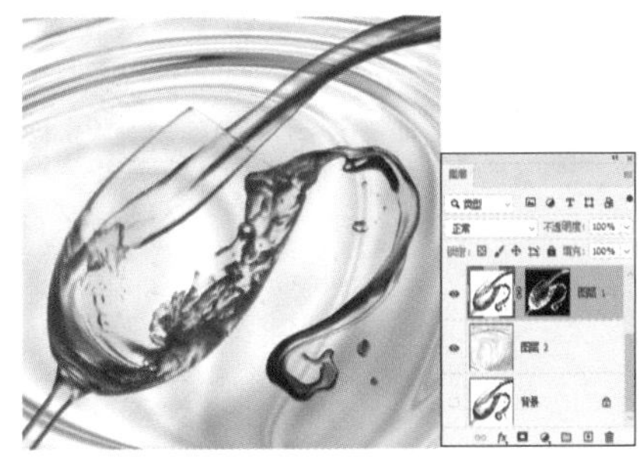

图1-225

⑦目前酒杯颜色较浅，可以选择“图层1”，按Ctrl+J组合键将该图层复制几次，如图1-226所示，完成本实例的制作。

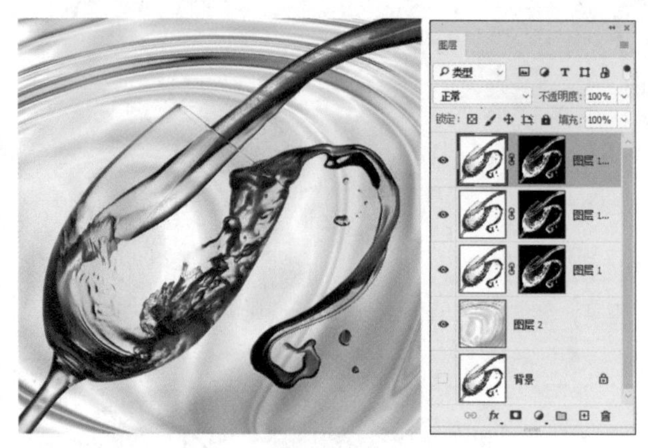

图1-226

1.9 修图工具的应用

使用修图工具能轻松地对带有缺陷的图片进行美化处理。通过修饰图像，可以修复画面中的污渍、去除多余图像、复制图像，以及对图像局部颜色进行处理。

1.9.1 仿制图章工具

使用“仿制图章工具”可以将图像的一部分绘制到同一图像的另一个位置，或将图像的一部分绘制到其他已打开的具有相同颜色模式的图像文件中。当然也可以将一个图层的一部分绘制到另一个图层上。

“仿制图章工具”对于复制图像或修复图像中的缺陷非常有用。打开需要处理的图像文件，如图1-227所示，在属性栏中设置画笔属性，然后按住Alt键，此时鼠标指针变成中心带有十字形的圆圈形状⊕，单击图像中选定的位置，在图像中确定要复制的参考点，如图1-228所示。将鼠标指针移动到图像的其他位置单击，反复拖曳，可以将参考点周围的图像复制到单击点周围，如图1-229所示。

图1-227　　图1-228　　图1-229

1.9.2 修复画笔工具

使用“修复画笔工具” 可以校正图像的瑕疵。该工具与“仿制图章工具” 一样，也可以用图像中的像素作为样本进行绘制。“修复画笔工具” 还可将样本像素的纹理、光照、透明度和阴影与所修复的像素进行匹配，从而使修复后的像素不留痕迹地融入图像。

选择需要修复的图像，选择“修复画笔工具” ，按住Alt键单击右下角的日期周围的图像进行取样，如图1-230所示。按住鼠标左键，在需要修复的日期处拖曳，如图1-231所示。多次取样进行修复操作后的效果如图1-232所示。

图1-230

图1-231

图1-232

1.9.3 污点修复画笔工具

使用“污点修复画笔工具” 不需要设置取样点，它可以自动从所修饰区域的周围取样，并将需要修复的区域与图像自身进行匹配，从而快速修复污点，其属性栏如图1-233所示。

图1-233

打开需要修复的图像文件，如图1-234所示。选择“污点修复画笔工具” ，设置合适的画笔大小，单击图像中有瑕疵的地方，修复后的效果如图1-235所示。

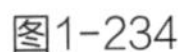

图1-234

图1-235

1.9.4 实例：去除水印

本实例使用“修复画笔工具” 和“污点修复画笔工具” 去除图像水印，对比效果如图1-236所示。

图1-236

资源位置

实例位置 实例文件>第1章>去除水印.psd

素材位置 素材文件>第1章>果茶.jpg

视频位置 视频文件>第1章>去除水印.mp4

设计思路

（1）使用“修复画笔工具” 消除线状水印。

（2）使用“污点修复画笔工具” 消除块状水印。

操作步骤

1 按Ctrl+O组合键，打开“果茶.jpg”素材文件，图像上方有特意添加的水印文字，如图1-237所示。

2 消除文字下方的曲线。选择“修复画笔工具” ，按住Alt键单击曲线附近的黄色区域，得到取样，如图1-238所示。

图1-237

图1-238

③按住鼠标左键并拖曳，涂抹曲线，将取样的图像区域复制过来，如图1-239所示，得到的效果如图1-240所示。

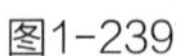

图1-239

图1-240

④选择“污点修复画笔工具”，在属性栏中调整到适合的画笔大小，对图像中的中文文字进行涂抹，如图1-241所示。释放鼠标后，得到修复的效果，如图1-242所示。使用相同的方法涂抹左边的英文文字，得到去除水印的效果。

图1-241

图1-242

1.9.5 修补工具

使用“修补工具”，可以通过图像中的其他区域修补图像中不理想的区域，也可以用图案来修补图像，其属性栏如图1-243所示。

图1-243

选择“修补工具”，将图像中需要修补的部分框入选区，如图1-244所示。在属性栏中单击“源”按钮，然后将选区移动到右侧背景区域，选区内的图像将被背景图像替换，效果如图1-245所示。

图1-244

图1-245

1.9.6 实例：去除背景中的杂物

本实例使用“修补工具”去除背景中的杂物，对比效果如图1-246所示。

图1-246

资源位置

实例位置 实例文件>第1章>去除背景中的杂物.jpg

素材位置 素材文件>第1章>窗户.jpg

视频位置 视频文件>第1章>去除背景中的杂物.mp4

设计思路

（1）使用“修补工具”选择要去除的部分。

（2）拖曳选区至想要替换的部分进行修补。

操作步骤

①打开“窗户.jpg”素材文件，如图1-247所示，可以看到墙面中有一些裂纹和树枝，显得墙面很杂乱。

②选择“修补工具”，在属性栏中设置选区绘制方式为“新选区”，单击“源”按钮，在墙面右下方的树枝中绘制一个选区，如图1-248所示。

图1-247

图1-248

使用“矩形选框工具”、“套索工具”、“魔棒工具”创建选区后，同样可以使用“修补工具”拖曳选区内的图像进行修补。

③将鼠标指针移动到选区内部，按住鼠标左键将其拖曳至画面左侧的墙面图像中，如图1-249所示。系统会自动用所选区域内的图像覆盖原有选区内的图像，如图1-250所示。使用同样的方法，分别在墙面上的其他图像内绘制选区，然后将其拖曳至墙面中较为干净的区域，以覆盖原有图像，完成本实例的制作。

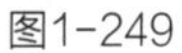
图1-249

图1-250

1.9.7 模糊工具和涂抹工具

使用“模糊工具”可柔化硬边缘或减少图像中的细节。使用该工具在某个区域内绘制的次数越多，该区域就越模糊。图1-251和图1-252所示分别为模糊前后的效果。

图1-251

图1-252

使用“涂抹工具”可以模拟手指划过湿油漆时产生的效果，该工具可以拾取单击处的颜色，并沿着拖曳的方向扩展这种颜色，图1-253和图1-254所示分别为涂抹前后的效果。

图1-253

图1-254

1.9.8 减淡工具和加深工具

使用“减淡工具” 可以对图像进行减淡处理，通过提高图像的亮度来校正曝光度。“减淡工具” 在某个区域内绘制的次数越多，该区域就会变得越亮。“加深工具” 和“减淡工具” 的作用正好相反，但其属性栏相同，如图1-255所示。使用“加深工具” 可以降低图像的亮度，通过压暗图像的亮度来校正图像的曝光度。

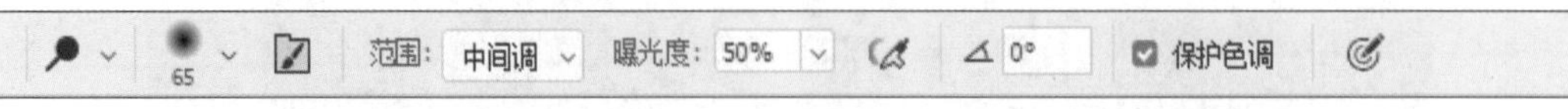

图1-255

打开一个素材文件，如图1-256所示。使用“减淡工具” 对图像中的树木和汽车进行涂抹，效果如图1-257所示。使用“加深工具” 对图像中的地面和图像边缘进行涂抹，加深图像部分区域，效果如图1-258所示。

图1-256

图1-257

图1-258

1.10 滤镜的应用

滤镜主要用于制作各种特殊效果，其功能非常强大，不仅可以调整照片，还可以制作出绚丽的创意图像。下面将介绍几种常用滤镜的使用方法。

1.10.1 滤镜库

一个滤镜库中集合了多个常用滤镜组。我们可以对一个图像文件应用一个或多个滤镜，也可以对一个图像文件多次应用同一滤镜。此外，还可以使用其他滤镜替换原有滤镜。

选择“滤镜→滤镜库”菜单命令，打开“滤镜库”对话框，如图1-259所示。该对话框中提供了“风格化”“画笔描边”“扭曲”“素描”“纹理”“艺术效果”这6组滤镜。

- 效果预览窗口：用来预览滤镜效果。
- 当前使用滤镜：处于灰底状态的是正在使用的滤镜。
- 参数设置面板：单击滤镜库中的一个滤镜，在右侧的参数设置面板中就会显示该滤镜的参数。
- 滤镜列表：单击下拉按钮，可以在弹出的下拉列表中选择一个滤镜。
- 新建效果图层 ⊞ 按钮：单击该按钮，可以在滤镜列表中添加一个滤镜效果图层，选择需要添加的滤镜效果并设置参数，就可以增加一个滤镜效果。

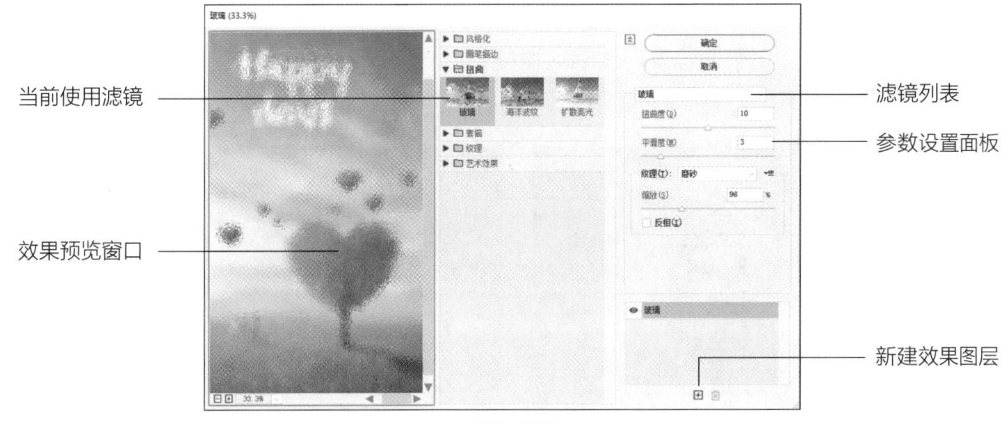

图1-259

1.10.2 液化滤镜

“液化”滤镜是修饰图像和创建艺术效果的强大工具。“液化”滤镜的使用方法比较简单，可以实现推、拉、旋转、扭曲和收缩等变形效果，用它可以修改图像的任何区域（液化滤镜只能应用于8位通道或16位通道的图像）。选择“滤镜→液化”菜单命令，打开“液化”对话框，如图1-260所示。

图1-260

“液化”对话框主要选项介绍如下。

- 向前变形工具：用于向前推动像素，如图1-261所示。

提示　用“向前变形工具”在图像上单击并拖曳鼠标，即可对图像进行变形操作。变形效果集中在画笔中心。

- 重建工具：用于恢复变形的图像，在变形区域单击或拖曳进行涂抹，可以使变形区域的图像恢复到原来的效果。
- 顺时针旋转扭曲工具：按住鼠标左键并拖曳鼠标可以顺时针旋转像素，如果按住Alt键进行操作，则可以逆时针旋转像素。

- 褶皱工具：用于使像素向画笔区域的中心移动，使图像产生内缩效果。
- 膨胀工具：用于使像素向画笔区域中心以外移动，使图像产生向外膨胀的效果，如图1-262所示。

图1-261

图1-262

- 左推工具：当使用左推工具向上拖曳鼠标时，像素会向左移动；向下拖曳鼠标时，像素会向右移动；按住Alt键向上拖曳鼠标时，像素会向右移动；按住Alt键向下拖曳鼠标时，像素会向左移动。
- 冻结蒙版工具：如果需要对图像的某个区域进行处理，并且不希望该操作影响到其他区域，可以使用该工具绘制出冻结区域（该区域将受到保护而不会发生变形）。例如，在图1-262中人物的头部绘制出冻结区域，然后使用"向前变形工具"处理图像，被冻结起来的像素就不会发生变形。
- 解冻蒙版工具：使用该工具在冻结区域涂抹，可以将其解冻。
- 脸部工具：选择该工具后，图像中的人物面部将自动出现曲线路径，拖曳路径即可对人物面部进行调整。
- 抓手工具/缩放工具：这两个工具的使用方法与工具箱中的相应工具完全相同。
- 画笔工具选项：用于设置当前使用工具的各种效果。
- 人脸识别液化：用于通过具体的参数设置对人物面部轮廓及五官进行调整。
- 蒙版选项：如果图像中有选区或蒙版，此时可以通过该选项组来设置蒙版的保留方式。
- 视图选项：用于显示或隐藏图像、网格和背景，还可以设置网格大小和颜色、蒙版颜色、背景模式和不透明度。
- 画笔重建选项：用于设置画笔的重建方式。

1.10.3 智能滤镜

使用智能滤镜处理图像不会真正地改变像素，这是因为智能滤镜能够作为图层效果出现在"图层"面板中，并且还可以随时修改参数或删除。

选择"滤镜→转换为智能滤镜"菜单命令，将图层中的图像转换为智能图像，如图1-263所示。对该图层应用一个滤镜，此时在"图层"面板中将显示"智能滤镜"图层，如图1-264所示。单击"图层"面板中添加的"智能滤镜"图层，即可打开对应的滤镜对话框，在对话框中可以对该滤镜进行重新编辑。

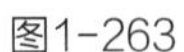
图1-263

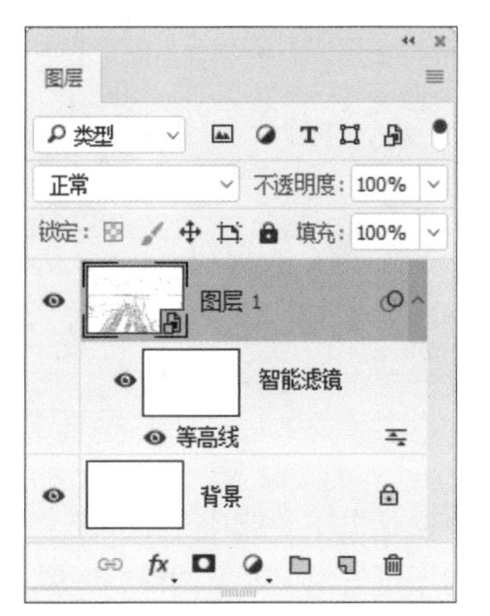

图1-264

1.10.4 Camera Raw滤镜

“Camera Raw”滤镜主要用于调整数码照片。Raw格式是数码相机的元文件格式，记录着感光部件接收到的原始信息，具备最广泛的色彩。选择“滤镜→Camera Raw滤镜”菜单命令，打开“Camera Raw”对话框，在该对话框中可以对图像进行精细的色彩调整、变形、去除污点和去除红眼等操作。

选择需要调整的Raw格式照片，将其直接拖曳至Photoshop 2022中，打开“Camera Raw”对话框，在对话框左侧将显示需要调整的照片，中间为图像显示区域，使用右侧各项参数可以调整图像的色调和明暗度等，如图1-265所示。

图1-265

1.10.5 USM锐化滤镜

“USM锐化”滤镜用于查找图像颜色发生明显变化的区域，然后将其锐化。打开一个图像文件，如图1-266所示。选择“滤镜→锐化→USM锐化”菜单命令，打开“USM锐化”对话框，如图1-267所示，应用“USM锐化”滤镜后的效果如图1-268所示。

图1-266

图1-267

图1-268

“USM锐化”对话框主要选项介绍如下。

- 数量：用于设置锐化效果的精细程度。
- 半径：用于设置图像锐化的半径范围。
- 阈值：只有相邻像素之间的差值达到所设置的阈值时，图像才会被锐化，阈值越高，被锐化的像素就越少。

1.10.6 实例：制作迷雾森林

本实例使用滤镜功能制作迷雾森林效果，实例效果如图1-269所示。

图1-269

资源位置

实例位置　实例文件>第1章>制作迷雾森林.psd

素材位置　素材文件>第1章>森林.jpg

视频位置　视频文件>第1章>制作迷雾森林.mp4

微课视频

设计思路

（1）使用“点状化”滤镜制作不规则散布的点，并调整阈值。

（2）使用“动感模糊”滤镜制作光线状效果，叠加在原始图像上。

操作步骤

1 打开“森林.jpg”素材文件，如图1-270所示。新建“图层1”，将其填充为白色，如图1-271所示。

图1-270

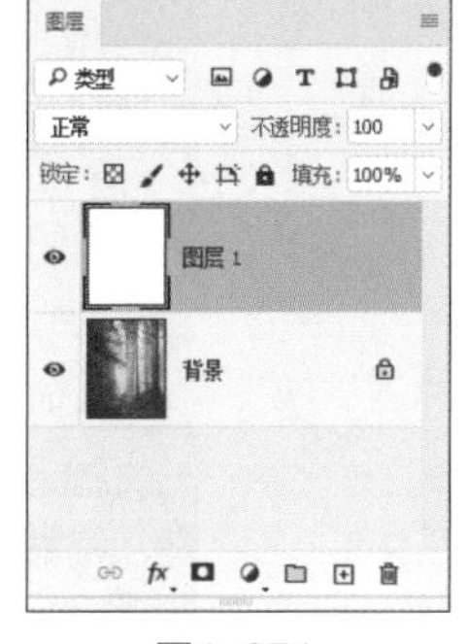

图1-271

②选择“滤镜→像素化→点状化”菜单命令，打开“点状化”对话框，参数设置如图1-272所示。单击“确定”按钮，得到点状化效果，如图1-273所示。

③选择“图像→调整→阈值”菜单命令，打开“阈值”对话框，参数设置和效果如图1-274所示。

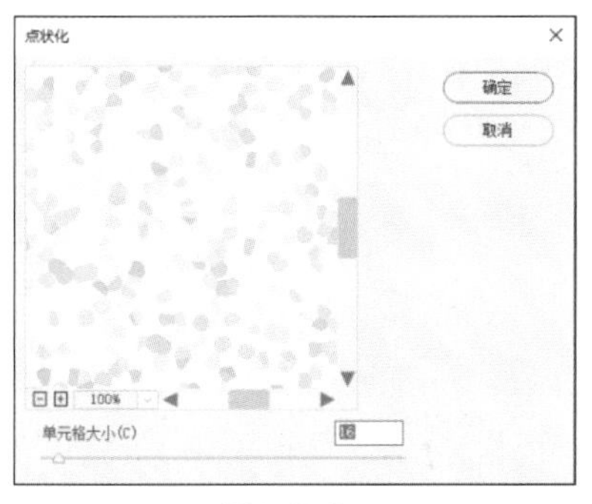

图1-272

图1-273

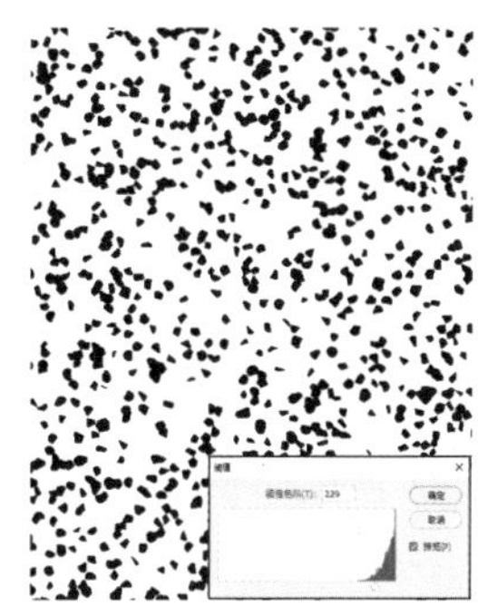

图1-274

④选择“滤镜→模糊→动感模糊”菜单命令，打开“动感模糊”对话框，设置“角度”为45度，设置“距离”为232像素，如图1-275所示，得到的效果如图1-276所示。

⑤在“图层”面板中设置图层混合模式为“叠加”，适当擦除多余的图像，降低图像整体的亮度，得到图1-277所示的效果。

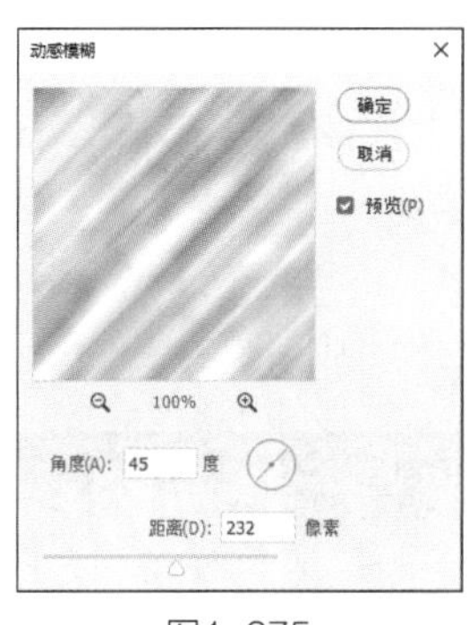

图1-275

图1-276

图1-277

1.11 实战训练：汽车广告设计

本实战训练将制作一个汽车广告，主要使用Photoshop 2022中的多种绘图工具、图层编辑、文字图章等功能，广告效果如图1-278所示。

图1-278

资源位置

实例位置 实例文件>第1章>汽车广告设计.psd

素材位置 素材文件>第1章>天空.jpg、汽车.jpg、烟花.psd、彩色.jpg、黑色.psd、光芒.psd

视频位置 视频文件>第1章>汽车广告设计.mp4

微课视频

设计思路

（1）使用图层蒙版制作出背景图像。

（2）通过调整图层混合模式，让素材图像与背景图像自然融合，得到特殊的效果。

（3）为文字添加图层样式，得到具有立体感的文字效果。

制作要点

（1）新建一个图像文件，将背景填充为黑色，打开“天空.jpg”素材文件，使用“移动工具”将其拖曳至当前编辑的图像窗口中，放到画布上方，如图1-279所示。

（2）打开“汽车.jpg”素材文件，将其拖曳至当前编辑的图像窗口中，添加图层蒙版，隐藏上半部分图像，如图1-280所示。

（3）将“烟花.psd”和“彩色.jpg”等素材文件拖曳至当前图像窗口中，在“图层”中设置合适的图层混合模式，如图1-281所示。

（4）选择“横排文字工具” T，在画布左上方输入文字，将“光芒.psd”素材文件拖曳至当前图像窗口中，参照图1-282所示的方式排列文字，完成本实战训练的制作。

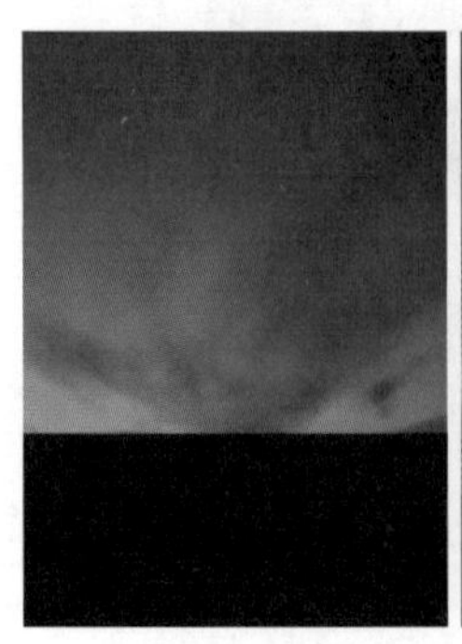

图1-279

图1-280

图1-281

图1-282

第2章 数码照片处理

本章首先介绍数码照片的相关知识，包括拍摄构图、曝光与拍摄技法，以及照片格式的选择等，然后详细讲解如何使用Photoshop 2022对数码照片进行各种修饰与调整。

2.1 数码照片处理概述

在学习数码照片的各种修图技巧之前，我们有必要先了解一些数码照片的相关知识。

2.1.1 拍摄构图

在拍摄照片时，适当掌握一些构图知识，可以使拍摄出来的照片更具美感。下面介绍几种常用的构图形式。

1. 三角形构图

三角形构图分为正三角形构图、倒三角形构图和斜三角形构图。

正三角形构图给人以坚强、稳固、安定、镇静的感觉，适合表现庄重、肃穆的气氛，但这种构图太对称，不容易构成灵活、流畅的画面。倒三角形构图明朗、开放，左右两边的画面最好有些变化，避免呆板、单调。斜三角形构图与正三角形构图相比，构图更灵活，画面的动感和方向性很强。

图2-1和图2-2所示分别为正三角形构图和斜三角形构图。

图2-1

图2-2

2. 垂直式构图

垂直式构图给人以高大、富有气势的感觉，是拍摄建筑物时的常用构图形式。图2-3和图2-4所示为垂直式构图。

图2-3

图2-4

知识拓展

构图对于拍摄来说极为重要。出色的构图能使画面主次分明，详略得当，给人以美感。

3. 曲线式构图

曲线是一种富有变化感的线条。当我们在拍摄滔滔的江河、潺潺的小溪、幽静的乡间小路时，经常采用曲线式构图，使画面显得更加美丽动人。图2-5和图2-6所示为曲线式构图。

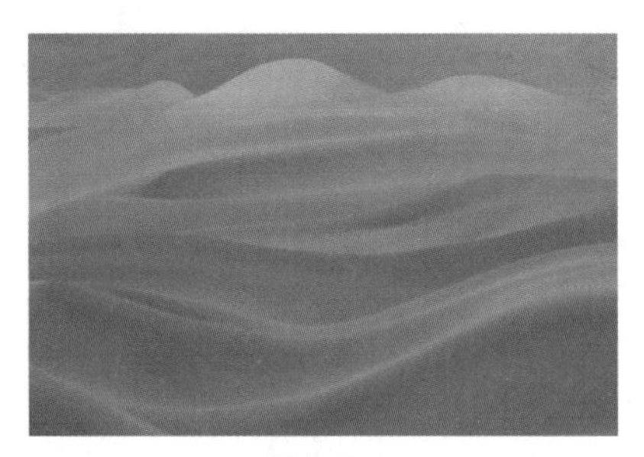

图2-5

图2-6

4. 水平式构图

这种构图形式常常给人一种宁静、舒缓的感觉，可用于表现自然风光，展现景色的自然辽阔和浩瀚。图2-7和图2-8所示为水平式构图。

图2-7

图2-8

2.1.2 曝光与拍摄技法

在光线复杂、强对比、高反差的环境下，采用相机的自动曝光功能所拍出的照片往往不尽如人意，这时就需要拍摄者手动对相机进行曝光补偿调整。

曝光补偿的方法很多，包括使用闪光灯、摄影灯、反光板进行外源光线补偿，以及通过调整光圈值、曝光时间等进行光通量参数补偿。

闪光灯补光偏硬，并且会在被摄对象的背景上留下明显的阴影，同时会使被摄主体的高反射部分失去层次，所以一般很少采用。摄影灯可以营造出很好的拍摄效果，但往往局限于摄影棚之内。补光效果柔和的反光板常用于为被拍摄主体进行面部补光，在小场景人像类摄影中应用较广泛。光通量参数补偿往往受到拍摄过程中景深及运动物体等因素的影响。对于普通的相机而言，常用的手法是调整EV值，从而达到曝光补偿的目的。

2.1.3 照片格式的选择

使用数码相机拍摄的照片可以保存在计算机中。目前，数码相机的文件存储格式主要有3种：JPEG、TIFF和RAW。JPEG和TIFF都是标准的图像文件格式，而RAW并非一种图像文件格式，不能直接编辑，它只是单纯地记录了数码相机内部没有进行任何处理的图像数据。此外，还有一种GIF图像文件格式支持多种颜色模式，并且所保存的文件较小，因此有些相机也支持这种存储格式。

下面分别介绍这4种格式。

- JPEG：JPEG格式既是一种文件格式，又是一种压缩技术，它是一种特殊的压缩类型，主要用在具有色彩通道的图像中。
- TIFF：TIFF格式是为具有色彩通道的图像创建的格式，它可以在许多不同的平台和应用软件间交换信息，其应用相当广泛。
- RAW：RAW是一种无损压缩格式，它存储的是没有经过相机处理的原始文件，因此它的文件大小要比TIFF格式的文件略小，上传到计算机中后，要转换成TIFF格式才能处理。
- GIF：GIF格式是CompuServe（美国的在线信息服务机构）提供的一种格式，支持BMP、Grayscale、Indexed Color等颜色模式，可以进行LZW压缩，以缩短图形加载的时间，使图像文件占用较小的磁盘空间。

2.2 实例：商业图片修图

本实例将对一张玫瑰花茶产品照片进行修图，除了进行颜色调整和修饰外，还将设计一组产品宣传文字，实例效果如图2-9所示。

图2-9

资源位置

实例位置　实例文件>第2章>商业图片修图.psd

素材位置　素材文件>第2章>玫瑰花茶.jpg、花朵.psd、树叶.psd

视频位置　视频文件>第2章>商业图片修图.mp4

微课视频

设计思路

（1）思考产品的特色，分析并定位图像的整体色调。

（2）修饰散落的花朵图像，为文字留出足够的空间。

（3）对背景图像进行修饰，让画面显得干净、整洁。

2.2.1 提升产品质感

（1）打开“玫瑰花茶.jpg”素材文件，如图2-10所示。通过观察可以发现，图片整体颜色较淡，画面也没有特别吸引人的地方。

（2）单击“图层”面板底部的“创建新的填充或调整图层”按钮，在弹出的列表中选择“色相/饱和度”选项，如图2-11所示，打开“属性”面板，设置“饱和度”为+12，如图2-12所示。

图2-10

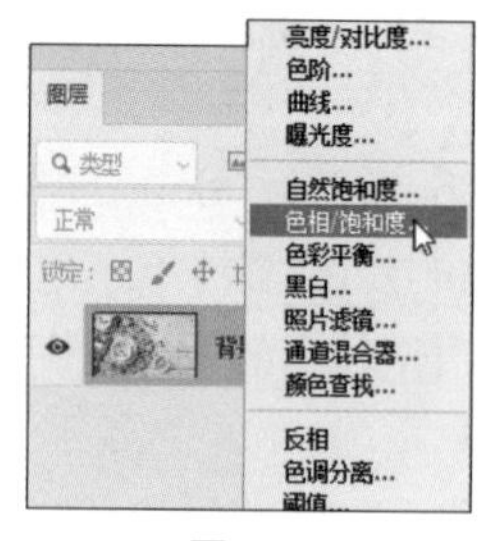

图2-11

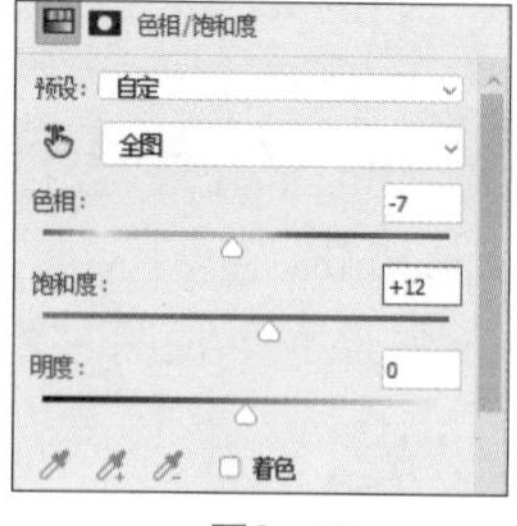

图2-12

（3）在“图层”面板中新建一个调整图层，如图2-13所示，调整后的效果如图2-14所示。

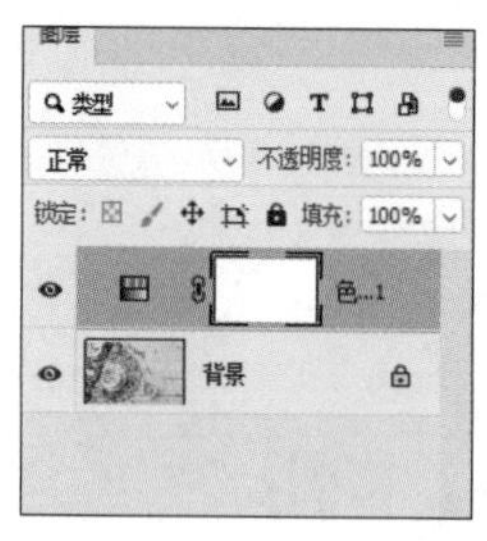

图2-13

图2-14

知识拓展

调整图层是一种特殊的图层，它可以将颜色和色调调整应用于图像中，并且可以随时修改，使画面发生变化。它不会改变原始图像的像素，因此不会对图像产生实质性的破坏。

（4）单击“图层”面板底部的“创建新的填充或调整图层”按钮 ，在弹出的列表中选择“可选颜色”选项，打开“属性”面板，在“颜色”下拉列表中选择“红色”选项，参数设置如图2-15所示，然后选择“白色”选项，参数设置如图2-16所示。

图2-15

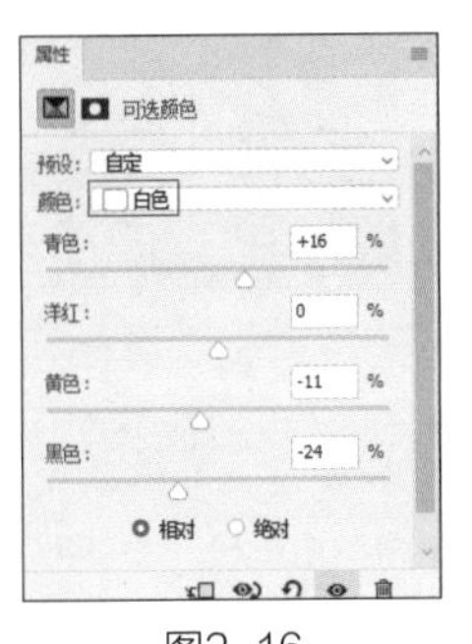

图2-16

（5）在“颜色”下拉列表中选择“黄色”选项，参数设置如图2-17所示，调整后的效果如图2-18所示。

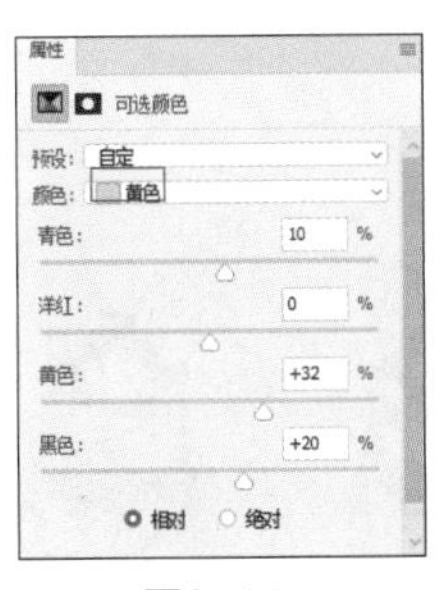

图2-17

图2-18

（6）单击“图层”面板底部的“创建新的填充或调整图层”按钮 ，在弹出的列表中选择“曲线”选项，打开“属性”面板，在曲线下方添加一个节点，将该节点向上拖曳，如图2-19所示，调整图像的整体亮度，效果如图2-20所示。

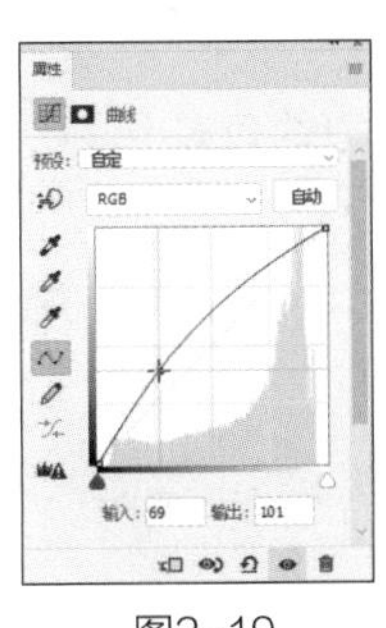

图2-19

图2-20

（7）在“图层”面板中新建一个调整图层，按Shift+Ctrl+Alt+E组合键盖印图层，得到一个新的图层中，如图2-21所示。

（8）下面消除多余的图像。选择“修复画笔工具” ，按住Alt键单击画布右上方散落的玫瑰花瓣周围的背景作为取样点，如图2-22所示。

（9）对附近的玫瑰花瓣进行涂抹，用背景图像覆盖玫瑰花瓣，如图2-23所示。

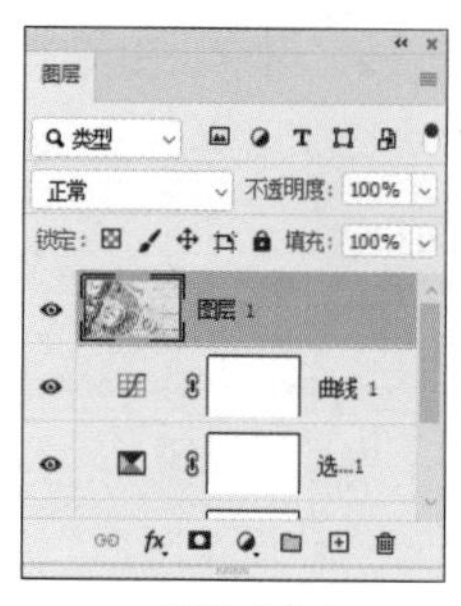

图2-21

图2-22

图2-23

知识拓展

在使用“修复画笔工具”时，取样后在画布中拖曳，画布中会出现一个圆形鼠标指针和一个十字形鼠标指针，如图2-24所示。圆形鼠标指针是正在涂抹的区域，该区域的内容是从十字形鼠标指针所在位置的图像复制过来的。在操作时，两个鼠标指针始终保持相同的距离，只要观察十字形鼠标指针位置的图像，即可知道圆形鼠标指针将要涂抹出的图像内容，如图2-25所示。

图2-24

图2-25

（10）使用“修复画笔工具”对散落在背景图像右侧的玫瑰花瓣进行修复，效果如图2-26所示。

（11）下面对垫子附近的部分花瓣图像进行修复。选择“修补工具”，沿着垫子右侧重叠的玫瑰花瓣图像绘制选区，如图2-27所示。

（12）在属性栏中单击 源 按钮，然后将鼠标指针放到选区内，按住鼠标左键向附近背景图像中拖曳，可以复制背景图像到选区内，如图2-28所示。

（13）释放鼠标后，选区内的图像将被背景图像覆盖，按Ctrl+D组合键取消选择选区，效果如图2-29所示。

图2-26

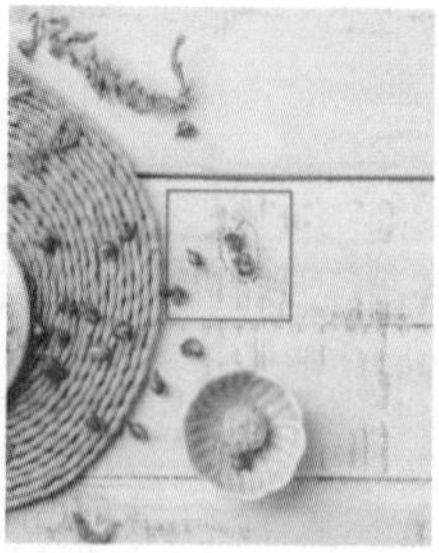

图2-27

图2-28

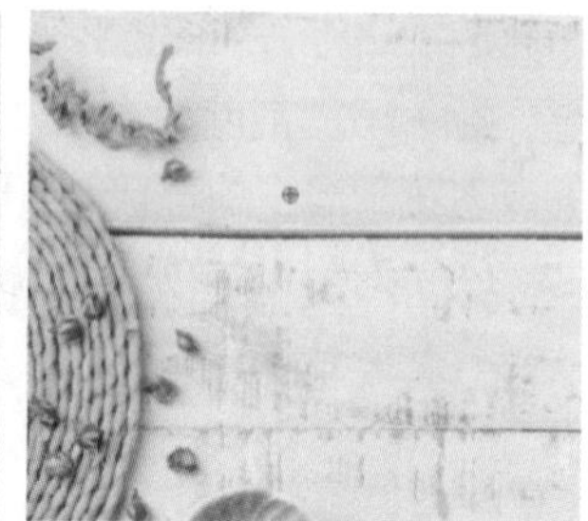
图2-29

（14）选择“仿制图章工具” ，按住Alt键单击背景图像中的深色线条周围的图像进行取样，然后在深色线条图像上涂抹，进行复制，如图2-30所示，将线条图像完全覆盖，效果如图2-31所示。

（15）使用同样的方法，选择“仿制图章工具” ，对背景图像中的纹理进行适当的修复，得到比较干净的背景图像，如图2-32所示。

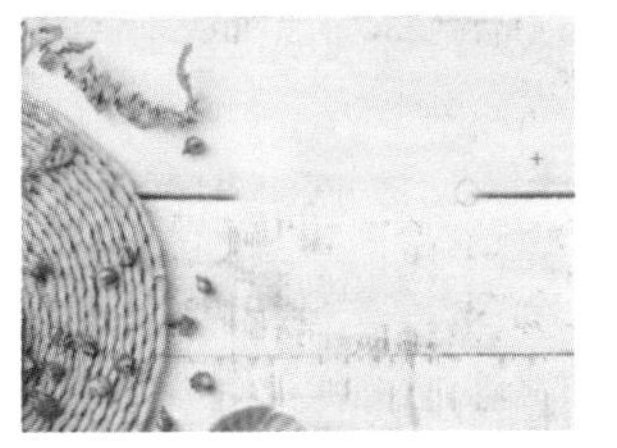
图2-30

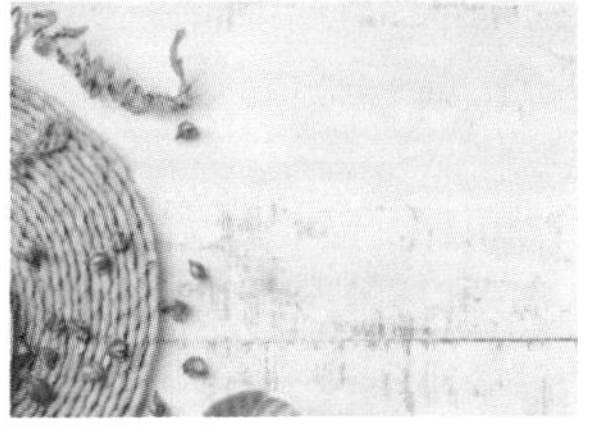
图2-31

图2-32

2.2.2 文字的应用

（1）单击“图层”面板底部的“创建图层组”按钮 ，新建一个图层组，并将其重命名为“文字”，如图2-33所示。

（2）选择“横排文字工具” ，在属性栏中设置字体为“方正清刻本悦宋简体”、颜色为黑色，在背景图像中输入文字“花”，效果如图2-34所示。

（3）在背景图像中输入单个文字，并分别调整文字大小和位置，排列成如图2-35所示的样式。“图层”面板中将单独显示每个文字的图层，如图2-36所示。

图2-33

图2-34

图2-35

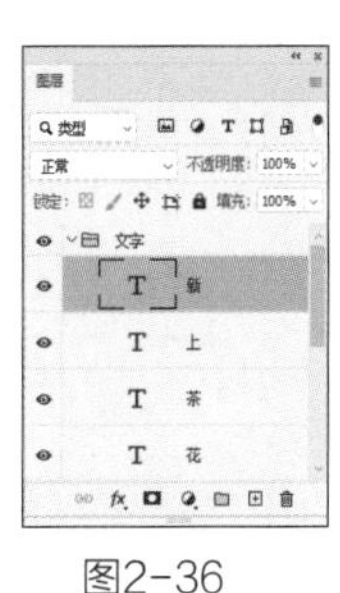
图2-36

（4）选择“新”图层，单击“图层”面板底部的“添加图层蒙版”按钮 ，选择“多边形套索工具” ，对“新”字第一笔的“、”绘制选区，为其填充黑色，隐藏该笔画，如图2-37和图2-38所示。

（5）打开“花朵.psd”素材文件，使用“移动工具” 将花朵图像拖曳至当前编辑的图像窗口中，将其放到文字中作为点缀，如图2-39所示。

（6）打开“树叶.psd”素材文件，使用“移动工具” 将树叶图像拖曳至当前编辑的图像窗口中，按Ctrl+T组合键调整图像大小，然后放到文字中，如图2-40所示。

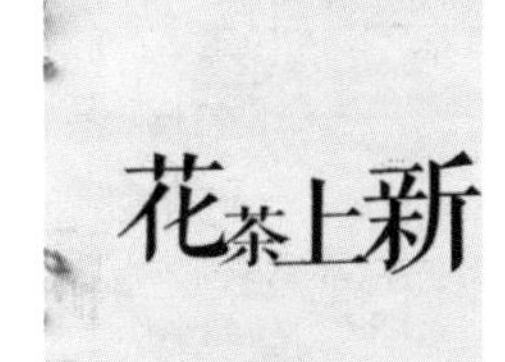

图2-37

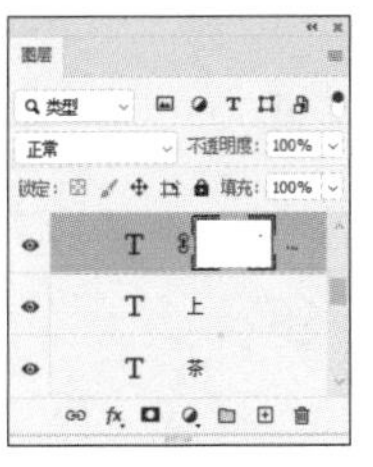
图2-38

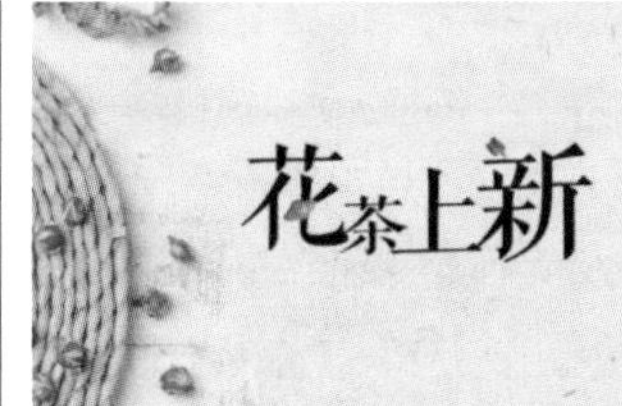

图2-39

图2-40

提示 在选择其他工具时，按住Ctrl键可以暂时切换到“移动工具” ，按住鼠标左键并拖曳即可移动图像。选择“移动工具” 后，按住Alt键可以复制并移动选区内的图像。

（7）选择“横排文字工具” ，在属性栏中设置字体为“方正大标宋简体”，输入两行文字，将两行文字分别填充为黑色和红色（R：188、G：27、B：33），排列成图2-41所示的样式。

（8）双击“抓手工具” ，显示所有图像，如图2-42所示，完成本实例的制作。

图2-41

图2-42

2.3 实例：人物美颜处理

本实例将对照片中人物的面部进行美颜处理，包括调整脸型、处理面部瑕疵、美白等，然后添加一个合适的背景图像，实例效果如图2-43所示。

图2-43

资源位置

实例位置 实例文件>第2章>人物美颜处理.psd

素材位置 素材文件>第2章>人物.jpg、粉色背景.jpg、花瓣.psd、时钟.psd、花.psd

视频位置 视频文件>第2章>人物美颜处理.mp4

微课视频

设计思路

（1）分析人物面部需要处理的问题，有针对性地选择合适的工具。

（2）调整人物图像的整体亮度，调亮肤色，为人物美白。

（3）对眼袋和唇部进行细节刻画，去除眼袋，并添加口红。

2.3.1 处理面部瑕疵

（1）打开“人物.jpg”素材文件，如图2-44所示，仔细查看人物面部细节，可以发现人物面部的痘痕、眼袋，以及人物的脸型和肤色都需要进行修复和调整。

图2-44

（2）选择“污点修复画笔工具”，在属性栏中设置画笔“大小”为30像素、“模式”为“正常”，单击“内容识别”按钮，如图2-45所示。

图2-45

知识拓展

在“污点修复画笔工具”的属性栏中，“类型”选项后面的3个按钮用来设置修复的方法。

- 单击“近似匹配”按钮，可以使用选区边缘的像素来查找要用作选定修补区域的图像区域。
- 单击“创建纹理”按钮，可以使用选区中的所有像素创建一个用于修复该区域的纹理。
- 单击“内容识别”按钮，可以使用选区周围的像素进行修复。

（3）在人物右侧脸部的痘痕上按住鼠标左键并拖曳，使画笔痕迹覆盖痘痕，如图2-46所示。释放鼠标后，痘痕将得到修复，如图2-47所示。

（4）使用同样的方式，选择“污点修复画笔工具”，对人物脸部两侧的痘痕进行涂抹，修复效果如图2-48所示。

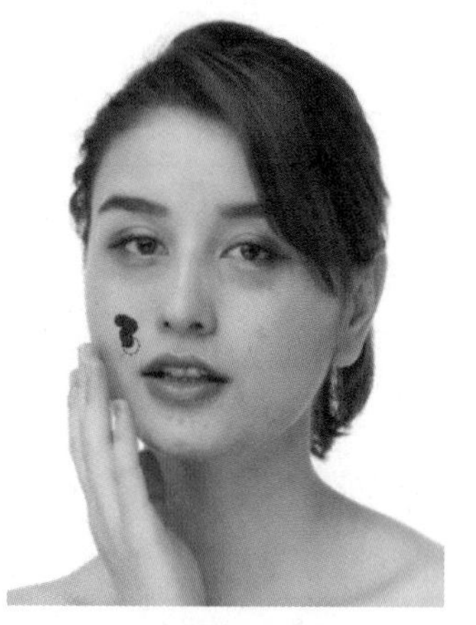
图2-46

图2-47

图2-48

（5）修复人物下巴的痘痕。选择“修复画笔工具”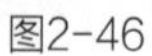，按住Alt键单击痘痕旁边的图像进行取样，如图2-49所示，然后对痘痕进行涂抹，修复图像，如图2-50所示。

（6）使用相同的方法，选择“修复画笔工具”，在附近光滑的皮肤上取样，然后修复痘痕，效果如图2-51所示。

图2-49

图2-50

图2-51

（7）处理人物的眼袋。选择“减淡工具”，在属性栏中设置画笔“大小”为70像素，在“范围”下拉列表中选择“阴影”选项，设置“曝光度”为50%，如图2-52所示。

图2-52

（8）对人物左侧的眼袋进行涂抹，减淡图像颜色，如图2-53所示。然后对右侧眼袋进行涂抹，减淡眼袋效果，如图2-54所示。

图2-53

图2-54

（9）选择“修复画笔工具”，按住Alt键单击左侧眼袋下方的皮肤进行取样，如图2-55所示。

（10）对眼袋中较黑的区域进行涂抹，该部分图像的修复效果如图2-56所示。

（11）使用“修复画笔工具”继续对右侧眼袋图像进行修复，效果如图2-57所示。

图2-55

图2-56

图2-57

（12）选择“图像→调整→曲线”菜单命令，打开“曲线”对话框，在曲线左下方添加节点并将其向上拖曳，调整图像暗部的亮度，如图2-58所示。

（13）单击“确定”按钮，调整后的图像效果如图2-59所示。

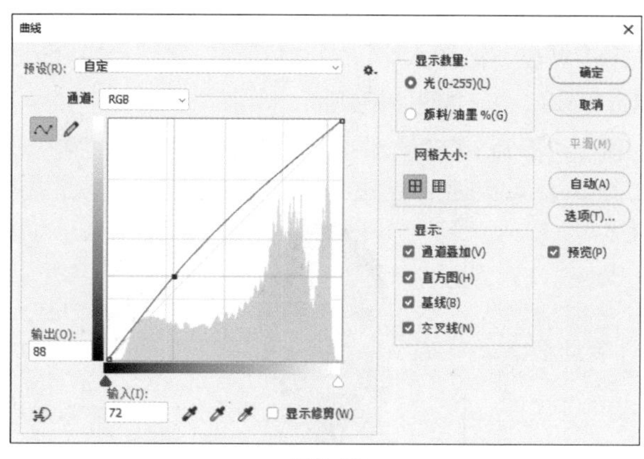

图2-58

图2-59

2.3.2 调整面部轮廓

（1）新建一个图层，选择“套索工具”，按住鼠标左键，沿着人物唇部外轮廓拖曳，绘制出选区，如图2-60所示。

图2-60

在绘制唇部图像的选区时，注意避开牙齿。我们可以先绘制上唇图像选区，然后通过加选的方式绘制下唇图像选区。

（2）选择“选择→修改→羽化”菜单命令，打开“羽化选区”对话框，设置“羽化半径”为10像素，如图2-61所示。

（3）单击“确定”按钮，得到羽化的选区，将其填充为深红色（R：192、G：41、B：46），效果如图2-62所示。

（4）在“图层”面板中设置该图层混合模式为“柔光”，设置“不透明度”为90%，得到图2-63所示的效果。

图2-61

图2-62

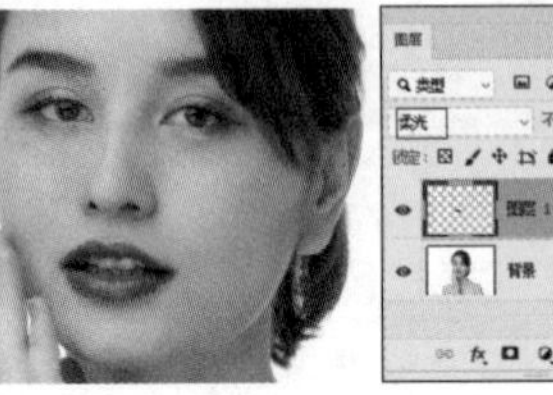

图2-63

（5）选择“滤镜→液化”菜单命令，打开“液化”对话框。在对话框右侧展开“人物识别液化”选项组，在“眼睛”选项组中调整“眼睛大小”为“47”和“61”，“眼睛距离”为“26”，调整后的效果将显示在左侧预览窗口中，如图2-64所示。

（6）展开“脸部形状”选项组，调整“下颌”和“脸部宽度”均为“-44”，如图2-65所示。

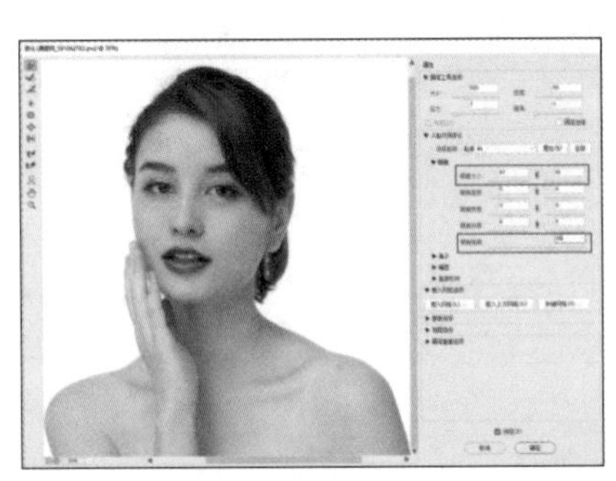

图2-64

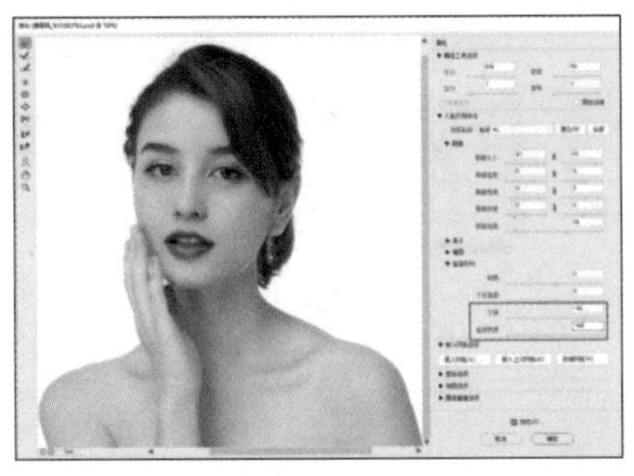

图2-65

（7）选择工具箱中的“向前变形工具”，在“画笔工具选项”选项组中设置“大小”为200像素、“压力”为7像素，在人物耳朵图像外侧按住鼠标左键向内拖曳，收缩面部轮廓，如图2-66所示。

（8）对人物肩部突出部分进行修复，将其向下拖曳，得到图2-67所示的效果，完成后单击“确定”按钮。

图2-66

图2-67

（9）选择“减淡工具”，在属性栏中设置“范围”为“中间调”，对人物的鼻子和额头进行适当涂抹，提亮该部分，使人物面部更具立体感，如图2-68所示。

图2-68

2.3.3 更换图像背景

（1）选择“磁性套索工具”，单击确定起点，沿着人物图像外轮廓拖曳，如图2-69所示，闭合选区后将得到人物选区。

（2）选择“选择→修改→羽化”菜单命令，打开“羽化选区”对话框，设置“羽化半径”为2像素，如图2-70所示。

（3）单击“确定”按钮，得到羽化效果。按Ctrl+C组合键复制人物选区，打开“粉色背景.jpg”素材文件，按Ctrl+V组合键粘贴人物图像，将其放到画布中间，如图2-71所示。

图2-69

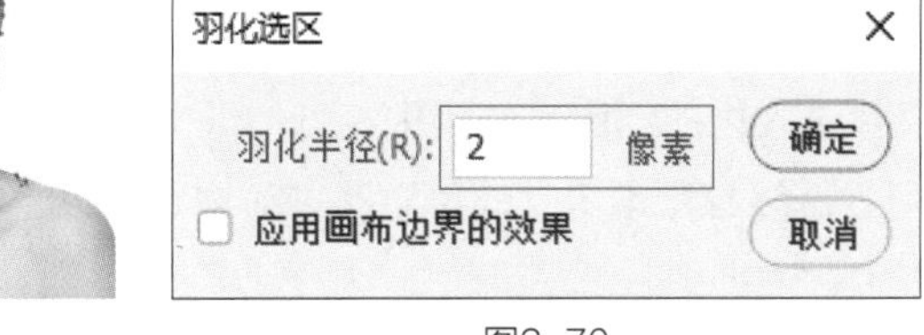

图2-70

图2-71

（4）打开“花.psd”素材文件，使用“移动工具”将其拖曳至当前编辑的图像窗口中，放到画布左侧，并在“图层”面板中将该图层调整到人物图层下方，如图2-72所示。

（5）在“图层”面板中设置该图层“不透明度”为20%，得到透明效果，如图2-73所示。

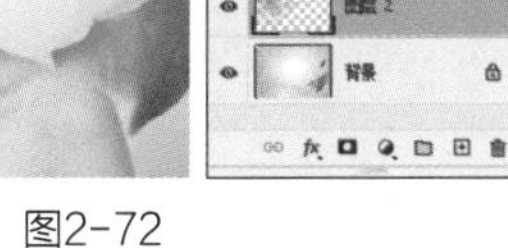
图2-72

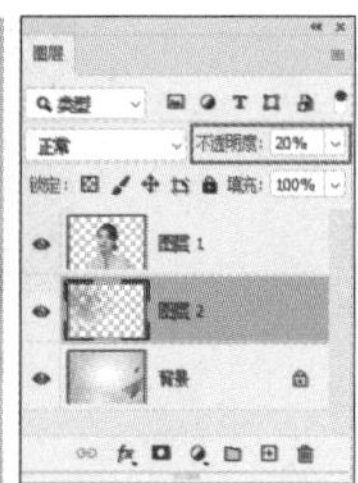
图2-73

（6）按Ctrl+J组合键复制多个花朵图像，并将其放到画布两侧，如图2-74所示。

（7）打开“时钟.psd”素材文件，使用“移动工具”将其拖曳至当前编辑的图像窗口中，放到画布中间，并在“图层”面板中将该图层调整至底层，效果如图2-75所示。

（8）单击“图层”面板底部的“创建新的填充或调整图层”按钮，在弹出的列表中选择“曲线”选项，打开“属性”面板，拖曳曲线调整图像整体亮度，如图2-76所示。

图2-74

图2-75

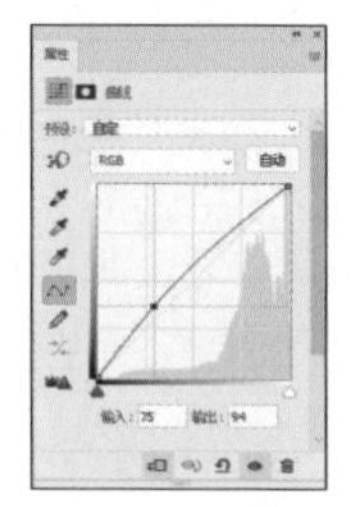

图2-76

（9）按Alt+Ctrl+G组合键创建剪贴蒙版，将得到人物亮度调整效果，如图2-77所示。

（10）打开“花瓣.psd”素材文件，使用“移动工具”将其拖曳至当前编辑的图像窗口中，将其放到画布右下方，如图2-78所示，完成本实例的制作。

图2-77

图2-78

2.4 实战训练：修复人物红眼

本次实战训练的内容是修复照片中人物的红眼。使用闪光灯拍摄时，常常会使人物照片产生红眼。使用“红眼工具”可以修复红眼现象，还可以移去动物照片中的白色或绿色反光。修复前后对比效果如图2-79所示。

图2-79

资源位置

实例位置 实例文件>第2章>修复人物红眼.psd

素材位置 素材文件>第2章>红眼.jpg

视频位置 视频文件>第2章>修复人物红眼.mp4

设计思路

（1）放大图像，仔细观察人物眼部，选择合适的修复位置。

（2）周边残留的红色图像可以采用其他去色工具进行辅助修复。

制作要点

（1）打开“红眼.jpg”素材文件，选择“红眼工具”，在属性栏中设置“瞳孔大小”“变暗量”均为50%，如图2-80所示。

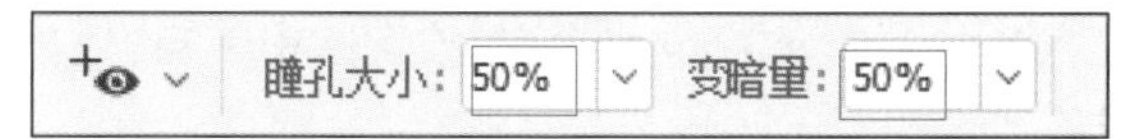

图2-80

（2）使用“红眼工具”绘制一个选框，将红眼选中，如图2-81所示。

（3）释放鼠标后即可得到修复后的效果，使用同样的方法修复另一处红眼，如图2-82所示，完成制作。

图2-81

图2-82

第3章 字体设计

本章首先介绍什么是字体设计，然后对字体设计的优点进行了分析，最后通过实例详细讲解如何设计出符合要求的字体。

3.1 字体设计概述

在学习字体设计之前，我们先来了解一些字体设计的相关知识，以便在今后的设计工作中更好地制作符合要求的字体。

3.1.1 什么是字体设计

字体设计要遵循一定的设计原则，对文字外观进行整体的、精心的安排，使之既能传情达意，又具有令人赏心悦目的美感。设计出的字体不仅要体现美感，还要与整个作品达成和谐、统一的效果。

经过精心设计的字体，其字体的形态、笔划粗细、字间连接与造型等都做了细致严谨的规划，比普通字体更美观、更具特色。图3-1所示的字体进行了变形处理，再与标志图形结合，可以让人直观地感受到品牌的魅力，这就是完美的组合。

图3-1

3.1.2 字体设计的优点

通过笔画粗细的变化，颜色、外形的改变，可以得到特有的字体效果。下面对字体设计的优点进行分析。

1. 稳重挺拔

字体的造型规整、有力量，给人以简洁、爽朗的感觉，有较强的视觉冲击力。这种具有独特个性的字体适用于科技类主题。

2. 活泼有趣

字体的造型生动活泼，有鲜明的节奏感和韵律感，色彩丰富明快，可以给人生机盎然的感觉。这种字体常运用在儿童用品、运动休闲产品，以及时尚产品的设计中，可以使用户快速识别产品、提升产品知名度。图3-2和图3-3所示的两组字体如果运用到儿童节活动海报和夏季促销中，可以起到很好的宣传作用。

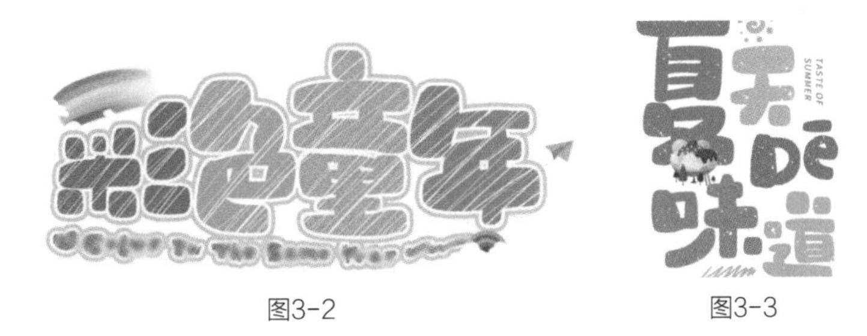

图3-2　　图3-3

3. 秀丽柔美

字体设计优美清新，给人以华丽柔美的感觉。这种类型的字体如果运用在女性化妆品、日常生活用品或服务业产品的设计中，可以给用户带来美好的感受。

4. 苍劲古朴

这种字体设计朴实无华，颇有古韵，能够给人怀旧的感觉，一般用于传统产品、民间艺术品的设计中。图3-4所示的字体就可以应用到传统文化产品的宣传海报中。

图3-4

3.2 实例：浪漫告白文字设计

本实例将制作浪漫告白文字，需要将文字笔画重新进行造型，并组合在一起，实例效果如图3-5所示。

图3-5

资源位置

实例位置　实例文件>第3章>浪漫告白文字设计.psd

素材位置　素材文件>第3章>圆边.psd、卡通人物.psd、爱心.psd、爱心2.psd

视频位置　视频文件>第3章>浪漫告白文字设计.mp4

设计思路

（1）分析文字设计背景，选择笔画圆滑的字体进行造型。

（2）合理运用笔画的延伸性，并在制作过程中适当切断部分笔画，进行新的组合造型。

（3）选择浪漫的粉红色作为背景色，适当添加素材图像和辅助文字，组合得到完整的效果。

3.2.1 制作变形文字

（1）新建一个图像文件，设置前景色为粉红色（R：255、G：200、B：203），按Alt+Delete组合键用粉红色填充背景，如图3-6所示。

（2）打开“圆边.psd”素材文件，使用“移动工具”将其拖曳至当前编辑的图像窗口中，放到画布上方，如图3-7所示，“图层”面板中将新建“图层1”。

图3-6　　图3-7

（3）在“图层”面板中设置“图层1”的“不透明度”为50%，如图3-8所示，得到半透明的效果，如图3-9所示。

图3-8　　图3-9

（4）按Ctrl+J组合键复制图层，选择“编辑→变换→水平翻转”和“垂直翻转”菜单命令，效果如图3-10所示，“图层”面板中将新建复制的图层，如图3-11所示。

图3-10

图3-11

（5）选择“横排文字工具” T，打开“字符”面板，设置字体为“OCR-A BT”、颜色为白色，其他参数设置如图3-12所示，在画布中输入文字，如图3-13所示。

（6）选择“文字→转换为形状”菜单命令，将文字转换为形状，“图层”面板中的文字图层也将转换为形状图层，如图3-14所示。

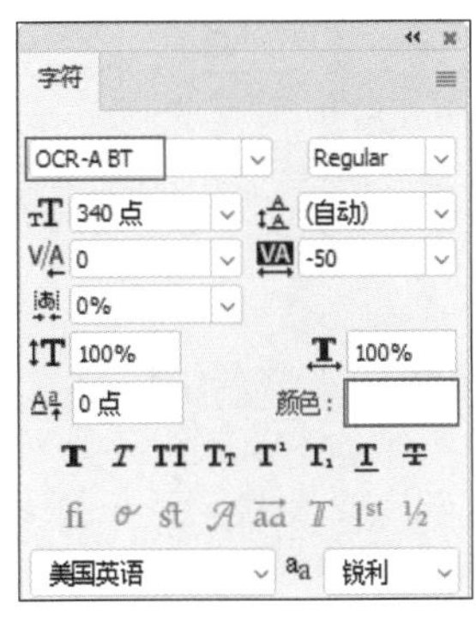

图3-12

图3-13

图3-14

（7）选择“直接选择工具”，拖曳鼠标指针框选部分文字，如图3-15所示。将选择的文字节点水平向右拖曳，如图3-16所示。

图3-15

图3-16

（8）结合使用“钢笔工具”和“直接选择工具”，编辑文字，得到图3-17所示的效果。

（9）选择“横排文字工具” T，在属性栏中设置字体为“方正准圆简体”、颜色为白色，在数字左下方输入文字“告”，适当调整文字大小，如图3-18所示。

图3-17

图3-18

（10）选择“文字→转换为形状”菜单命令，将文字转换为形状。选择“直接选择工具”，拖曳鼠标指针框选部分文字，如图3-19所示，按住鼠标左键，向下适当拖曳，如图3-20所示。

图3-19

图3-20

（11）框选“告”字下半部分的“口”字，按Delete键将其删除，如图3-21所示。

（12）结合使用“钢笔工具”和“直接选择工具”编辑文字，得到图3-22所示的效果。

图3-21

图3-22

（13）选择“自定形状工具”，在属性栏中设置工具模式为“形状”、“填充”为无、“描边”为白色、宽度为60像素，单击形状右侧的按钮，在弹出的列表中选择爱心形状，如图3-23所示，在文字下方拖曳鼠标指针绘制爱心图形，如图3-24所示。

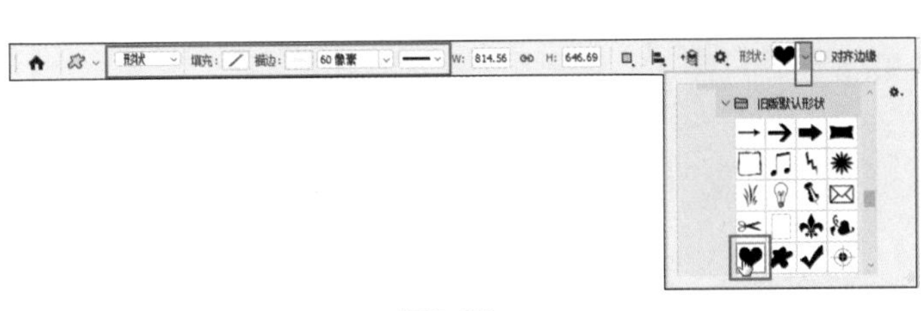

图3-23

图3-24

（14）选择“直接选择工具” ，选择爱心图形底部节点并拖曳控制手柄进行编辑，如图3-25所示。选择爱心图形右下方的节点，调整曲线弧度，如图3-26所示。

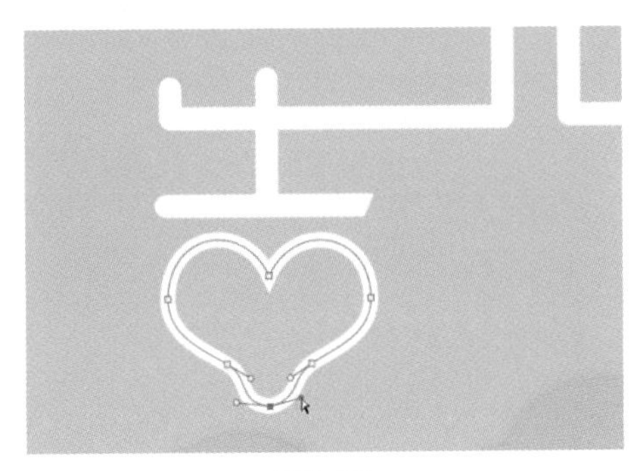

图3-25

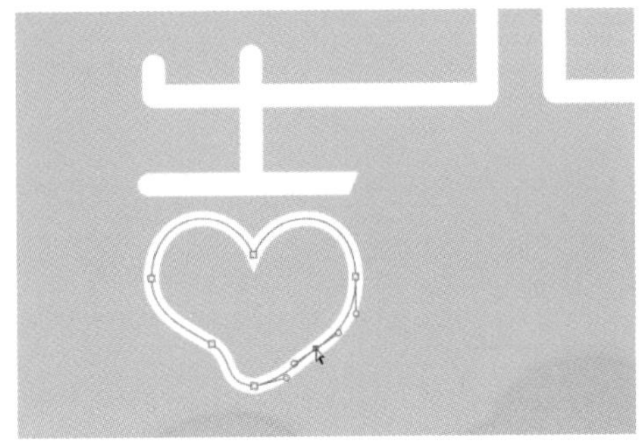

图3-26

（15）调整节点直至得到更加圆滑的爱心图形，如图3-27所示。新建一个图层，设置前景色为白色，选择“铅笔工具” ，在爱心图形中绘制一根较短的圆弧线条，如图3-28所示。

图3-27

图3-28

（16）选择“横排文字工具” ，在属性栏中设置字体为“方正准圆简体”、颜色为白色，输入文字“白”，调整文字大小后的效果如图3-29所示。

图3-29

（17）将文字转换为形状，选择文字下半部分的节点，将其向下拖曳，如图3-30所示。编辑文字直至得到图3-31所示的效果。

图3-30

图3-31

（18）选择“横排文字工具” T，设置字体为“方正准圆简体”、颜色为白色，在画布中输入文字“计划”，如图3-32所示。

图3-32

（19）将文字转换为形状，使用“直接选择工具” 选择“划”字的所有节点，适当向上移动，如图3-33所示。编辑文字的笔画样式，效果如图3-34所示。

图3-33

图3-34

3.2.2 绘制外围图形

（1）按住Ctrl键选择所有文字图层，按Ctrl+E组合键合并图层。选择“图层→图层样式→斜面和浮雕”菜单命令，打开“图层样式”对话框，设置样式为“内斜面”，其他参数设置如图3-35所示。

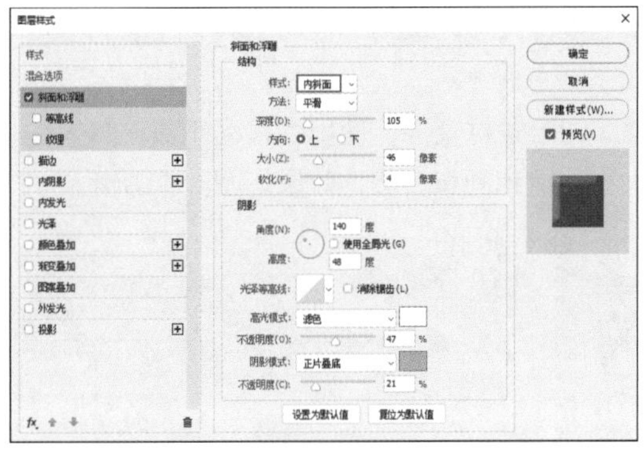

图3-35

（2）勾选“图层样式”对话框左侧的“投影”选项，设置投影颜色为粉红色（R：230、G：166、B：178），其他参数设置如图3-36所示。单击“确定”按钮，得到文字投影效果，如图3-37所示。

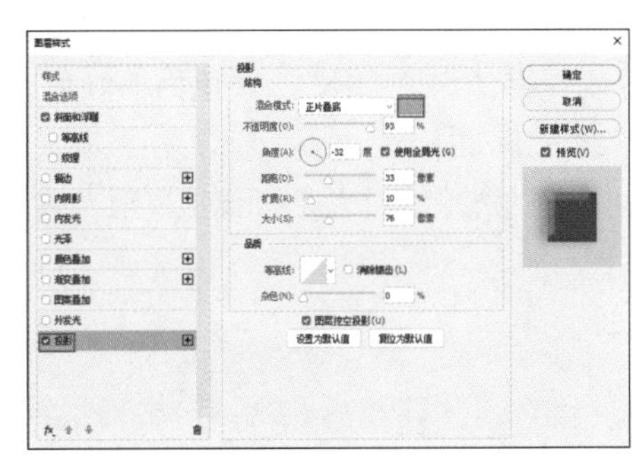

图3-36

图3-37

（3）选择“钢笔工具”，在属性栏中设置工具模式为“形状”、“填充”为无、“描边”为白色、宽度为15像素，在文字右下方绘制一条线段，如图3-38所示。

（4）选择“铅笔工具”，在属性栏中设置画笔“大小”为5像素，在线段中绘制出曲线，如图3-39所示。

图3-38

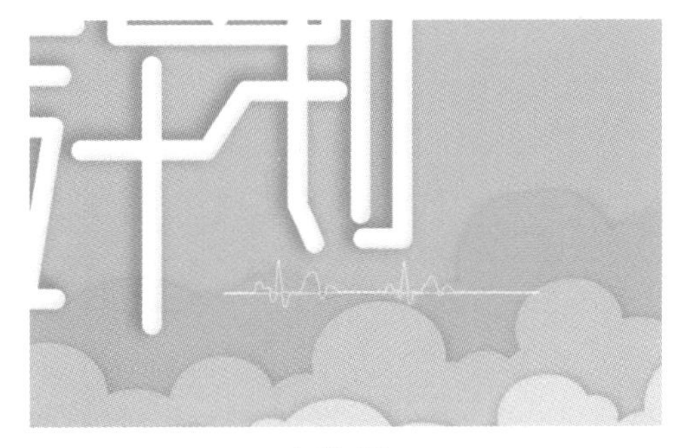

图3-39

“铅笔工具”的使用方法与现实生活中的铅笔类似，用它只能绘制出硬边线条，该工具主要用于直线和曲线的绘制，操作方式与“画笔工具”相同。“铅笔工具”属性栏中有一个“自动抹除”选项，这是该工具独有的选项。勾选该选项后，如果将光标中心放在包含前景色的区域上，此时可以将该区域涂抹成背景色；如果将光标中心放在不包含前景色的区域上，则可以将该区域涂抹成前景色。

（5）打开“爱心.psd”素材文件，使用“移动工具” 将其拖曳至当前编辑的图像窗口中，放到文字右下方，如图3-40所示。

（6）打开“卡通人物.psd”素材文件，使用“移动工具” 将其拖曳至当前编辑的图像窗口中，适当调整人物大小，放到画布右侧，效果如图3-41所示。

图3-40

图3-41

（7）选择“横排文字工具” T，在属性栏中设置字体为“黑体”、颜色为粉红色（R：228、G：131、B：140），在卡通人物下方输入英文文字，如图3-42所示。

（8）打开“爱心2.psd”素材文件，使用“移动工具” 将两个爱心图像拖曳至当前编辑的图像窗口中，分别放到文字两侧，如图3-43所示。

图3-42

图3-43

（9）按Ctrl+E组合键合并两个爱心所在的图层，选择“图层→图层样式→投影”菜单命令，打开“图层样式”对话框，设置投影颜色为粉红色（R：230、G：166、B：178），其他参数设置如图3-44所示。

（10）单击“确定”按钮，得到投影效果，如图3-45所示，完成本实例的制作。

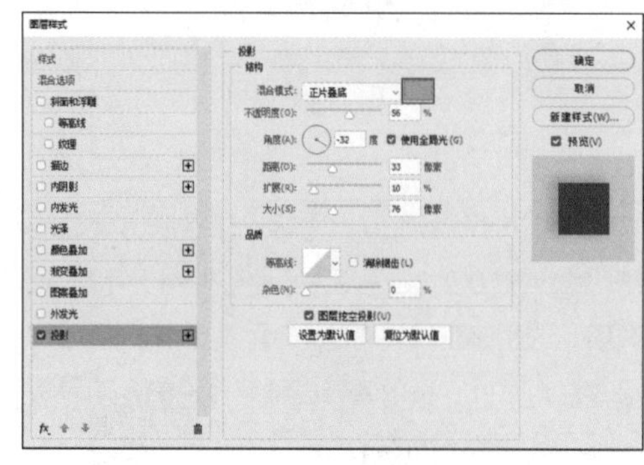

图3-44

图3-45

3.3 实例：变形字体设计

本实例将设计变形字体。该字体需与花朵配合，因此在设计上可以将文字形态做得圆滑一些，颜色上以清淡为主，再配以花朵和一些图形作为点缀，以体现文字的特性和独特的韵味，效果如图3-46所示。

图3-46

资源位置

实例位置 实例文件>第3章>变形字体设计.psd

素材位置 素材文件>第3章>花朵.psd、底纹背景.jpg

视频位置 视频文件>第3章>变形字体设计.mp4

设计思路

（1）预先设计好文字效果。

（2）合理调整笔画形状，使文字更独特，能给人留下强烈的印象。

（3）在绘制过程中应准确把握文字形态。

3.3.1 编辑文字笔画

（1）打开“底纹背景.jpg”素材文件，选择“椭圆选框工具”，按住Shift键在画布中绘制一个圆形选区，如图3-47所示。

（2）单击“图层”面板底部的“创建新图层”按钮，新建“图层1”，设置前景色为紫蓝色（R：133、G：126、B：181），按Alt+Delete组合键填充选区，效果如图3-48所示。

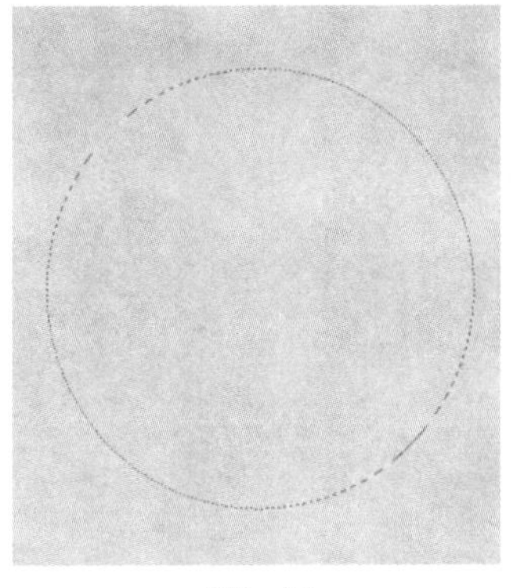

图3-47

图3-48

（3）选择“图层→图层样式→投影”菜单命令，打开“图层样式”对话框，设置投影颜色为黑色，其他参数设置如图3-49所示。单击“确定”按钮，得到投影效果，如图3-50所示。

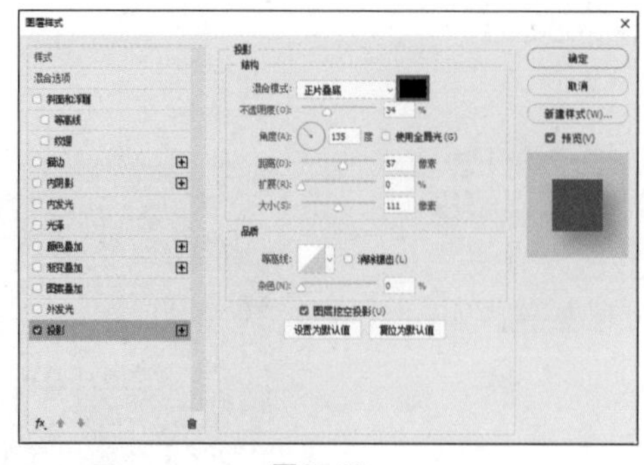

图3-49

图3-50

（4）选择“横排文字工具” T，在属性栏中设置字体为“方正准圆简体”、颜色为淡紫色（R：213、G：208、B：231），在圆形中输入文字“遇”，如图3-51所示。

（5）选择“文字→转换为形状”菜单命令，将文字转换为形状，得到形状图层，如图3-52所示。

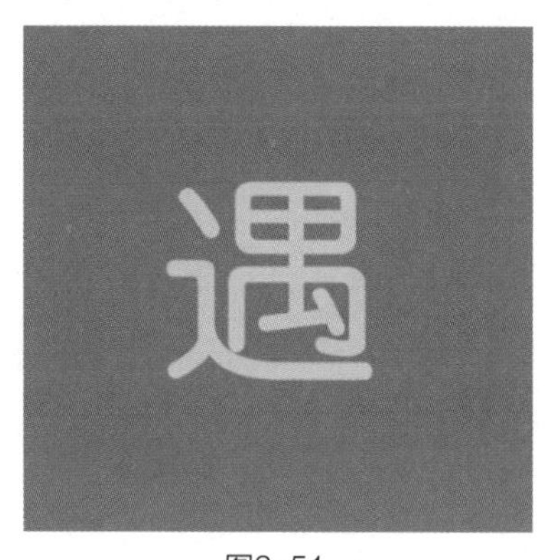

图3-51

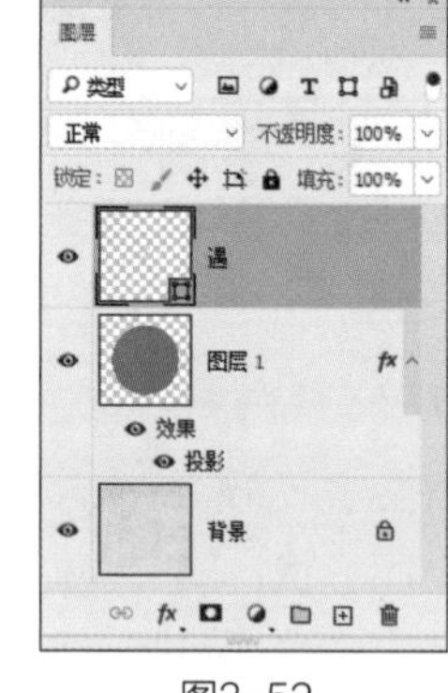

图3-52

（6）选择“直接选择工具” ，选择文字下方的部分锚点并向下拖曳，得到较长的文字效果，如图3-53所示。

（7）选择文字下方的部分笔画锚点，按Ctrl+T组合键，出现变换框，选择右侧中间的控制点，将其向上拖曳，得到向上倾斜的效果，如图3-54所示。

（8）利用钢笔工具组中的多种工具选择锚点进行编辑，将笔画转折处编辑得更加圆滑，如图3-55所示。

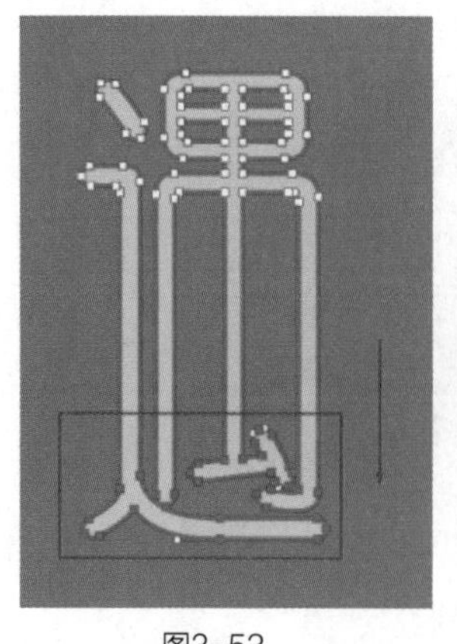

图3-53

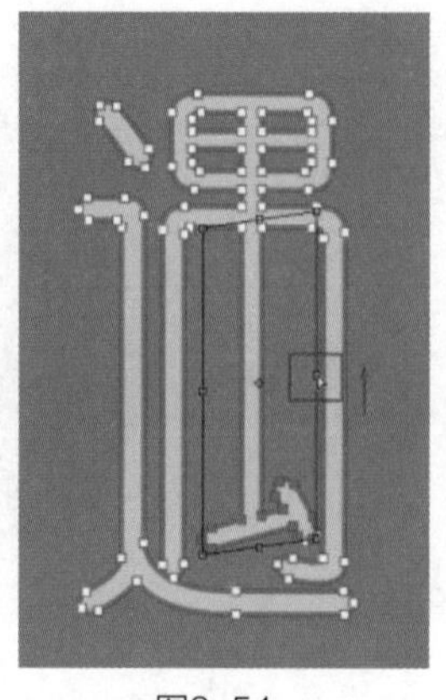

图3-54

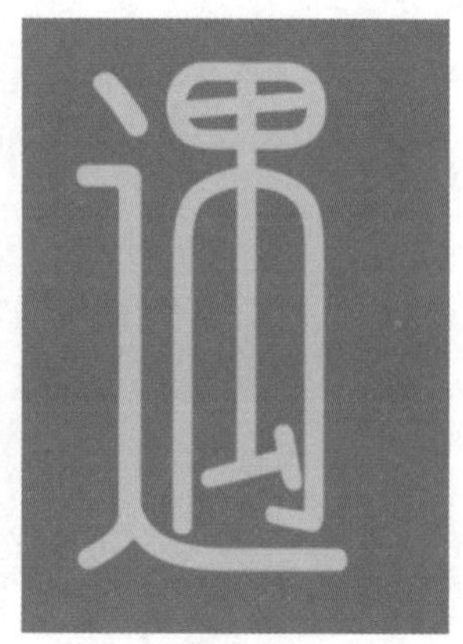

图3-55

（9）使用“直接选择工具” ，选择“遇”字偏旁部首的锚点，如图3-56所示。按Delete键删除该部首，如图3-57所示。

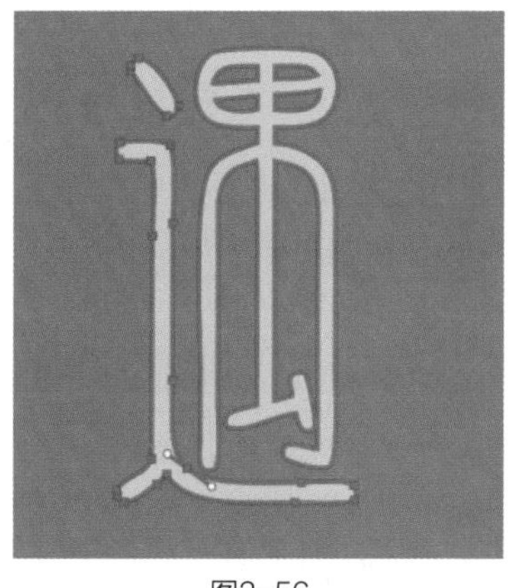

图3-56

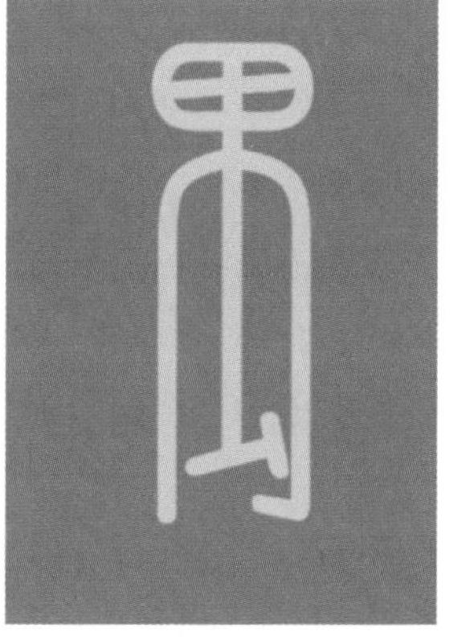

图3-57

（10）新建一个图层，选择“铅笔工具” ，在属性栏中设置“大小”为21像素、“不透明度”为100%、“平滑”为10%，如图3-58所示。

（11）在文字的左上方单击，得到一个圆点，按住Shift键绘制其他笔画，效果如图3-59所示。

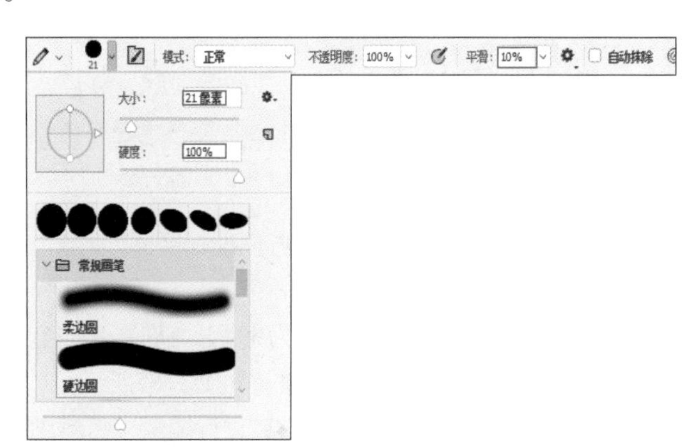

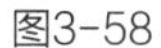

图3-58

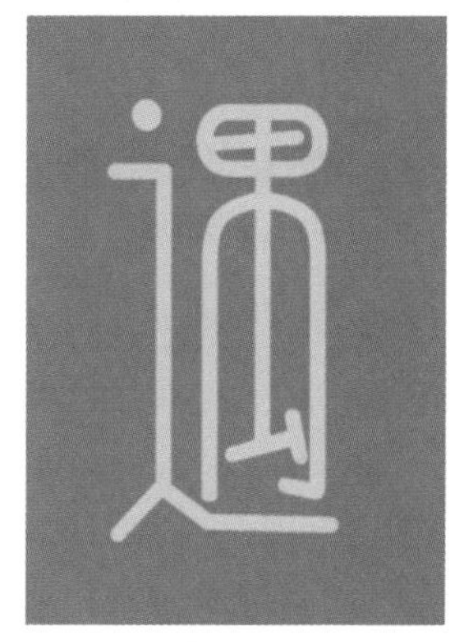

图3-59

（12）按住Ctrl键选择“图层2”和形状图层，如图3-60所示。按Ctrl+E组合键合并图层，将其重命名为“遇”，如图3-61所示。

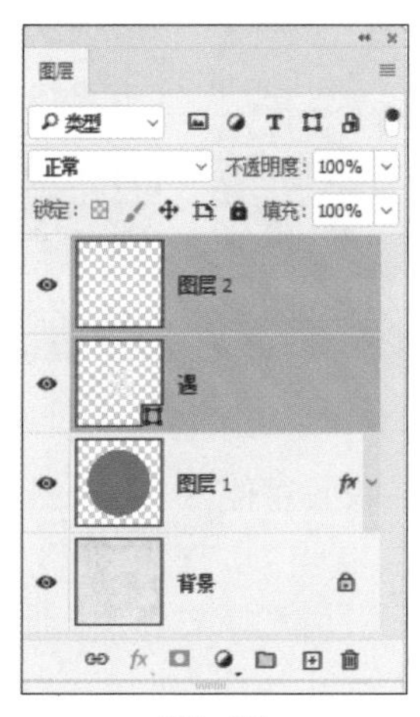

图3-60

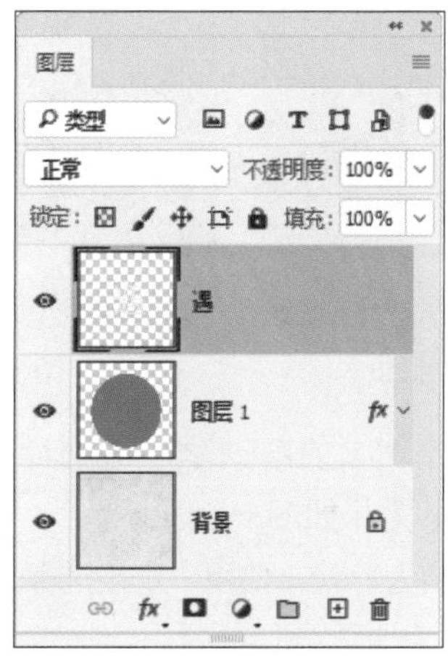

图3-61

（13）下面制作“见”字。选择“圆角矩形工具”▢，在属性栏中设置工具模式为“形状”、“填充”为无、“描边”为白色、宽度为25像素，如图3-62所示。在画布中绘制一个圆角矩形，如图3-63所示。

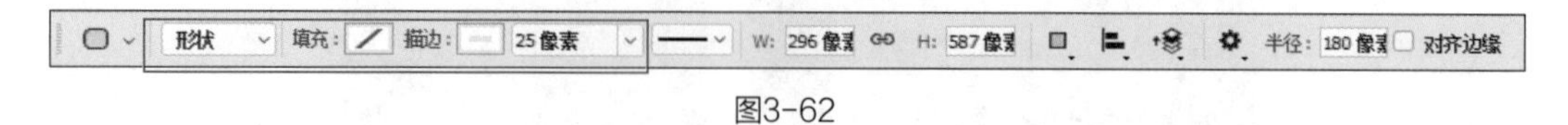

图3-62

（14）新建一个图层，选择“铅笔工具”✎，在圆角矩形内绘制两条斜线，然后在外面绘制其他笔画，得到“见”字，如图3-64所示。

（15）在“图层”面板中选择圆角矩形所在的图层，合并图层，将其重命名为“见”，如图3-65所示。

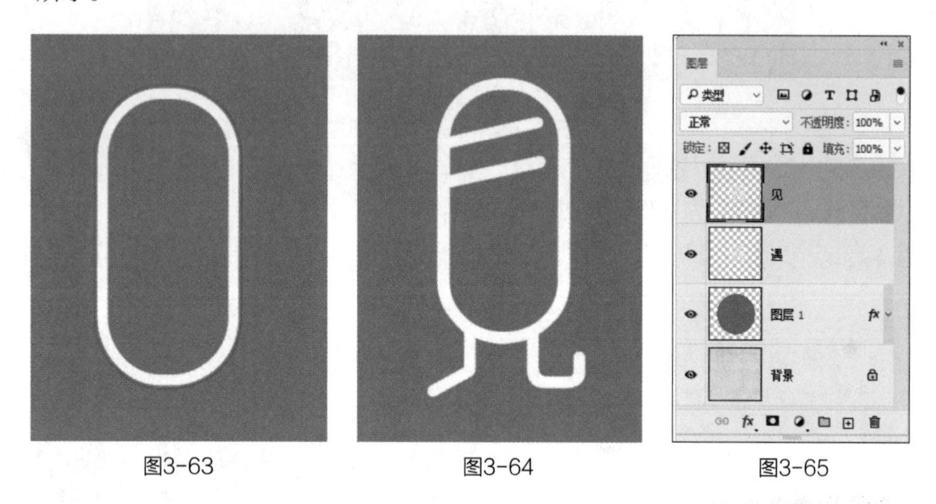

图3-63　　图3-64　　图3-65

（16）选择“横排文字工具”T，在属性栏中设置字体为“方正准圆简体”、颜色为淡紫色（R：213、G：208、B：231），输入文字“插”，如图3-66所示。

（17）选择“文字→转换为形状”菜单命令，将文字转换为形状，使用“直接选择工具”↖选择文字下半部分锚点并向下拖曳，得到较长的文字效果，如图3-67所示。

（18）利用钢笔工具组中的多种工具，选择文字底部的部分锚点进行编辑，将笔画转折处编辑得更加圆滑，效果如图3-68所示。

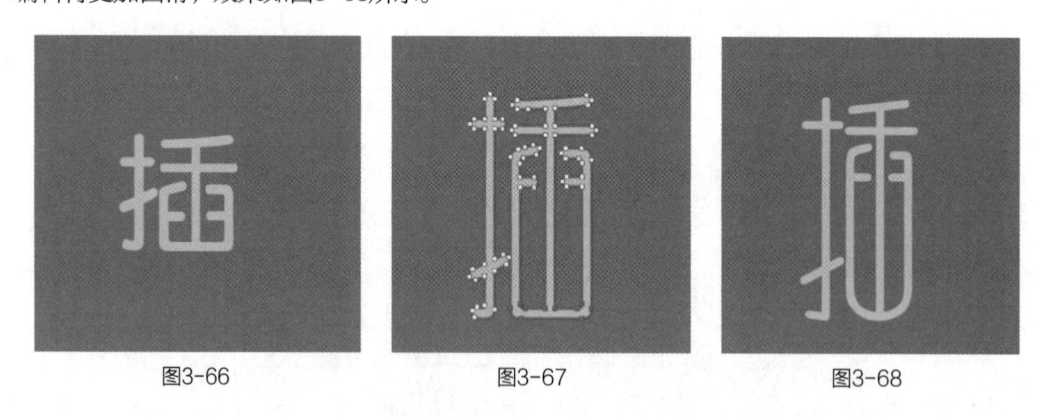

图3-66　　图3-67　　图3-68

（19）选择“横排文字工具”T，在属性栏中设置字体为“方正准圆简体”、颜色为白色，输入文字“花”，效果如图3-69所示。

（20）将文字转换为形状，使用“直接选择工具”↖选择文字下半部分锚点，向下拖曳，得到较长的文字效果，如图3-70所示。

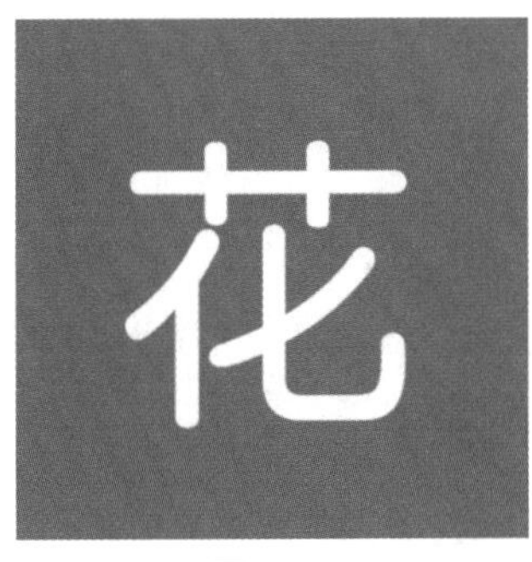

图3-69

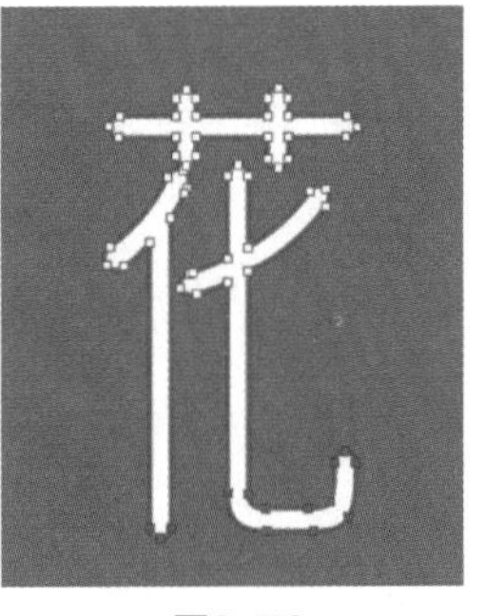

图3-70

（21）分别选择每一个文字所在图层，使用“移动工具”，调整文字的位置，参照图3-71所示的方式排列。

（22）分别选择每一个文字所在的图层，选择“图层→变换→缩放”菜单命令，打开“图层样式”对话框，设置投影颜色为黑色，其他参数设置如图3-72所示。单击“确定”按钮，得到投影效果，如图3-73所示。

图3-71

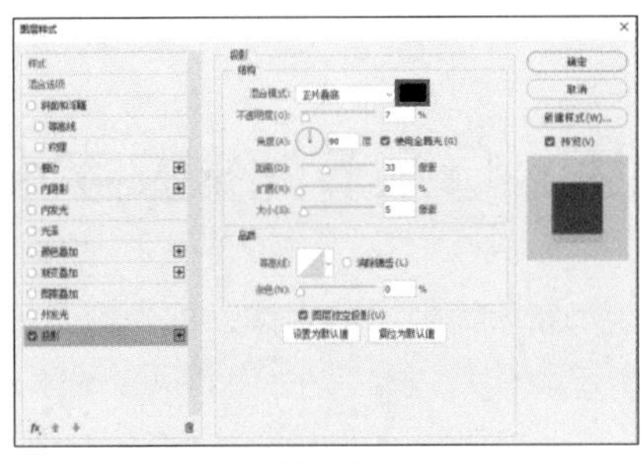

图3-72

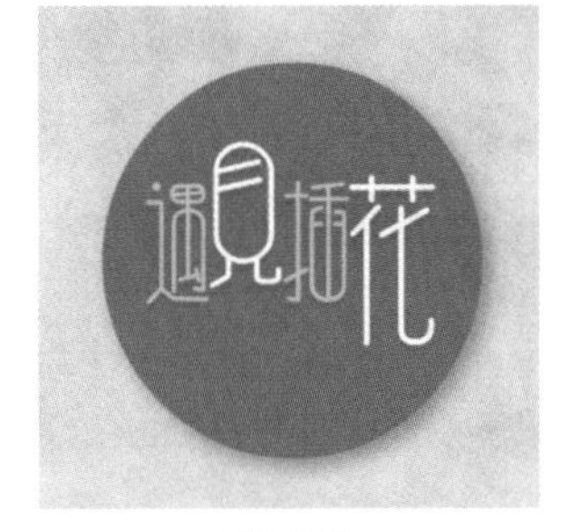

图3-73

3.3.2 绘制其他图形

（1）新建一个图层，将其放到“图层”面板的底层。选择“椭圆选框工具”，绘制多个圆形选区，将其分别填充为橘黄色（R：224、G：173、B：142）和淡紫色（R：202、G：197、B：219），如图3-74所示。

（2）打开“花朵.psd”素材文件，使用“移动工具”将花朵分别拖曳至当前编辑的图像窗口中，放到图3-75所示的位置。

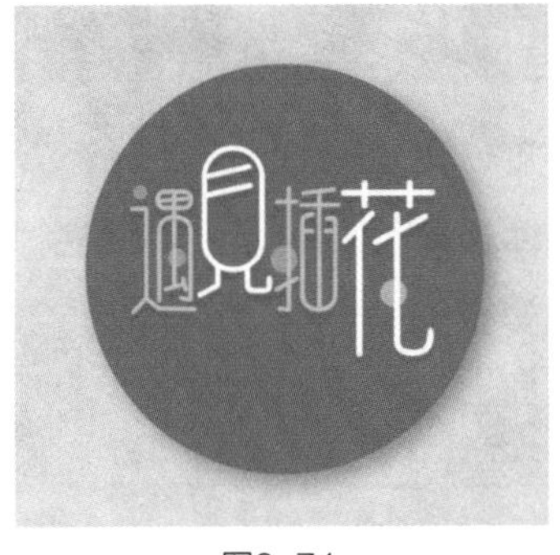

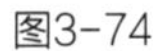

图3-74

图3-75

（3）选择“横排文字工具”，在属性栏中设置字体为“方正准圆简体”、颜色为淡紫色（R：230、G：229、B：232），在圆形中输入文字，适当调整文字大小，如图3-76所示。

（4）新建一个图层，设置前景色为橘黄色（R：224、G：173、B：143），选择“铅笔工具” ，在属性栏中设置画笔大小为6像素，然后在文字周围绘制几条斜线，如图3-77所示。

（5）选择“椭圆选框工具” ，在圆形图像的左下方绘制一个圆形选区，将其填充为淡紫色（R：201、G：197、B：219），使用“横排文字工具” 在其中输入文字，并将其填充为白色，完成本实例的制作，如图3-78所示。

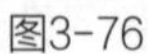
图3-76

图3-77

图3-78

3.4 实战训练：母亲节海报文字设计

本次实战训练将设计用于母亲节海报中的字体，首先输入普通文字，然后对笔画进行适当编辑，海报效果如图3-79所示。

图3-79

资源位置

实例位置 实例文件>第3章>母亲节海报文字设计.psd

素材位置 素材文件>第3章>粉色花.psd、圆环装饰.psd

视频位置 视频文件>第3章>母亲节海报文字设计.mp4

微课视频

设计思路

（1）输入文字后，对其做倾斜处理，然后编辑文字造型。

（2）为文字添加浮雕样式和投影，制作出立体效果。

制作要点

（1）使用“渐变工具” 为背景应用径向渐变填充。使用“横排文字工具” T. 在画布中输入文字，设置字体为“方正姚体”，如图3-80所示。

（2）选择“文字→转换为形状”菜单命令，使用钢笔工具组编辑文字外形，应用渐变色填充，如图3-81所示。

图3-80

图3-81

（3）选择“图层→图层样式→斜面和浮雕”菜单命令，打开“图层样式”对话框，设置样式参数，如图3-82所示。

（4）按住Ctrl键单击“母亲节”文字图层，载入选区，适当倾斜变换后羽化选区，新建一个图层，将其填充为灰色，降低图层的“不透明度”，得到的文字投影效果如图3-83所示。

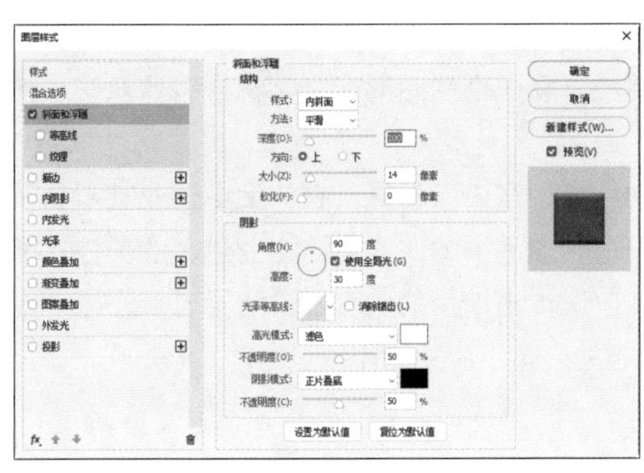

图3-82

图3-83

（5）在文字周围添加多种素材图像，使用“横排文字工具” T. 在画布下方输入文字，如图3-84所示，完成制作。

图3-84

第4章 标志设计

本章首先介绍标志设计的相关知识，包括什么是标志、如何做一个好标志、标志的类型、标志的设计原则，以及标志设计的色彩搭配等，然后通过实例详细讲解如何绘制、设计符合要求的标志。

4.1 标志设计概述

在学习标志设计之前，我们先来了解一些标志设计的相关知识，以便在今后的设计工作中更好地制作符合要求的标志。

4.1.1 什么是标志

标志是一种表明事物特征的记号，以单纯、易识别的图形或文字符号表达意义、情感和指令。

随着现代商业的发展，标志设计被越来越多的客户所看重，有的大型企业甚至会花重金设计一个好的标志，因为标志折射出的是一个企业的形象，能带给企业更多的关注，增强企业的可识别性。因此，设计师不仅需要为客户设计出精美的、有意义的标志，还应考虑设计出的标志是否具有企业特性，能否给看到标志的人留下深刻的印象。

4.1.2 如何做一个好标志

一个好的标志设计需要的不仅是创意或技巧。标志最终要配合各种场合，因此要让它无论在什么地方都有良好的表现力。在设计标志时，设计师需要考虑如何让标志发挥作用。成功的标志有一些共同的特点，归纳起来主要有以下几点。

1. 简单，易识别

过于复杂的标志会让人不易识别，因此标志不宜设计得过于复杂，将过多元素糅合在一个标志中，容易变成大杂烩。其实，只需少量的元素就可以设计一个让人过目不忘的标志。图4-1所示为宝马汽车的标志，设计师只用了简单的几何图形和字母组合，就设计出了一个让人过目不忘的汽车标志。

图4-1

2. 能适应各种尺寸

标志通常需要应用到不同场合、不同物料中。因此，设计师需要注意一个好的标志一定要能够适应各种尺寸。无论是应用在户外广告牌上还是应用到包装或名片上，标志都要表现良好，如图4-2所示。

图4-2

如果一个标志里面有太多细节，那么当标志缩小时，里面的元素就会模糊不清。好的标志应该在尺寸较小时，仍然具有良好的表现力。

3. 能准确传达业务特征

一个好的标志不仅要能够传达企业精神，提升企业形象，还要能够传达该企业的业务特征。图4-3所示为一家物流公司的标志，该标志直接使用了汽车的外形作为造型基础，并在设计上加以变形，能准确传达公司的业务特征。

图4-3

4.1.3 标志的类型

在各种场合中，我们能看到各式各样的标志，这些标志不但起到引导的作用，而且有助于宣传。下面介绍几种常见的标志类型。

1. 非商业性标志

非商业性标志是机构和团体的一种象征，属于无形资产，能更好地传递其精神理念和思想内涵，如图4-4所示。

图4-4

2. 商业性标志

商业性标志又叫商标，是企业和商品价值的体现。商业性标志能传递企业的经营理念和产品的特征，如图4-5所示。

图4-5

3. 公共信息标志

公共信息标志包括公共环境引导标志和操作指导标志，是现代社会管理和操作程度规范化的具体体现，这类标志更多强调图形的可识别性，如图4-6所示。

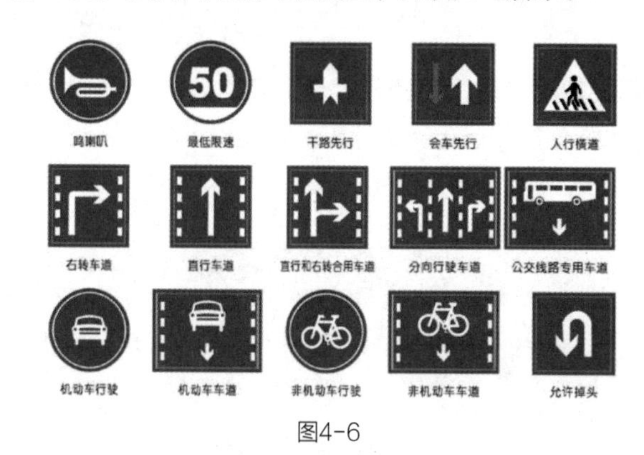

图4-6

4.1.4 标志的设计原则

标志的设计需要根据企业特色和企业的经营内容来进行构思，掌握一些标志设计的原则，可以帮助设计师设计出更符合要求的标志。

1. 内涵深刻

一个成功的标志不仅要具有形式美感，还必须具有深刻的内涵，能使观看者产生联想。成功的标志设计是有思想和生命力的，如图4-7所示。

图4-7

2. 构思巧妙、造型精美

商标的作用是将商品与其他同类商品进行区分。标志设计的造型既要具有一定的典型性，又要具有广泛的认可度。构思巧妙、造型精美的标志是标志设计的方向，如图4-8所示。

图4-8

3. 具有时代感

品牌的价值是在发展过程中不断完善的，其视觉形象也必将随之变化，因此标志的设计也并不是一成不变的。即使是成功的标志设计，也会在原有的基础之上随时代的变迁、人们审美需求的变化而进行适当的改变。图4-9所示为星巴克企业标志的演变过程。

图4-9

4. 具有较强的适应性与延展性

现代媒体的飞速发展和商品流通的国际化使标志运用得更加广泛。标志要在不同地域环境、不同时期、不同载体上频繁出现，因此标志既要有较强的适应性，又要有很强的延展性，如图4-10所示。

图4-10

4.1.5 标志的色彩搭配

标志的色彩是与图形的形态紧密相连的，它具有强烈的表现力，其传达的力度与速度往往强于形象的传达，具有先声夺人之势。在现代信息社会中，人们对不易被快速注意和识别的信息往往缺乏探究的耐心，而好的色彩搭配使标志图形能够迅速地引起人们的注意。

在标志设计中，研究和运用色彩的情感及象征意义，充分利用其不同的特性为主题内容服务，可以更好地揭示事物的本质特性，如图4-11所示。

图4-11

4.2 实例：餐厅标志设计

本实例将制作一个餐厅标志，首先设计出一个夸张的厨师形象，然后结合文字和图形设计出一个完整的标志，实例效果如图4-12所示。

图4-12

资源位置

实例位置　实例文件>第4章>餐厅标志设计.psd、餐厅标志设计效果图.psd

素材位置　素材文件>第4章>餐具.psd、盘子.jpg

视频位置　视频文件>第4章>餐厅标志设计.mp4

设计思路

（1）餐厅标志要简洁，便于引起顾客的注意，使人能够瞬间辨认。

（2）运用合理的图形使标志具有独特性，给人留下深刻的印象。

（3）在设计和绘制过程中，应准确把握餐具和标志的特点。

4.2.1 绘制厨师形象

（1）绘制厨师形象。新建一个图像文件，填充背景为浅灰色（R：241、G：243、B：241），选择“钢笔工具”，在属性栏中设置工具模式为“形状”、“填充”为橘黄色（R：237、G：135、B：47）、“描边”为无，如图4-13所示，绘制厨师的帽子外形，如图4-14所示。

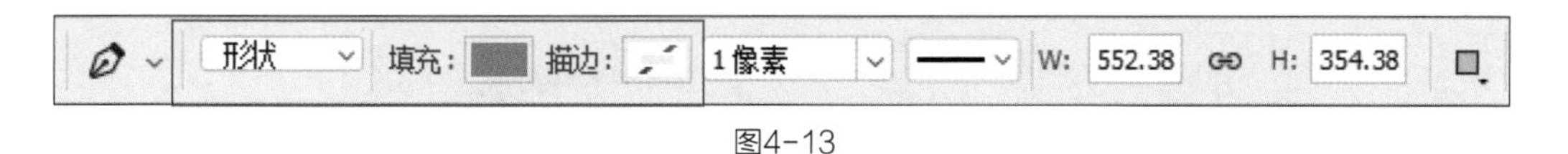

图4-13

（2）新建一个图层，使用“椭圆选框工具”绘制一个椭圆形选区，按住Alt键再绘制一个选区，如图4-15所示。通过减选，得到一个月牙形选区，如图4-16所示。

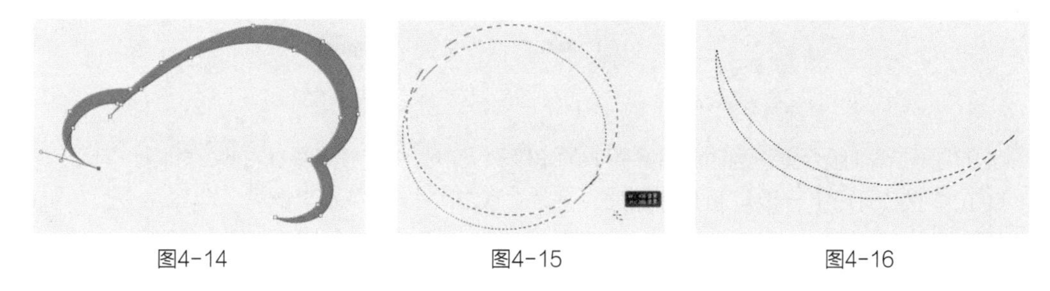

图4-14　图4-15　图4-16

（3）设置前景色为橘黄色（R：237、G：135、B：47），按Ctrl+Delete组合键使用橘黄色填充选区，并适当调整其大小，将其放到厨师帽中，如图4-17所示。

（4）使用“钢笔工具”绘制厨师帽的帽檐图形，将其填充为橘黄色（R：237、G：135、B：47），组合得到图4-18所示的效果。

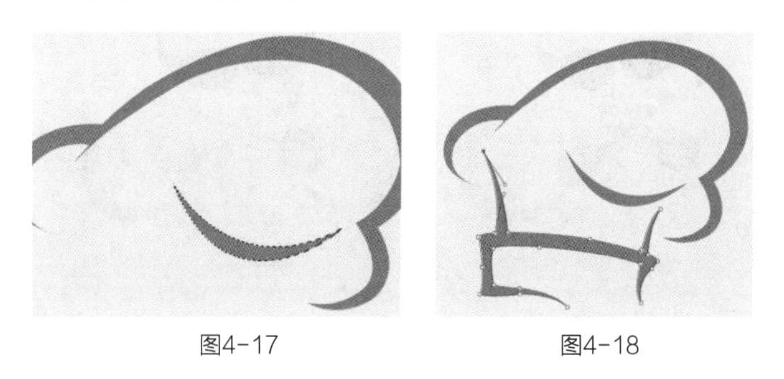

图4-17　图4-18

（5）在厨师帽左下方绘制一个较为夸张的胡须图形，将其填充为深红色（R：80、G：39、B：40），如图4-19所示。

（6）按Ctrl+J组合键复制胡须图层，选择“编辑→变换→水平翻转”菜单命令，将翻转后的胡须图形向右移动，按Ctrl+T组合键调整胡须角度，效果如图4-20所示。

（7）打开“餐具.psd”素材文件，使用“移动工具”将其拖曳至当前编辑的图像窗口中，放到胡须图形下方，如图4-21所示。

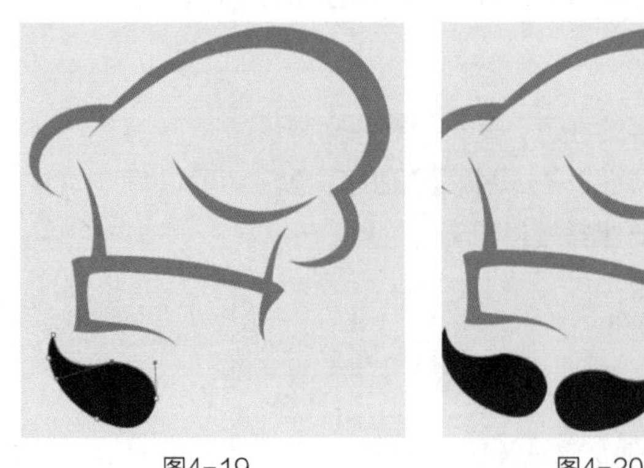
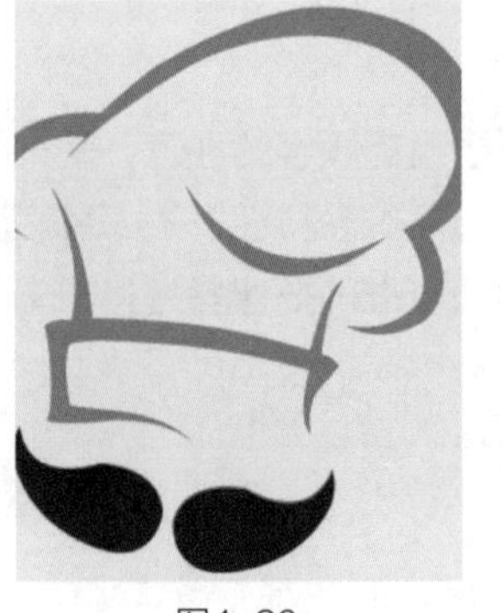

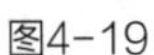

图4-19　　图4-20　　图4-21

（8）新建一个图层，选择“椭圆选框工具”，通过减选，绘制月牙图形，如图4-22所示，并为其填充橘黄色，如图4-23所示。

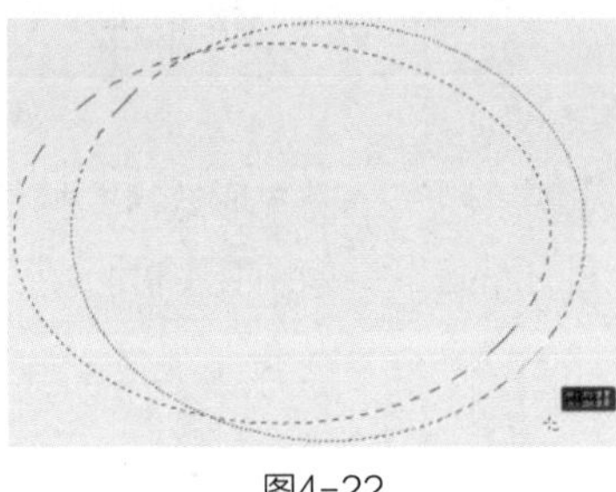

图4-22

图4-23

（9）按Ctrl+T组合键适当调整月牙图形的角度和大小，将其放到餐具右侧，如图4-24所示。

（10）按Ctrl+J组合键复制月牙图层，选择“编辑→变换→水平翻转”菜单命令，将翻转后的月牙图形向左移动，按Ctrl+T组合键调整其角度，如图4-25所示。

图4-24

图4-25

4.2.2 绘制外围图形

（1）选择“椭圆工具”，在属性栏中设置工具模式为“形状”、“填充”为无、“描边”为褐色（R：50、G：4、B：5）、描边宽度为15像素，如图4-26所示。按住Shift键绘制一个描边圆形，如图4-27所示。

图4-26

图4-27

（2）单击“图层”面板底部的“创建图层蒙版”按钮，设置前景色为黑色、背景色为白色，选择“铅笔工具”，对遮挡住厨师形象的圆环进行擦除，效果如图4-28所示。

（3）选择“椭圆工具”，在属性栏中设置工具模式为“路径”，按住Shift键绘制一个较大的圆形路径，如图4-29所示。

图4-28

图4-29

路径不能被打印出来，因为它是矢量对象，不包含像素。在路径中填充颜色后，填充的形状才能被打印出来。

（4）选择“横排文字工具”，在圆形路径下方输入文字，然后选择文字，设置字体为“方正粗活意简体”、大小为14点、颜色为褐色，文字排列效果如图4-30所示。

图4-30

在Photoshop 2022中，用户可以沿使用“钢笔工具”或形状工具创建的工作路径输入文字，使文字产生特殊的排列效果。在路径上输入文字后，用户还可以对路径进行编辑和调整。改变路径形状后，文字排列效果也会随之发生改变。

（5）选择“椭圆工具”，在属性栏中设置工具模式为“形状”、“填充”为无、“描边”为褐色（R：50、G：4、B：5）、描边宽度为15像素，按住Shift键绘制一个较大的描边圆形，如图4-31所示。

（6）选择“矩形选框工具”，在描边圆形中间绘制一个矩形选区，按Shift+Ctrl+I组合键反选选区，单击“图层”面板底部的“添加图层蒙版”按钮，添加图层蒙版，隐藏部分图像，效果如图4-32所示。

图4-31

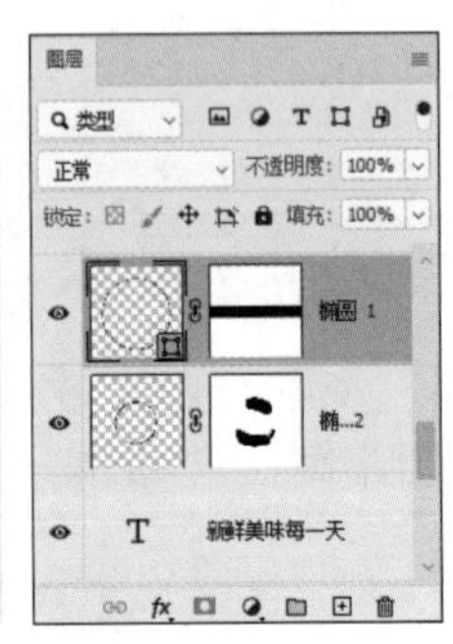

图4-32

（7）新建一个图层，使用“椭圆选框工具”在圆环两侧绘制圆形选区，并将其填充为褐色（R：50、G：4、B：5），如图4-33所示。

（8）选择“椭圆工具”，在属性栏中设置工具模式为“路径”，按住Shift键绘制一个圆形路径，如图4-34所示。

（9）选择“横排文字工具”，在属性栏中设置字体为“方正粗雅宋长”、大小为40点、颜色为褐色，在圆形路径下方内侧输入文字，如图4-35所示。

图4-33

图4-34

图4-35

（10）在“图层”面板中按住Ctrl键选择除“背景”图层以外的所有图层，按Ctrl+E组合键合并图层，如图4-36所示。

（11）新建一个图像文件，将背景填充为灰色，打开“盘子.jpg”素材文件，使用“移动工具”将其拖曳至当前编辑的图像窗口中，放到画布中间，如图4-37所示。

（12）选择“图层→图层样式→投影”菜单命令，打开“图层样式”对话框，设置投影颜色为黑色、“不透明度”为38%，其他参数设置如图4-38所示。单击“确定”按钮，得到投影效果，如图4-39所示。

图4-36

图4-37

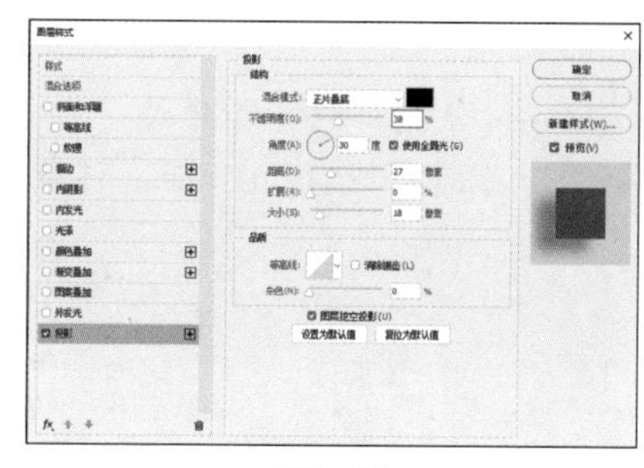

图4-38

图4-39

（13）使用“移动工具” 将制作好的标志拖曳至当前编辑的图像窗口中，放到中间的圆盘中，按Ctrl+T组合键适当调整标志大小，效果如图4-40所示。

（14）按Ctrl+J组合键复制图层，将标志移动到右侧较小的方盘中，缩小标志，如图4-41所示。

（15）按Ctrl+J组合键两次，复制两个图层，适当缩小标志，分别放到左侧杯碟中，分别设置图层混合模式为“线性加深”“颜色加深”，如图4-42所示，完成本实例的制作。

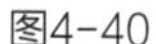

图4-40

图4-41

图4-42

4.3 实例：企业标志设计

本实例将结合多种工具绘制出一个以抽象文字为主要造型的企业标志，设计简洁大方，实例效果如图4-43所示。

图4-43

资源位置

实例位置　实例文件>第4章>企业标志设计.psd、制作企业标志效果图.psd

素材位置　素材文件>第4章>圆形背景.jpg

视频位置　视频文件>第4章>企业标志设计.mp4

设计思路

（1）合理对企业名称进行造型变换，得到异形文字。

（2）运用颜色的渐变及色彩搭配，使标志图形具有视觉延伸感和立体感。

（3）使用“横排文字工具” 输入企业名称，与标志图形组合在一起，注意文字与图形的大小和比例关系。

4.3.1 制作标志外围图形

（1）新建一个图像文件，创建一个图层，选择“矩形选框工具” ，按住Shift键绘制一个矩形选区，将其填充为任意颜色，如图4-44所示。

（2）选择“选择→修改→收缩选区”菜单命令，打开“收缩选区”对话框，设置“收缩量”为50像素，如图4-45所示。按Delete键删除选区中的图像，如图4-46所示。

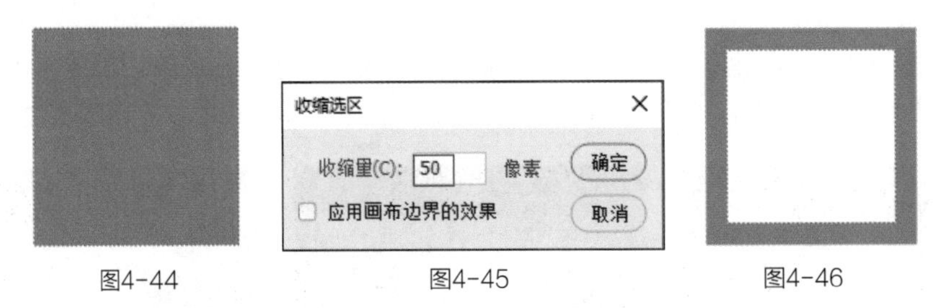

图4-44　图4-45　图4-46

（3）选择“多边形套索工具” ，在画布左下方绘制一个多边形选区，按Delete键删除选区中的图像，如图4-47所示。

（4）选择“矩形选框工具” ，按住Shift键在画布上方通过加选绘制3个矩形选区，并将选区内的图像删除，如图4-48所示。

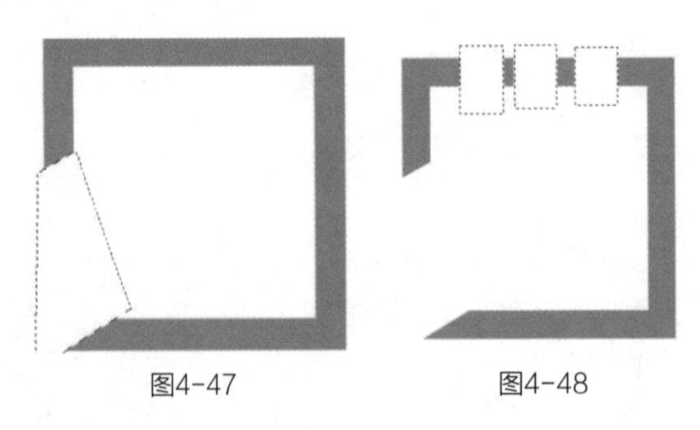

图4-47　图4-48

（5）选择“图层→图层样式→渐变叠加”菜单命令，打开“图层样式”对话框，单击对话框中的渐变色条，在“渐变编辑器”对话框中添加色标，设置颜色为不同深浅的红色，如图4-49所示。单击“确定”按钮，设置样式为“线性”，其他参数设置如图4-50所示。

（6）单击“确定”按钮，得到渐变叠加效果，如图4-51所示。

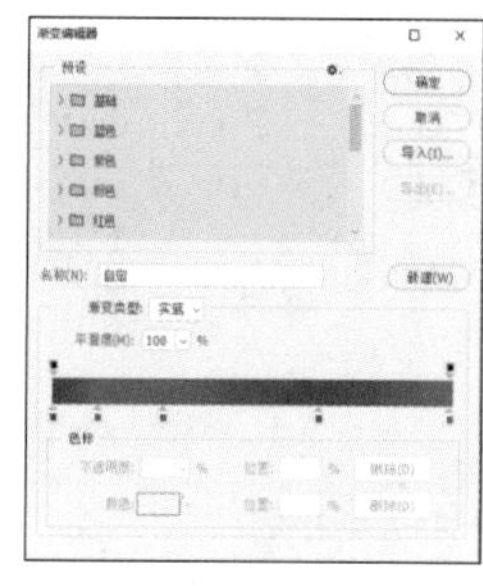

图4-49

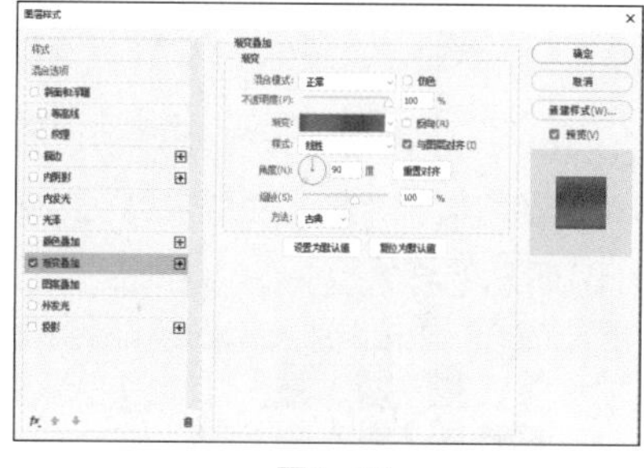

图4-50

图4-51

4.3.2 添加线段

（1）选择“矩形选框工具”，按住Shift键在外围图形上方绘制3个较高的矩形，如图4-52所示。

（2）选择“多边形套索工具”，在外围图形中间绘制一个多边形选区，如图4-53所示。按Delete键删除选区中的图像，效果如图4-54所示。

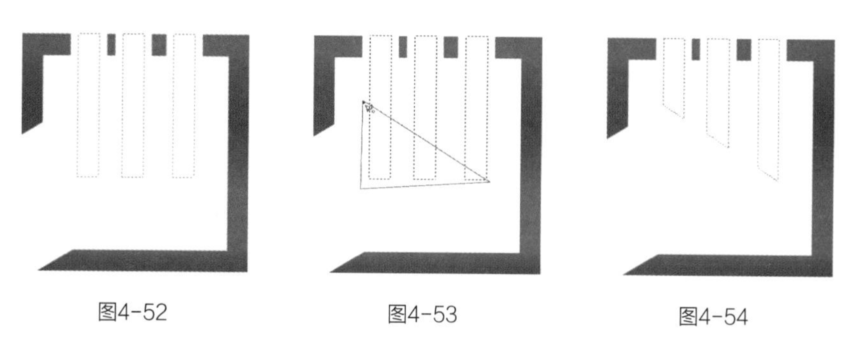

图4-52　　图4-53　　图4-54

（3）选择“渐变工具”，单击属性栏左侧的渐变色条，打开“渐变编辑器”对话框，设置颜色为从红色（R：218、G：36、B：42）到深红色（R：153、G：30、B：35），如图4-55所示。

（4）在属性栏中设置渐变方式为“线性渐变”，然后在选区上方按住鼠标指针向下拖曳，得到渐变效果，如图4-56所示。

（5）新建一个图层，选择“矩形选框工具”，在外围图形上方绘制3个矩形，将其填充为红色（R：211、G：35、B：42），如图4-57所示。

（6）选择“多边形套索工具”，在属性栏中单击“添加到选区”按钮，在外围图形左边绘制3个梯形选区，如图4-58所示。

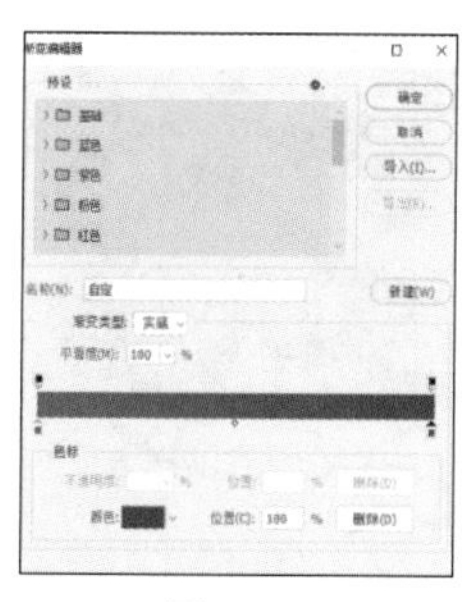

图4-55

图4-56

图4-57

图4-58

（7）在属性栏中单击“从选区减去”按钮，对选区左侧绘制的多边形选区进行减选操作，如图4-59所示。将减选后的区域填充为浅灰色（R：216、G：215、B：216），效果如图4-60所示。

（8）选择“横排文字工具” T，在属性栏中设置字体为“方正汉真广标简体”，在标志下方输入文字“曲|精|集|团”。设置字体为“方正兰亭中黑”、颜色为灰色，输入一行英文文字，调整文字大小，排列成图4-61所示的样式。

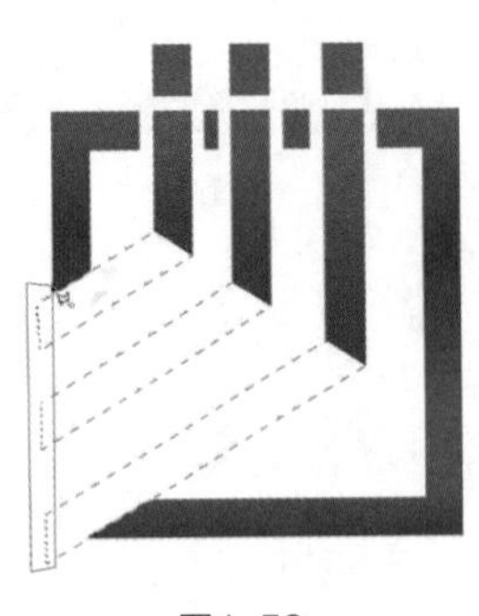

图4-59

图4-60

图4-61

（9）按住Ctrl键选择除“背景”图层以外的所有图层，按Ctrl+E组合键，将标志图层和文字图层合并，如图4-62所示。

（10）打开“圆形背景.jpg”素材文件，使用“移动工具”将制作好的标志拖曳至当前编辑的图像窗口中，适当调整其大小，放到圆形中间，如图4-63所示，完成本实例的制作。

图4-62

图4-63

4.4 实战训练：奶茶店标志设计

本次实战训练的内容是设计奶茶店标志。该标志利用文字直接做变形，制作“胖乎乎”的效果，让标志整体造型看起来形象又可爱，然后将其填充为黄色，让标志符合奶茶店的特性，效果如图4-64所示。

图4-64

资源位置

实例位置 实例文件>第4章>奶茶店标志设计.psd

视频位置 视频文件>第4章>奶茶店标志设计.mp4

设计思路

（1）绘制出文字的基本造型，在部分笔画转角处做圆滑处理。

（2）为标志添加描边底纹，得到层叠效果。

制作要点

（1）选择“钢笔工具”，分别绘制“奶茶”文字的各笔画，并将其填充为黄色，如图4-65所示。

（2）为文字添加描边效果，设置描边颜色为深黄色，如图4-66所示。

图4-65　　图4-66

（3）使用“钢笔工具”在文字中绘制高光，将其填充为白色，效果如图4-67所示。

（4）使用“钢笔工具”绘制“奶茶”文字的外轮廓及装饰图案，添加英文文字，如图4-68所示，完成制作。

图4-67

图4-68

第5章 海报设计

本章将讲解海报的设计方法，首先介绍海报设计的相关知识，包括海报设计的基本特点、海报的种类，然后介绍海报设计的原则，最后通过实例详细讲解怎样设计并绘制出符合要求的海报。

5.1 海报设计概述

海报是一种信息传递的艺术，是一种大众化的宣传工具，必须要有相当的艺术感染力。设计时要充分调动形象、色彩、构图、形式等因素，形成强烈的视觉效果。海报的画面应力求新颖、单纯，应具有独特的艺术风格和设计特点。

5.1.1 海报设计的特点

海报设计的特点有以下3个。

1. 形象突出

海报一般张贴于公共场所，受到周围环境和各种因素的干扰，所以必须以突出的形象展现在人们眼前，快速吸引人们的注意，如图5-1和图5-2所示。

图5-1

图5-2

2. 远视强

为了给观看者留下深刻的印象，除了形象突出以外，海报还要充分体现设计定位。海报一般以突出的商标、标志、标题、图形、对比强烈的色彩或大面积留白、简练的视觉流程，成为视觉焦点。如果就形式上区分广告与其他视觉艺术的不同，可以说海报更具广告的典型性，如图5-3所示。

图5-3

3. 艺术性高

海报的内容广泛，形式多样，它往往以具有艺术表现力的摄影、造型写实的绘画和漫画等形式给观看者留下深刻的印象，如图5-4和图5-5所示。

图5-4　图5-5

5.1.2 海报的种类

从应用的角度对海报进行分类，大致可以分为商业海报、公益海报、文化海报、电影海报等，下面分别介绍。

1. 商业海报

此类海报用于商品的宣传，以及展览、旅游、交通、保险方面的宣传。它指商品经营者或服务提供者承担费用，通过一定的媒介和形式直接或间接地介绍商品或服务的广告，如图5-6和图5-7所示。

图5-6

图5-7

2. 公益海报

公益海报用于公益事业（如环境保护、社会公德、福利事业、交通安全、禁烟等）宣传，这种海报不以营利为目的，为公共利益服务。公益海报常常针对社会的热点问题，宣传一种想法或意见，如图5-8和图5-9所示。

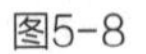
图5-8

图5-9

3. 文化海报

文化海报用于进行科技、教育、艺术、体育、新闻出版等领域的宣传推广，它植根于现实，传达特定时空的具体信息。文化海报不同于公益海报，它不具有社会责任感，也不同于商业海报，不具有商业目的，如图5-10和图5-11所示。

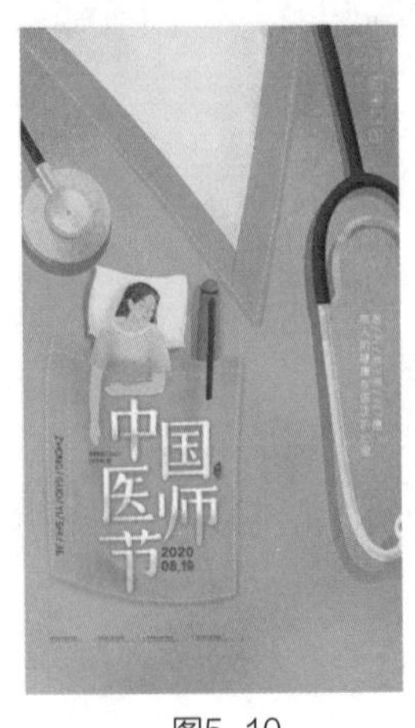

图5-10

图5-11

4. 电影海报

电影海报主要起到吸引观众注意、提高电影票房的作用，如图5-12和图5-13所示。

图5-12

图5-13

5.2 海报设计的原则

在海报设计过程中，设计师必须对整个流程有一个清晰的认识，并逐一落实。海报设计必须从一开始就保持一致性，如果没有保持一致性，海报将会变得混乱，不易阅读。进行海报设计时，所有的设计元素必须以适当的方式组合成一个有机的整体。海报设计应遵循以下5条原则。

5.2.1 关联原则

如果我们在一个页面里看到各个组成部分都被井井有条地放在一起时，我们就会试着去理解它们。我们会认为它们是有关联的，并不理会这些不同的部分实际上是否真的有关。关联原则有利于对人物、物品及文字分组，能够提高信息的传达效率。各个部分被有条理地放在一起能够产生更强的冲击力。如果海报中的各个物品都非常相似，那么将它们组合在一起会令海报更具吸引力，而其他的元素则会被观众当作是次要的，如图5-14所示。

图5-14

5.2.2 重复原则

当我们看到一个设计元素的不同部分在一个平面里被反复应用时，我们的目光自然就会跟随它们。有时，就算它们不是放在一起的，但我们仍会将它们视为一个整体，潜意识里会在它们之间画上连线。应用重复原则最简单的方法就是在海报的背景中创造一个图案，然后重复应用它。在背景中，这些重复的图案会产生一种十分有趣的效果，并将背景与前景连接起来，如图5-15和图5-16所示。

图5-15

图5-16

5.2.3 延续性原则

延续性原则通常与重复原则一起应用，这样可以使海报中的图片起到引导的作用，将观众的视线引导到所要传达的信息或品牌上。如果设计师不用图片，而用文字构成图形，这也是一种不错的选择，如图5-17所示。

图5-17

5.2.4 添加背景色原则

如果海报中各个元素的形状、颜色或外观都没有共同点，那么如何使海报具有统一性呢？一个简单的解决办法是将这些元素都放在同一个背景色里。一般情况下，我们不这样处理，只有在实在没有关联性而又必须让海报能够快速传达想要表达的信息时，我们才采用这样的方法，如图5-18所示。

图5-18

5.2.5 协调原则

协调原则可以分为对称协调原则和不对称协调原则。无论是对称协调的构图还是不对称协调的构图都能使海报具有强烈的视觉效果，因为打破均衡会产生一种紧张的氛围。协调对于海报设计来说特别重要，因为海报总是作为单独的个体出现，在它的周围没有其他东西使它在视觉上有支撑点。

1. 对称协调原则

自然界里充满对称。蝴蝶、枫叶及雪花都有一种非常对称的形状。在创作海报时，设计师经常会采用对称设计。这种构图呈现出的元素井然有序，使观众感觉舒服。当图中的对象是一张脸或一个人的身体时，对称的构图能够促进观众与作品产生共鸣，如图5-19到图5-21所示。

图5-19

图5-20

图5-21

2. 不对称协调原则

设计师经常使用不对称构图的手法使海报充满活力，利用大小、颜色、数值、形状、位置能够产生一种既不完全平衡又不会造成混乱的平面构成。绝对不对称的构图其实并不容易实现，如果大小、颜色及其他元素的差别不大，构图同样具有一种均衡感，如图5-22和图5-23所示。

图5-22

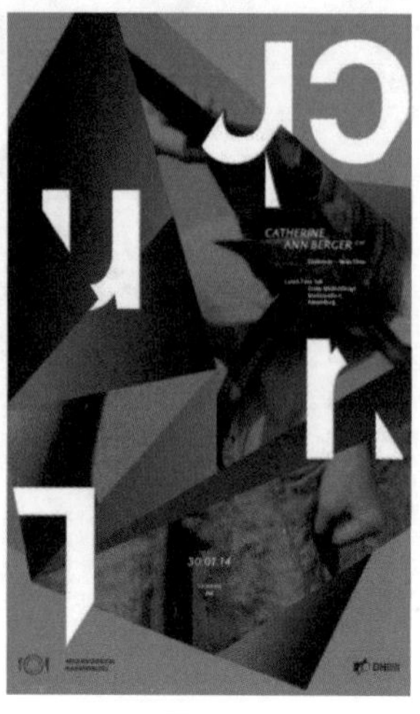

图5-23

5.3 实例：车行宣传海报设计

本实例将制作一幅车行宣传海报，需要体现出车与生活的紧密联系。首先采用紫色作为主要背景色，然后添加多个素材，实例效果如图5-24所示。

图5-24

资源位置

实例位置 实例文件>第5章>车行宣传海报设计.psd

素材位置 素材文件>第5章>城市.jpg、风景.jpg、光1.psd、光2.psd、汽车1.psd、汽车2.psd、云层.psd、人物.psd、烟花.psd

视频位置 视频文件>第5章>车行宣传海报设计.mp4

微课视频

设计思路

（1）确定海报整体风格，选择合适的颜色和素材图像。

（2）采用多种素材图像，通过图层蒙版使其自然地融合在一起。

（3）为文字制作特殊效果，以突出主题。

5.3.1 制作浪漫背景图

（1）新建一个“宽度”和“高度”分别为100厘米和56厘米的图像文件，选择“渐变工具”，单击属性栏中的渐变色条，打开“渐变编辑器”对话框，设置颜色为从紫色（R：122、G：115、B：167）到淡紫色（R：192、G：190、B：215），并将色条下方中间的色标向左拖曳，设置“位置”为30%，如图5-25所示，在属性栏中设置填充方式为“线性渐变”，在图像中按住鼠标从左到右拖曳，进行渐变填充，如图5-26所示。

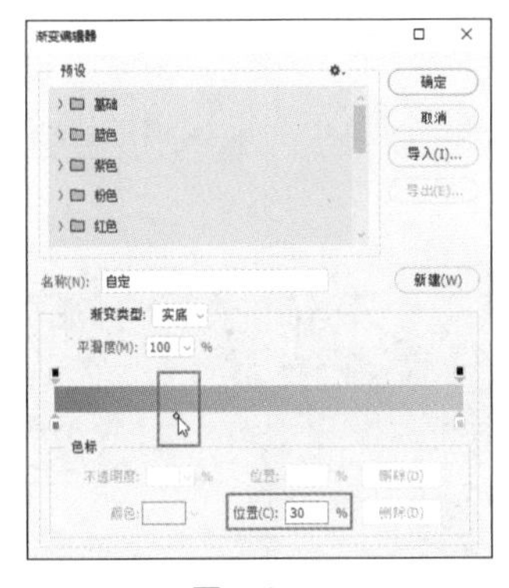

图5-25

图5-26

提示：在使用“渐变工具”时，应注意该工具不能用于“位图”或“索引颜色”图像模式的文件。在切换图像模式时，有些图像模式无法体现任何渐变效果，此时就需要将图像模式切换到可用模式下进行操作。

（2）打开“城市.jpg”素材文件，使用“移动工具”将其拖曳至当前编辑的图像窗口中，按Ctrl+T组合键调整图像大小使其布满整个画布，如图5-27所示，这时“图层”面板中也将新建“图层1”，如图5-28所示。

图5-27

图5-28

（3）单击“图层”面板底部的“创建图层蒙版”按钮，设置前景色为黑色、背景色为白色，使用“画笔工具”对画布上下两处进行涂抹，隐藏部分区域，如图5-29所示，“图层”面板中将显示蒙版遮盖的区域，如图5-30所示。

图5-29

图5-30

（4）新建一个图层，选择“画笔工具”，在属性栏中设置画笔样式为“柔边圆”，在画布中间绘制深浅不同的土黄色，如图5-31所示。

（5）打开“风景.jpg”素材文件，使用“移动工具”将其拖曳至当前编辑的图像窗口中，适当调整图像大小，放到画布下方，如图5-32所示。

图5-31

图5-32

（6）为风景图层添加图层蒙版，使用“画笔工具”进行涂抹，隐藏上下大部分区域，效果如图5-33所示。

（7）打开“光1.psd”素材文件，使用“移动工具”将其拖曳至当前编辑的图像窗口中，放到画布中间，如图5-34所示。

图5-33

图5-34

（8）在“图层”面板中设置图层混合模式为“滤色”、“不透明度”为68%，得到图5-35所示的效果。

图5-35

提示 当图层的“不透明度”小于100%时，将显示该图层下面的图层内容。该值越小，图层就越透明；当该值为0%时，该图层将不会显示。

（9）选择“风景.jpg”素材文件所在的图层，也就是“图层1”。选择“编辑→变换→垂直翻转”菜单命令，将图像翻转后向下移动，选择“图层”面板中的蒙版，隐藏图像，如图5-36所示。

图5-36

（10）打开“烟花.psd”素材文件，使用“移动工具”将其拖曳至当前编辑的图像窗口中，放到天空中，并设置图层混合模式为“滤色”，如图5-37所示。

图5-37

5.3.2 修饰汽车图像

（1）打开“汽车1.psd”素材文件，使用“移动工具”将其拖曳至当前编辑的图像窗口中，适当调整汽车的大小，放到画布右侧，如图5-38所示。

（2）按Ctrl+J组合键复制图层，选择“编辑→变换→垂直翻转”菜单命令，使用“移动工具”将翻转后的汽车向下移动，如图5-39所示。

图5-38

图5-39

（3）选择“滤镜→模糊→高斯模糊”菜单命令，打开“高斯模糊”对话框，设置“半径”为7像素，如图5-40所示。单击“确定”按钮，得到模糊效果，如图5-41所示。

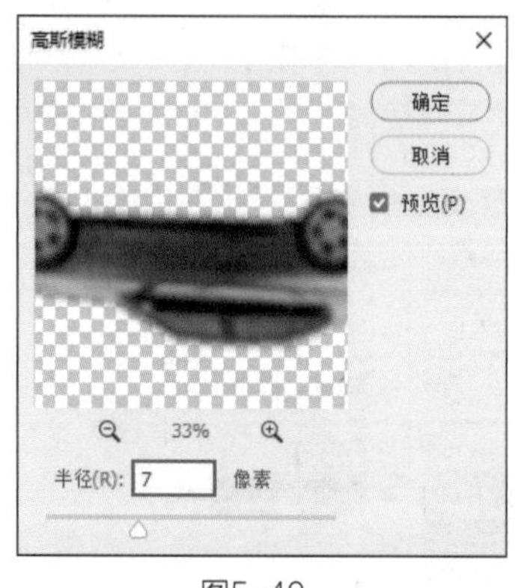

图5-40

图5-41

（4）为复制的汽车图层添加图层蒙版，使用“画笔工具”在汽车轮胎处涂抹，隐藏部分轮胎，设置该图层的“不透明度”为46%，得到图5-42所示的效果。

图5-42

（5）打开“汽车2.psd”素材文件，使用“移动工具”将其拖曳至当前编辑的图像窗口中，调整汽车大小，放到画布左侧，如图5-43所示。

（6）按Ctrl+J组合键复制图层，将复制的汽车垂直翻转后向下移动，制作模糊效果并降低图层的“不透明度”，效果如图5-44所示。

图5-43

图5-44

（7）打开“光2.psd”素材文件，使用“移动工具” 将其拖曳至当前编辑的图像窗口中，分别放到两个汽车的车灯处，如图5-45所示。

（8）在“图层”面板中设置图层混合模式为“滤色”，得到光亮的效果，如图5-46所示。

图5-45

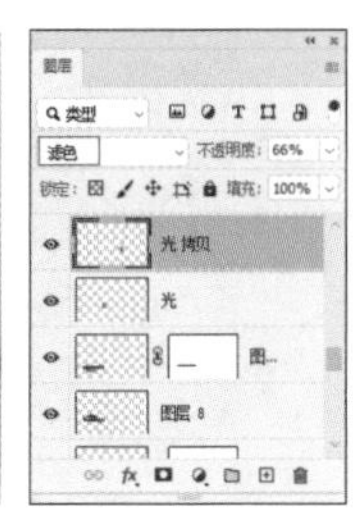

图5-46

（9）新建一个图层，设置前景色为白色，使用“画笔工具” 在两个车灯处绘制白色光点，如图5-47所示。

（10）打开“光2.psd”素材文件，使用“移动工具” 将其拖曳至当前编辑的图像窗口中，按Ctrl+T组合键调整光点大小，放到图5-48所示的位置。

图5-47

图5-48

（11）在“图层”面板中设置图层混合模式为“滤色”、“不透明度”为50%，效果如图5-49所示。

图5-49

知识拓展

由于图层混合模式控制当前图层与下方所有图层的混合效果，因此会有3种颜色存在：位于下方图层中的颜色为基础色，位于上方图层中的颜色为混合色，它们混合的结果为结果色，如图5-50所示。

需要注意的是，同一种图层混合模式会因为图层“不透明度”的改变而有所变化，设计师可以通过设置不同的“不透明度”，更好地观察该图层与下方图层的混合效果。例如，将红色圆圈的图层混合模式设置为“溶解”，将“不透明度”分别设置为30%和70%，效果分别如图5-51和图5-52所示。

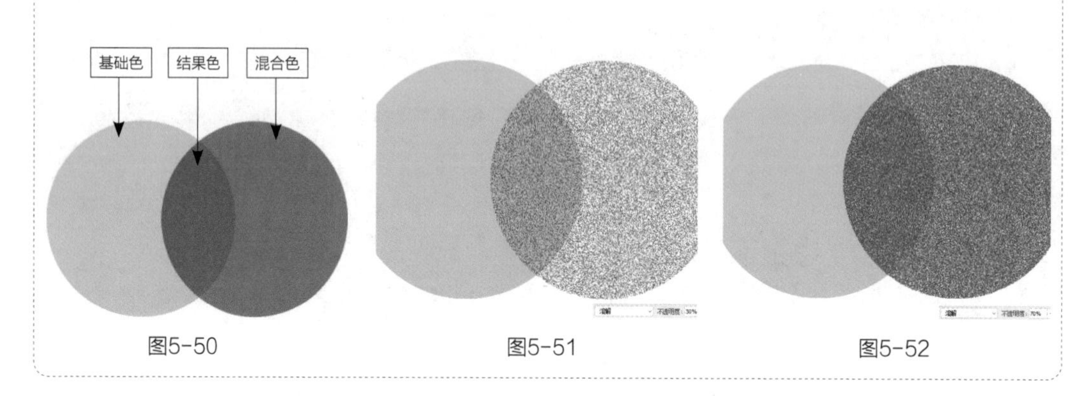

图5-50　　图5-51　　图5-52

（12）打开“云层.psd”素材文件，使用“移动工具”将其拖曳至当前编辑的图像窗口中，放到画布下方，得到云层上的汽车效果，如图5-53所示。

（13）打开“人物.psd”素材文件，使用“移动工具”将其拖曳至当前编辑的图像窗口中，放到画布中间，如图5-54所示。

图5-53

图5-54

（14）按住Ctrl键单击人物所在的图层，载入图像选区。选择“选择→修改→羽化”菜单命令，打开“羽化选区”对话框，设置“羽化半径”为5像素，如图5-55所示。

图5-55

（15）新建一个图层，设置前景色为褐色（R：74、G：46、B：36），选择“画笔工具”，在属性栏中设置“不透明度”为60%，在选区中绘制深浅不一的色块，效果如图5-56所示。

（16）新建一个图层，设置前景色为白色，使用“画笔工具”在人物两侧和红色汽车下方绘制白色柔光效果，如图5-57所示。

图5-56

图5-57

5.3.3 添加广告信息

（1）选择“横排文字工具”，打开“字符”面板，设置字体为“华文行楷”、颜色为白色，并单击“仿斜体”按钮，设置字号和行距等，在画布中输入两行文字，如图5-58所示。

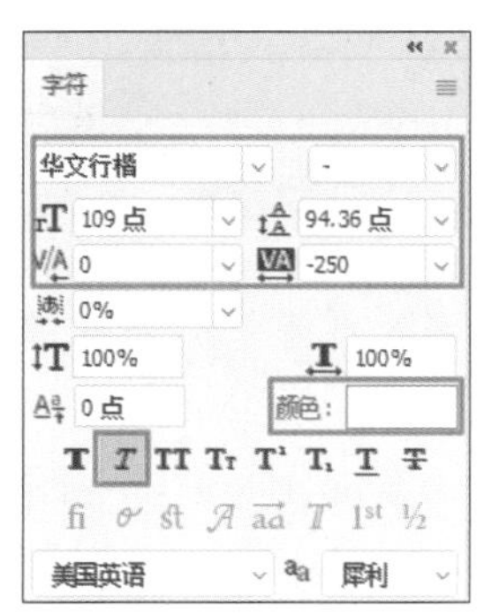

图5-58

（2）按Ctrl+T组合键，文字四周将出现变换框，适当调整文字大小，按住Ctrl键选择变换框右侧中间的控制点，将其向上拖曳，效果如图5-59所示。

图5-59

（3）选择“图层→图层样式→投影”菜单命令，打开“图层样式”对话框，设置投影颜色为深紫色（R：99、G：68、B：137），其他参数设置如图5-60所示。单击“确定”按钮，得到文字投影效果，如图5-61所示。

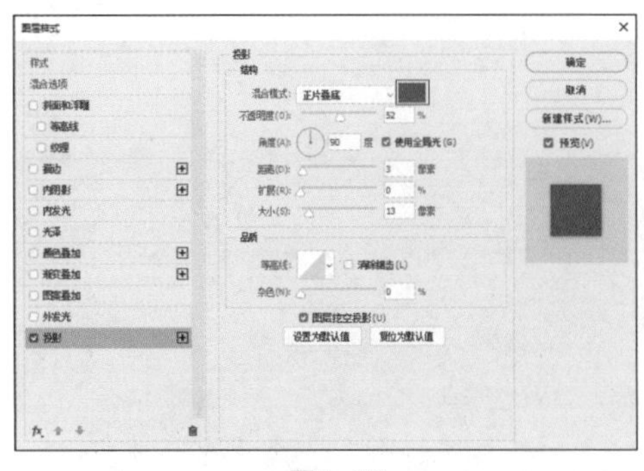

图5-60

图5-61

（4）新建一个图层，设置前景色为粉紫色（R：247、G：204、B：234），选择“画笔工具”，在属性栏中设置画笔样式为“柔边圆”，然后在选区内斜向涂抹，效果如图5-62所示。

（5）使用“多边形套索工具”绘制两个四边形选区，将其分别填充为白色和紫色（R：255、G：0、B：0），如图5-63所示。

图5-62

图5-63

（6）选择“横排文字工具”，在属性栏中设置字体为“方正黑体简体”、颜色为洋红色（R：229、G：88、B：185），在白色四边形中输入一行文字，如图5-64所示。按Ctrl+T组合键调整文字的角度和倾斜度，如图5-65所示。

图5-64

图5-65

（7）选择“横排文字工具”，在属性栏中设置字体为“Berlin Sans FB Demi”、“填充”为白色，输入文字“599”，按Ctrl+T组合键调整文字角度和倾斜度，如图5-66所示。

（8）选择“图层→图层样式→描边”菜单命令，打开“图层样式”对话框，设置描边“大小”为19像素、“位置”为“外部”、“颜色”为洋红色（R：229、G：88、B：185），其他参数设置如图5-67所示。单击“确定”按钮，得到描边效果，如图5-68所示。

（9）选择“横排文字工具”，在属性栏中设置字体为“方正黑体简体”、颜色为白色，在紫色四边形右侧输入“抢”字，再适当调整文字的大小和倾斜度，如图5-69所示。

图5-66

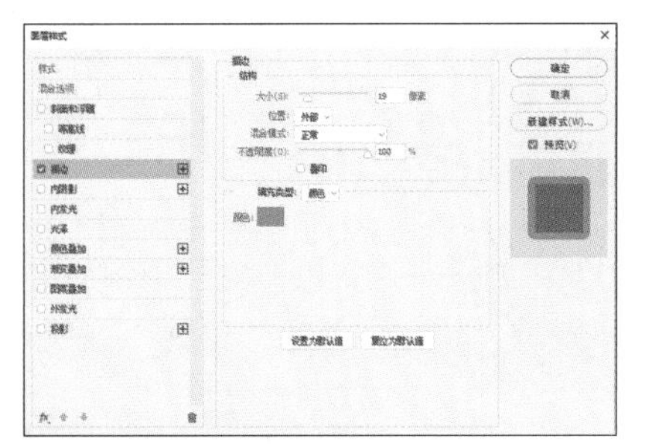

图5-67

图5-68

图5-69

（10）在画布右上角输入车行名称，将字体设置为“方正汉真广标简体”，适当调整文字大小，并将其填充为白色，排列为图5-70所示的效果。

（11）新建一个图层，使用“矩形选框工具” 在画布底部绘制一个矩形选区，将其填充为白色，如图5-71所示。

图5-70

图5-71

（12）选择“橡皮擦工具” ，对白色矩形右侧的图像进行擦除，效果如图5-72所示。

（13）选择“横排文字工具” ，分别设置字体为“方正汉真广标简体”“方正粗活意简体”、“填充”为紫色（R：255、G：0、B：0），在画布底部输入公司名称和地址电话等文字信息，如图5-73所示，完成本实例的制作。

图5-72

图5-73

5.4 实例：音乐节宣传海报设计

本实例将制作一幅音乐节宣传海报，要求海报有氛围感，整体简洁大方，采用一张背景图和文字结合的方式进行制作，实例效果如图5-74所示。

图5-74

资源位置

实例位置 实例文件>第5章>音乐节宣传海报设计.psd

素材位置 素材文件>第5章>黑色背景.jpg、烟花.jpg、演唱会.jpg、人群.jpg、紫色.psd、光束.psd、灯.jpg、音符.psd、图形.psd

视频位置 视频文件>第5章>音乐节宣传海报设计.mp4

设计思路

（1）将灯光和人群的图像组合在一起，烘托出音乐节的氛围感。

（2）制作特殊的荧光边框效果，为文字添加外发光效果，突出主体。

（3）添加光束效果，与画面融合在一起，加强氛围感。

5.4.1 制作主题背景图

（1）选择“文件→打开”菜单命令，打开“黑色背景.jpg”素材文件，如图5-75所示。

（2）打开“人群.jpg”素材文件，使用“移动工具”将其拖曳至当前编辑的图像窗口中，按Ctrl+T组合键适当调整图像大小，放到画布下方，如图5-76所示。

（3）单击“图层”面板底部的“添加图层蒙版”按钮，添加图层蒙版，设置前景色为黑色、背景色为白色，使用“画笔工具”在画布上方涂抹，隐藏部分图像，如图5-77所示。

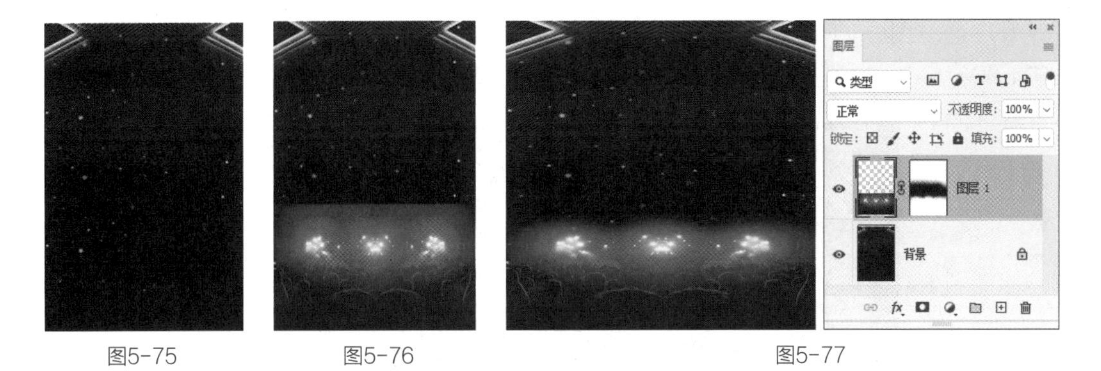

图5-75　　图5-76　　图5-77

（4）打开“烟花.jpg”素材文件，使用“移动工具”将其拖曳至当前编辑的图像窗口中，按Ctrl+T组合键放大烟花，使其布满整个画布，如图5-78所示。

（5）在“图层”面板中设置图层混合模式为“滤色”，然后为其添加图层蒙版，使用“画笔工具”在画布上下两处涂抹，让背景中的图像显示出来，如图5-79所示。

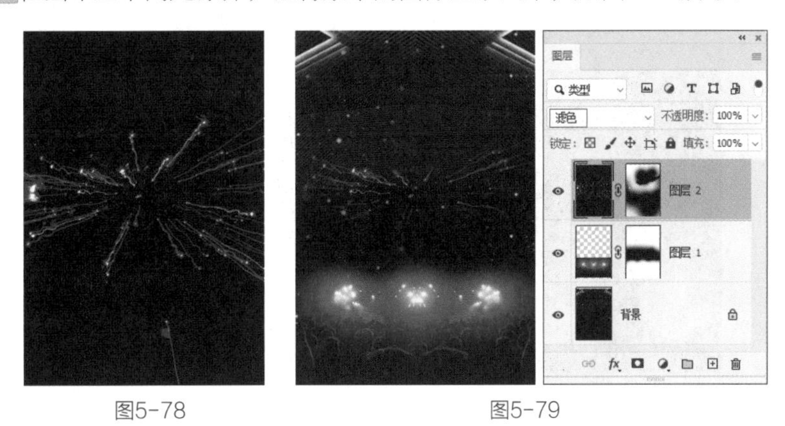

图5-78　　图5-79

（6）打开“演唱会.jpg”素材文件，选择“移动工具”将其拖曳至当前编辑的图像窗口中，放到画布下方，如图5-80所示。

（7）单击“图层”面板下方的“添加图层蒙版”按钮，添加图层蒙版，选择“渐变工具”，设置渐变方式为线性渐变，然后在画布中从上至下进行黑白渐变填充，将上半部分蒙版填充为黑色，隐藏部分图像，效果如图5-81所示。

图5-80　　图5-81

（8）打开“紫色.psd”素材文件，使用“移动工具”将其拖曳至当前编辑的图像窗口中，放到画布下方，如图5-82所示。

（9）在“图层”面板中设置图层混合模式为“叠加”，然后添加图层蒙版，使用“画笔工具”涂抹蒙版下半部分，隐藏部分图像，效果如图5-83所示。

图5-82

图5-83

（10）打开“光束.psd”素材文件，使用“移动工具”将其拖曳至当前编辑的图像窗口中，放到画布右下方，如图5-84所示。

（11）在“图层”面板中设置图层混合模式为“滤色”，然后添加图层蒙版，使用“画笔工具”在蒙版中涂抹，隐藏光束尾部部分图像，如图5-85所示。

图5-84

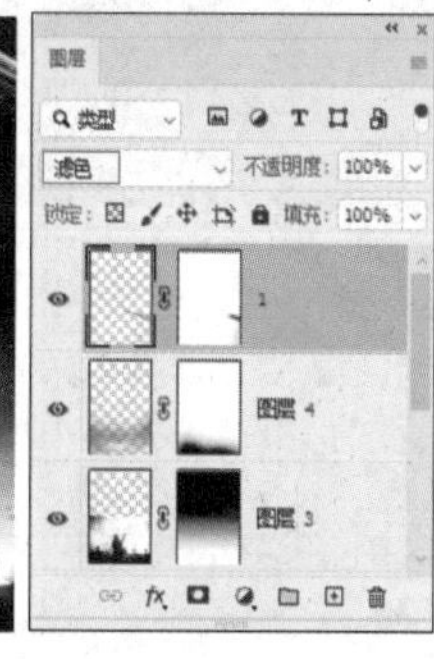

图5-85

（12）按Ctrl+J组合键3次，复制3个光束，使用“移动工具”将复制的光束向下移动，排列成图5-86所示的样式。

（13）按住Ctrl键，在“图层”面板中选择所有光束图层，按Ctrl+G组合键得到图层组，并重命名为“光束”，如图5-87所示。

（14）按Ctrl+J组合键复制“光束”图层组，将复制得到的光束向左移动，选择“编辑→变换→水平翻转”菜单命令，得到翻转效果，如图5-88所示。

图5-86

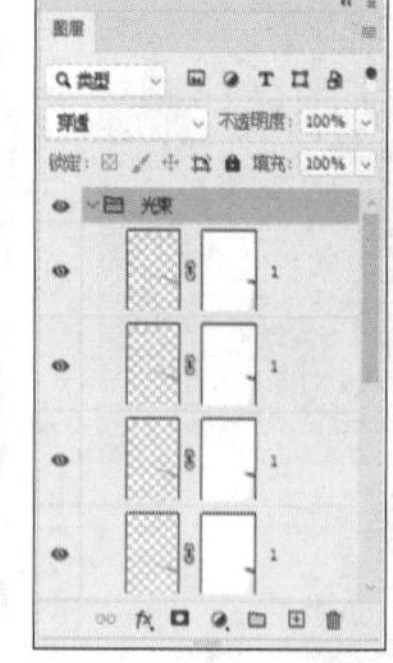

图5-87

图5-88

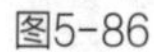

提示 在“图层”面板中选择图层组后，所有操作都将应用到图层组中的所有图像中，如对图层组进行移动、放大、缩小操作，图层组中的所有图像将同时变换。

（15）新建一个图层，选择“渐变工具” ，单击属性栏左侧的渐变色条，打开“渐变编辑器”对话框，设置颜色为从蓝色（R：9、G：86、B：201）到紫色（R：188、G：1、B：201），如图5-89所示，然后在属性栏中设置渐变方式为线性，在画布中从上至下拖曳鼠标指针，得到渐变填充效果，如图5-90所示。

（16）在“图层”面板中设置图层混合模式为“柔光”，以使渐变图像与背景自然融合，如图5-91所示。

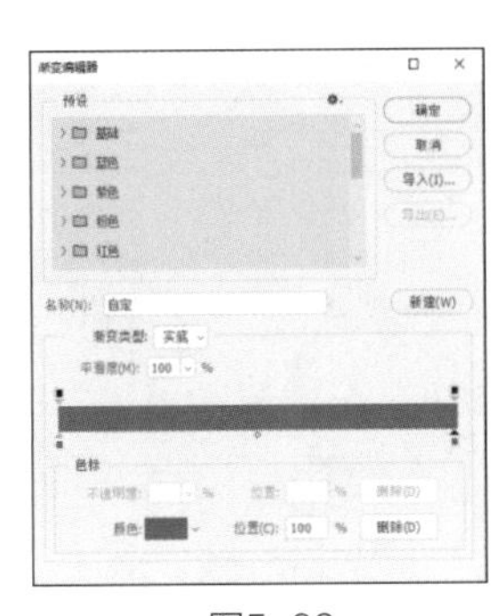

图5-89

图5-90

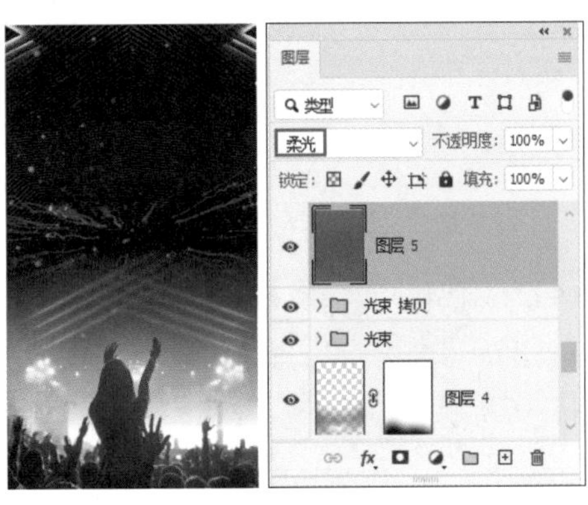

图5-91

（17）打开“灯.jpg”素材文件，使用“移动工具” 将其拖曳至当前编辑的图像窗口中，适当调整灯的大小，放到画布上方，如图5-92所示。

（18）在“图层”面板中设置图层混合模式为“线性减淡”，添加图层蒙版，隐藏下半部分图像，效果如图5-93所示。

图5-92

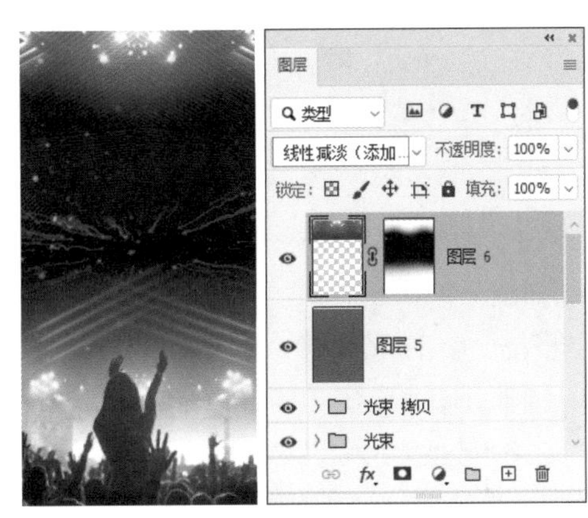

图5-93

5.4.2 设计文字

（1）选择“矩形工具” ，在属性栏中设置工具模式为“形状”、“填充”为无、“描边”为洋红色（R：233、G：49、B：232）、“宽度”为10像素、“半径”为100像素，如图5-94所示，在画布上方绘制一个圆角矩形，如图5-95所示。

图5-94

图5-95

（2）选择“图层→图层样式→斜面和浮雕”菜单命令，打开“图层样式”对话框，设置样式为“内斜面”，其他参数设置如图5-96所示。单击“确定”按钮，得到浮雕效果，如图5-97所示。

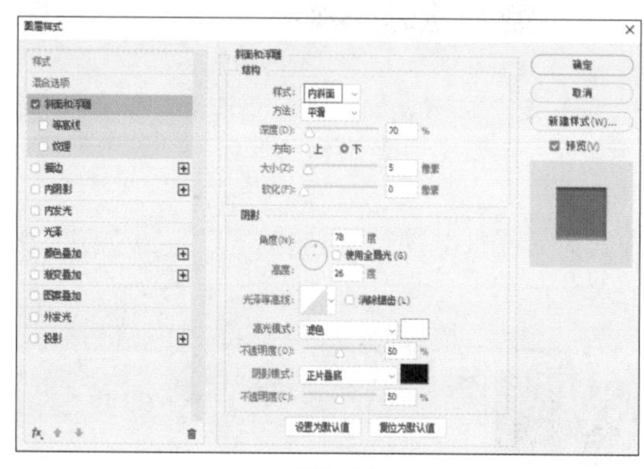

图5-96

图5-97

（3）使用同样的方法，再绘制一个较小的圆角矩形，设置描边颜色为蓝色（R：57、G：194、B：255），如图5-98所示。

（4）选择“横排文字工具” T，在属性栏中设置字体为“汉仪菱心体简”、颜色为洋红色（R：233、G：49、B：232），在圆角矩形中输入文字“音乐节”，如图5-99所示。

（5）选择“文字→转换为形状”菜单命令，将文字转换为形状，使用“直接选择工具” 单击文字中的锚点，调整部分文字的笔画造型，效果如图5-100所示。

图5-98

图5-99

图5-100

（6）选择“图层→图层样式→外发光”菜单命令，打开“图层样式”对话框，设置外发光颜色为洋红色（R：233、G：49、B：232），其他参数设置如图5-101所示。单击“确定”按钮，得到文字的外发光效果，如图5-102所示。

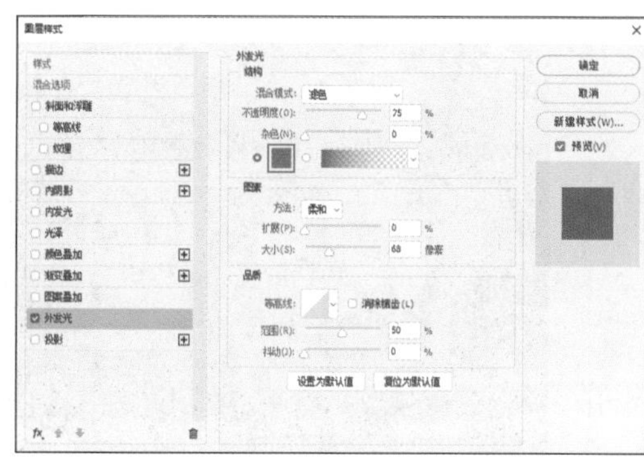

图5-101

图5-102

（7）选择“铅笔工具” ，设置前景色为白色，在属性栏中设置画笔“大小”为8像素，然后在“音”字笔画中单击确定起点，如图5-103所示。向右移动鼠标指针，在合适的地方按住Shift键单击，绘制一条直线，如图5-104所示。

（8）在“音”字每个笔画中绘制出白色线段，如图5-105所示。

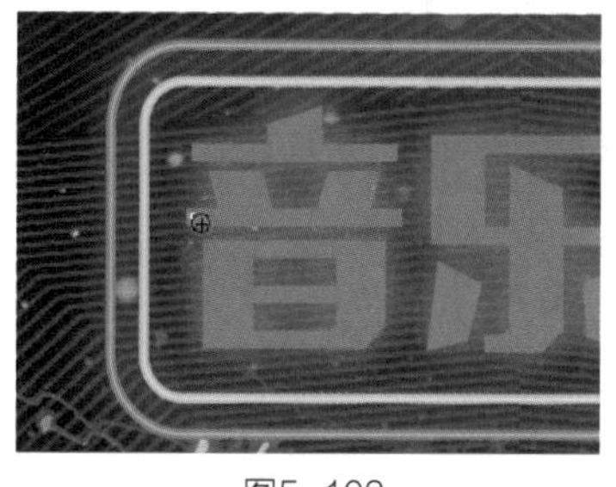

图5-103

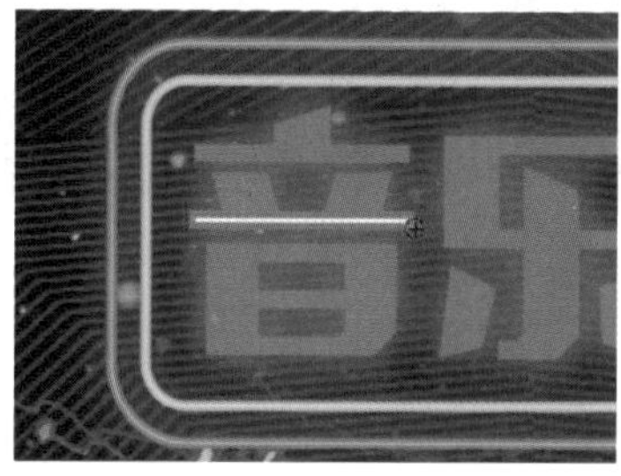

图5-104

图5-105

（9）使用相同的方法，在其他文字中根据笔画走向绘制出白色线段，效果如图5-106所示。

图5-106

（10）选择“图层→图层样式→外发光”菜单命令，打开“图层样式”对话框，设置外发光颜色为粉红色（R：255、G：233、B：255），其他参数设置如图5-107所示。单击“确定”按钮，得到外发光效果，如图5-108所示。

（11）打开“音符.psd”素材文件，使用“移动工具” 将其拖曳至当前编辑的图像窗口中，适当调整其大小，放到圆角矩形上方，如图5-109所示。

（12）单击“图层”面板底部的“添加图层蒙版”按钮 ，添加图层蒙版，设置前景色为黑色、背景色为白色，使用“画笔工具” 涂抹音符与圆角矩形交汇处，隐藏部分图像，如图5-110所示。

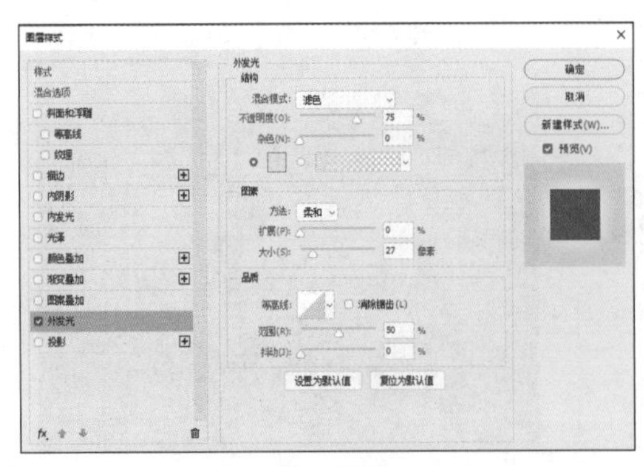

图5-107

图5-108

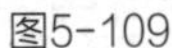

图5-109

图5-110

（13）选择“横排文字工具” T，在属性栏中设置字体为“黑体”、颜色为白色，在圆角矩形下方输入一行文字，如图5-111所示。

（14）选择“图层→图层样式→斜面和浮雕”菜单命令，打开“图层样式”对话框，设置样式为“内斜面”，其他参数设置如图5-112所示。

图5-111

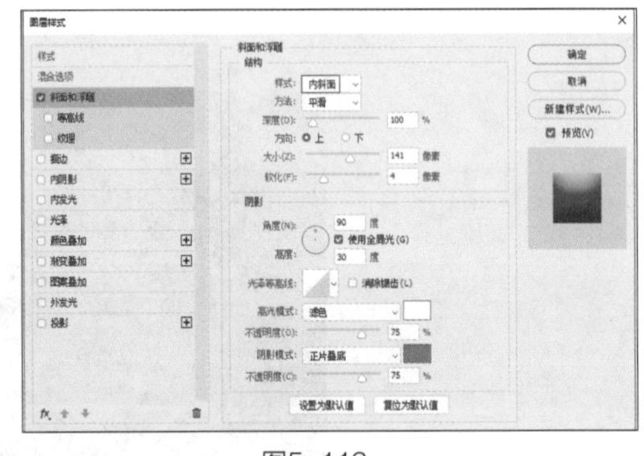

图5-112

（15）勾选“图层样式”对话框左侧的“外发光”选项，设置外发光颜色为洋红色（R：255、G：108、B：255），其他参数设置如图5-113所示。单击“确定”按钮，得到添加图层样式后的文字效果，如图5-114所示。

（16）选择“横排文字工具” T，在属性栏中设置字体为“方正粗倩简体”、颜色为白色，在圆角矩形左上方输入文字“草莓”，如图5-115所示。

（17）在“图层”面板中选择“2022新城草莓音乐节”文字图层，单击鼠标右键，在弹出的快捷菜单中选择“拷贝图层样式”命令，然后选择“草莓”文字图层，单击鼠标右键，在弹出的快捷菜单中选择“粘贴图层样式”命令，文字效果如图5-116所示。

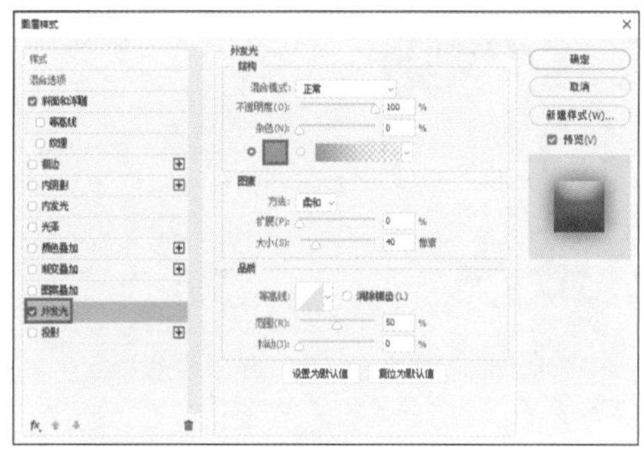

图5-113

图5-114

图5-115

图5-116

（18）选择“横排文字工具” T，在画布中输入活动时间和其他文字内容，然后打开“图形.psd”素材文件，使用“移动工具” ✥ 将其拖曳至当前编辑的图像窗口中，适当调整其大小，放置在文字两侧，排列成图5-117所示的样式，完成本实例的制作。

图5-117

5.5 实战训练：环保公益海报设计

本次实战训练需要设计一幅环保公益海报。海报采用绿色植物为主要元素，加以文字点缀，使整个设计看起来简洁大方、内容清晰明了，海报效果如图5-118所示。

图5-118

资源位置

实例位置 实例文件>第5章>环保公益海报设计.psd

素材位置 素材文字>绿色植物.psd、绿色背景.jpg、小鸟.psd

视频位置 视频文件>第5章>环保公益海报设计.mp4

微课视频

设计思路

（1）合理运用留白，让图像得到合理的安排。

（2）重点突出主体内容，让文字与图像在颜色和排列上都统一。

制作要点

（1）新建一个图像文件，打开“绿色植物.psd”素材文件，选择“移动工具”，将图像拖曳至当前编辑的图像窗口中，放到画布上下两处，如图5-119所示。

（2）输入文字，添加“绿色背景.jpg”素材文件，并为其创建剪贴蒙版，如图5-120所示。

（3）输入其他文字，添加“小鸟.psd”素材文件，如图5-121所示，完成制作。

图5-119

图5-120

图5-121

第6章 包装设计

包装是商品不可缺少的部分，它能够直观地宣传商品、品牌，可以影响顾客的购买行为。因此，包装设计要能直观地体现商品的特性，提高商品的价值。本章将讲解不同类别商品的包装设计方法。

6.1 包装设计概述

包装设计是指对制成品的容器及其他包装的结构和外观进行的设计，它是视觉传达设计的一部分。任何商品都需要包装，包装已经成为人们日常生活中非常重要的一部分。包装设计曾经只注重包装本身的功能，如今它已被视为强有力的销售工具，是品牌价值的实际载体。

6.1.1 包装设计的基本概念

顾名思义，“包”可理解为包裹、包围、收纳，“装”可理解为装饰、装扮。

包装设计是以保护、美化、促销商品为目的，对科学、社会、艺术、心理等要素综合应用的专业技术，主要包括包装造型设计、包装结构设计、包装装潢设计。

1. 包装造型设计

包装造型设计是指运用美学法则，用有型的材料制作出占有一定的空间、具有实用价值和美感的包装，它是一种实用的立体设计和艺术创造，如图6-1所示。

图6-1

2. 包装结构设计

包装结构设计是指从包装的保护性、方便性、复用性和显示性等基本功能和实际生产条件出发，依据科学原理，对包装的外形构造及内部附件进行设计，如图6-2所示。

图6-2

3. 包装装潢设计

包装装潢设计不仅能美化商品，还有助于传递信息、促进销售。包装装潢设计是指运用艺术手段对包装进行平面外观设计，其内容包括图案、色彩、文字、商标设计等，如图6-3所示。

图6-3

6.1.2 包装设计的特征

在进行包装设计之前，必须根据商品的性质、形态、流通意图与销售环境等确定商品包装的功能目标定位。这是非常关键的一步，绝对不能省略。因此，包装设计具有以下特征。

1. 优秀的造型

色彩、图案、平衡感、比例、工艺等都是包装设计应该考虑的。同时，包装成品是立体的，它需要制作技巧来支撑其设计，这就要求设计师要了解各种材料和工艺的特征，合理安排各种视觉元素，这样才能设计出出色的作品，如图6-4所示。

图6-4

2. 直观

在商场和超市的众多商品中，顾客的目光在每件商品上停留的时间非常有限。因此，优秀的包装设计必须是简洁而直观的。不管设计元素是简单还是复杂，它们给顾客的整体感觉都必须是清晰明了的，应该使顾客对商品的用途一目了然，如图6-5所示。

图6-5

3. 顺应顾客需求

设计师必须了解顾客的需求。如果是新商品，其目标人群有哪些特征；如果是更新换代的商品，顾客对原包装有何评论。总之，对顾客的情况了解得越充分，最终的设计效果就越好。

4. 充满竞争力

商业竞争日趋激烈，如何才能让自己的商品在同类商品中脱颖而出呢？包装设计在其中起着很重要的作用。因此，我们不仅要研究竞争对手的包装设计，还要研究他们的陈列与销售方式、推销方式，以及产品仓储、运输等方面的情况。

5. 与广告宣传结合

产品包装设计并不是独立的，它应与各种广告宣传结合，如通过口号、形象、色彩等方式反映广告宣传计划的目标等。

6. 集体协作的产物

对于包装设计工作而言，设计只是其中的一个环节，整个工作要由市场调研员、纸张工程师、色彩顾问等通力配合才能完成。群体之间的相互配合、相互协作是成功的关键。

6.1.3 包装的分类

商品不同，商品的包装自然也形态各异。为了能让读者更好地理解包装的作用、掌握包装的含义，下面对包装进行分类。

1. 按包装的形态分类

按形态分类，包装可分为大包装、中包装、小包装、硬包装、软包装等，如图6-6所示。

图6-6

2. 按形态的性质分类

按形态的性质分类，包装可分为内包装、单个包装、外包装，如图6-7所示。

图6-7

3. 按包装材料分类

按材料分类，包装可分为纸盒包装、塑料包装、金属包装、木制包装、陶瓷包装、玻璃包装、棉麻包装、丝绸包装等，部分包装类别如图6-8所示。

图6-8

4. 按商品内容分类

按商品内容分类，包装可分为食品包装、文化用品包装、化妆品包装、家电包装、日用品包装、药品包装、化学用品包装、玩具包装等，部分包装类别如图6-9所示。

图6-9

5. 按商品销售分类

按商品销售分类，包装可分为内销包装、外销包装、经济包装、礼品包装等。

6. 按商品设计风格分类

按商品设计风格分类，包装可分为卡通包装、传统包装、怀旧包装、浪漫包装等。

7. 按商品性质分类

按商品性质分类，包装可分为商业包装和工业包装。

6.2 实例：果汁包装设计

本实例将制作一个果汁外包装，除了会制作平面效果图外，还会制作立体展示效果，实例效果如图6-10所示。

图6-10

资源位置

实例位置　实例文件>第6章>果汁包装设计.psd、果汁包装设计效果图.psd

素材位置　素材文件>第6章>草莓.psd、环保.psd

视频位置　视频文件>第6章>果汁包装设计.mp4

微课视频

设计思路

（1）结合商品的种类选择背景色，并设计素材和文字的排列效果。

（2）由于商品为果汁，因此本实例选择新鲜的水果图像，注意水果图像的鲜艳程度。

（3）添加文字内容。

（4）设计出水滴图形，让人联想到果汁，让包装更形象化。

6.2.1 制作包装主图

（1）选择“文件→新建”菜单命令，打开“新建文档”对话框，在对话框右侧输入文件名称“果汁包装”，设置“宽度”和“高度”分别为14厘米和11厘米、“分辨率”为150像素/英寸，如图6-11所示，单击“创建”按钮即可新建一个图像文件。

（2）选择“视图→新建参考线”菜单命令，打开“新建参考线”对话框，设置“取向”为“垂直”、“位置”为7厘米，如图6-12所示。单击“确定”按钮，得到参考线效果，如图6-13所示。

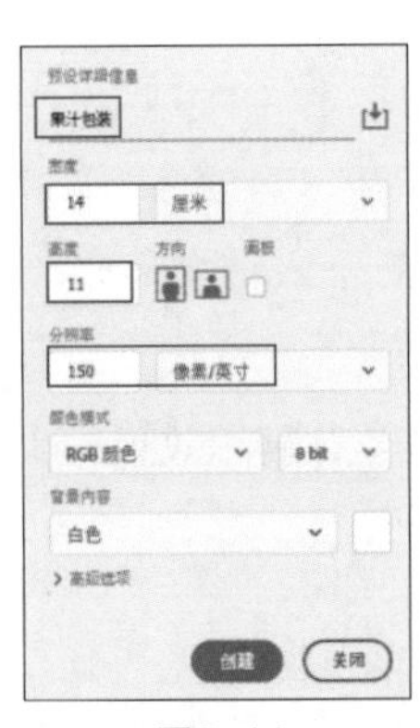
图6-11

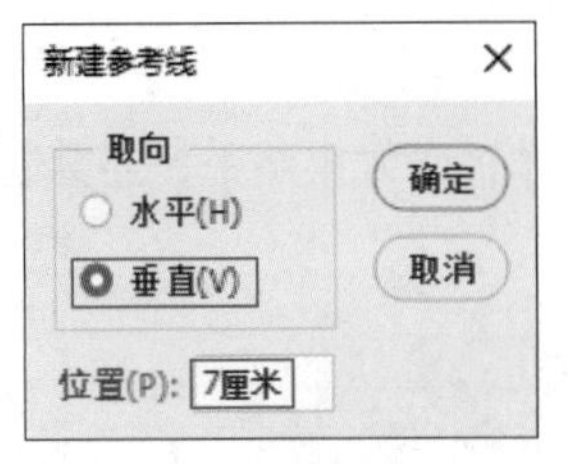

图6-12

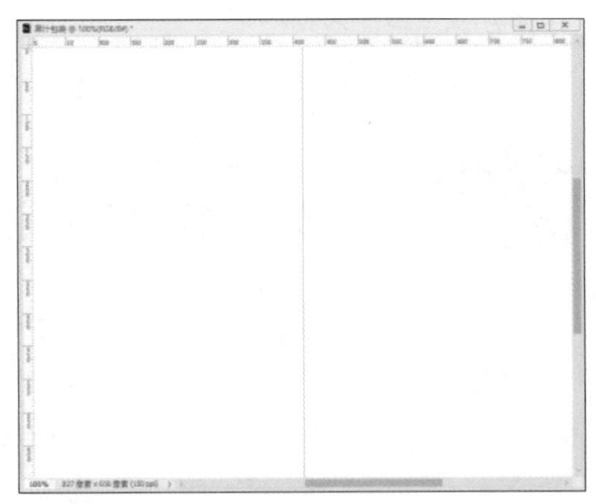
图6-13

（3）选择“钢笔工具” ，在属性栏中设置工具模式为“形状”、“填充”为红色（R：231、G：45、B：43）、“描边”为无，如图6-14所示，在画布上方绘制一个不规则图形，如图6-15所示。

图6-14

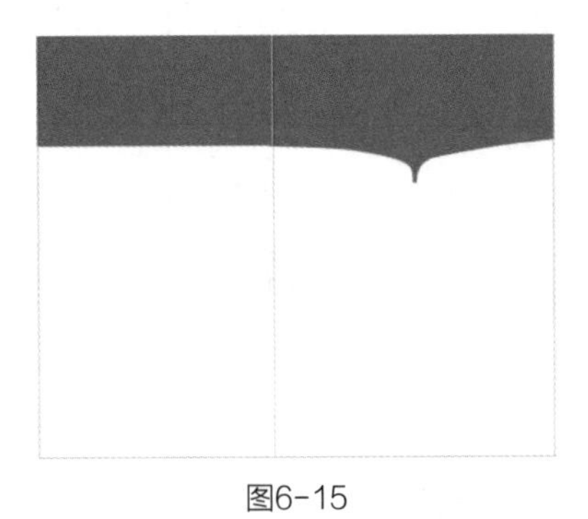
图6-15

绘制图形后，“图层”面板中会自动添加一个形状图层。形状图层就是带形状剪贴路径的填充图层，图层中的填充颜色默认为前景色，双击缩略图可改变填充颜色。

（4）使用“钢笔工具” 绘制一个水滴图形，放到包装主图中，如图6-16所示。

（5）在属性栏中设置“填充”为白色，在水滴图形中绘制一个月牙图形，得到高光效果，如图6-17所示。

图6-16　　图6-17

（6）选择“横排文字工具” ，在“字符”面板中设置字体为“方正非凡体简体”、“颜色”为白色，然后在水滴图形上方输入文字，适当调整文字大小，如图6-18所示。

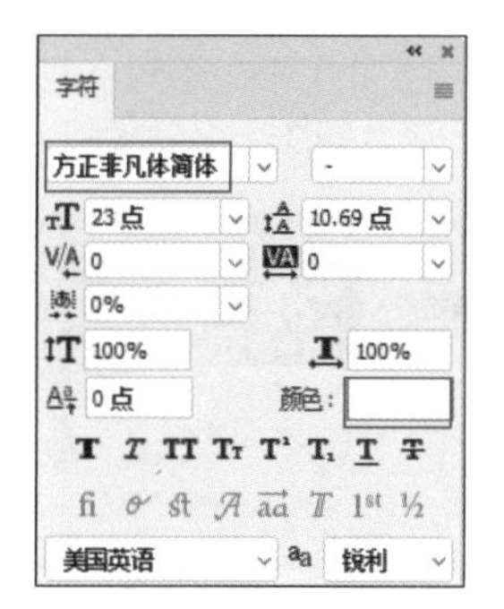

图6-18

提示　文字工具的属性栏中只包含部分参数，“字符”面板中集合了所有的参数，在此不但可以设置文字的字体、字号、样式、颜色，还可以设置字符间距、垂直缩放、水平缩放，以及是否加粗、加下画线、加上标等。

（7）在中文文字下方输入一行英文文字，设置相同的字体和颜色，适当调整文字大小，如图6-19所示。

（8）在英文文字下方再输入一行文字，选中文字，设置字体为“时尚中黑简体”，在“字符”面板中设置字符间距为800，得到图6-20所示的排列效果。

图6-19　　图6-20

（9）选择“横排文字工具” T，在属性栏中设置字体为“方正宋一简体”、颜色为红色（R：231、G：45、B：43），在画布中输入英文“JUICE”，适当调整文字大小，如图6-21所示。

（10）选择“文字→转换为形状”菜单命令，对文字形状进行编辑，效果如图6-22所示。

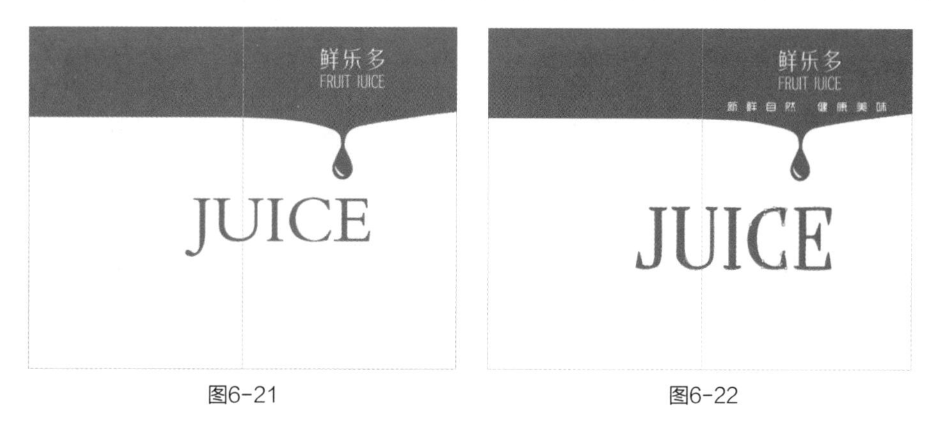

图6-21　　图6-22

（11）选择“编辑→变换→顺时针旋转90度”菜单命令，使用“移动工具”将旋转后的文字左移，如图6-23所示。

（12）打开“草莓.psd”素材文件，使用“移动工具” 将其拖曳至当前编辑的图像窗口中，放到水滴下方，如图6-24所示。

图6-23　　图6-24

（13）选择“横排文字工具” ，在属性栏中选择合适的字体，设置颜色为红色（R：231、G：45、B：43），在草莓图像下方输入文字“草莓果汁”和英文文字，将其排列成图6-25所示的样式。

（14）选择“自定形状工具” ，在属性栏中设置工具模式为“形状”、“填充”为无、“描边”为红色、宽度为3像素，单击“形状”右侧的按钮，在弹出的列表中选择“六边形”图形，如图6-26所示。

图6-25　　图6-26

提示　在“形状”列表中，可以通过加载图形的方式将所有图形加载进来，这里选择的是“所有旧版默认形状”下“形状”组中的图形。

（15）在“草莓果汁”文字右侧绘制一个六边形，按Ctrl+T组合键，适当旋转六边形，并调整六边形的大小，如图6-27所示。

（16）选择“横排文字工具” ，在六边形中输入文字，将其排列成图6-28所示的样式。

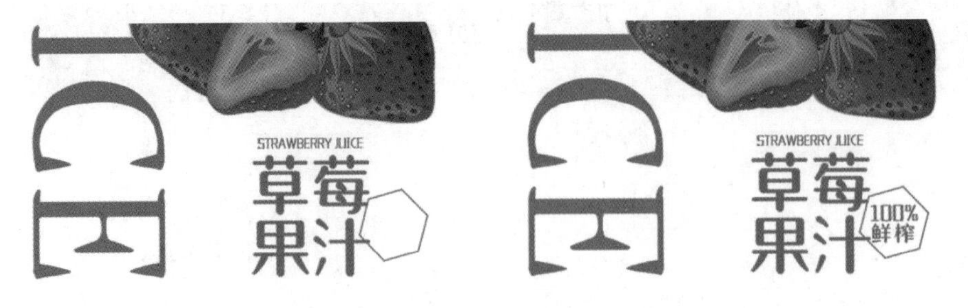

图6-27　　图6-28

（17）新建一个图层，选择“矩形选框工具” ，在六边形下方绘制一个矩形，将其填充为红色（R：231、G：45、B：43），如图6-29所示。在矩形中输入文字，其文字的颜色设置为白色，如图6-30所示。

图6-29

图6-30

（18）选择“直线工具” ，在属性栏中设置工具模式为“形状”、“填充”为无、“描边”为红色、宽度为3像素，在水滴右侧绘制两条线段，如图6-31所示。

（19）选择“横排文字工具” ，在两条线段中间输入中英文文字，适当调整文字大小，其文字的颜色设置为红色，如图6-32所示。

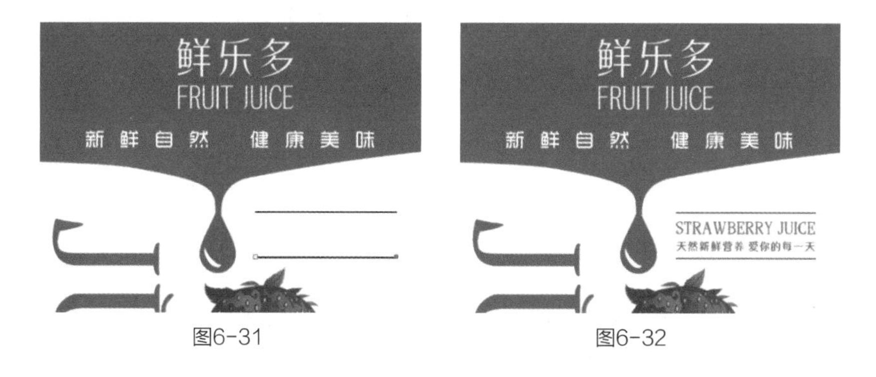

图6-31　　图6-32

6.2.2 制作包装侧面图

（1）选择“圆角矩形工具” ，在属性栏中设置工具模式为“形状”、“填充”为白色、“描边”为无、半径为70像素，如图6-33所示，在参考线左侧绘制一个圆角矩形，如图6-34所示。

图6-33

图6-34

（2）选择“钢笔工具” ，在属性栏中设置工具模式为“形状”、“填充”为白色，单击“路径操作”按钮 ，在弹出的列表中选择“合并形状”选项，如图6-35所示。改变圆角矩形上方的形状，并添加两个水滴图形，如图6-36所示。

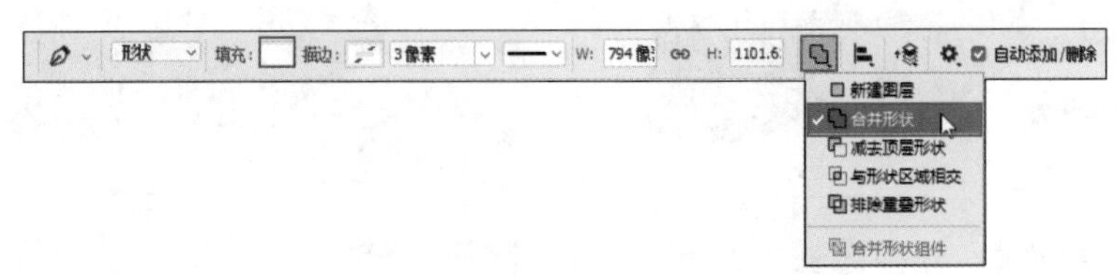

图6-35

图6-36

（3）按Ctrl+T组合键适当调整图形大小，使其右侧边缘与参考线对齐，如图6-37所示。选择“横排文字工具” T，在图像下方绘制一个文本框，并在其中输入文字，如图6-38所示。

图6-37

图6-38

（4）选择段落文字，在“字符”面板中设置字体、字号、字符间距等，并将其填充为灰色，如图6-39所示，得到的文字效果如图6-40所示。

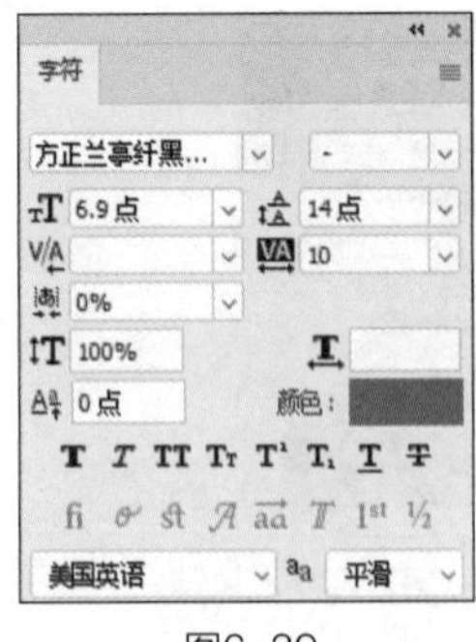

图6-39

图6-40

（5）选择“直线工具” ／，在段落文字两侧绘制线段，填充线段为深灰色，如图6-41所示。

（6）选择包装主图中的草莓图像所在的图层，按Ctrl+J组合键复制图层，将复制的草莓图像放到侧面图上方，如图6-42所示。

图6-41

图6-42

（7）选择“直排文字工具” ，在属性栏中设置字体为“黑体”、“填充”为深灰色，在侧面图左侧输入一行文字，如图6-43所示。

（8）打开“环保.psd”素材文件，使用“移动工具” 将其拖曳至当前编辑的图像窗口中，放到直排文字下方，如图6-44所示。

图6-43

图6-44

（9）在“图层”面板中选择包装主图右下角的“草莓果汁”文字组合，按Ctrl+J组合键复制图层，并将文字组合的颜色改为灰色，放到侧面图上方，适当调整其大小，效果如图6-45所示，得到包装侧面图效果。

图6-45

6.2.3 制作易拉罐立体效果图

（1）打开“果汁包装设计.jpg”素材文件，下面将制作好的包装主图贴到玻璃瓶和易拉罐上，如图6-46所示。

（2）选择“果汁包装”图像文件，在“图层”面板中选择顶部的图层，按Shift+Ctrl+Alt+I组合键盖印图层，如图6-47所示。选择“矩形选框工具”，框选右侧包装主图图像，使用“移动工具”将选区中的图像拖曳至“果汁包装设计效果图”图像文件中，如图6-48所示。

图6-46

图6-47

图6-48

提示　在框选包装主图图像时，应沿着参考线边缘框选，才能选择全部主图。

（3）按Ctrl+T组合键适当缩小包装主图，使其边缘与玻璃瓶身对齐，如图6-49所示。

（4）将图层混合模式设置为“正片叠底”，然后选择“多边形套索工具”，沿玻璃瓶身的灰色图像边缘绘制选区，按Shift+Ctrl+I组合键反选选区，按Delete键删除选区中的图像，如图6-50所示。

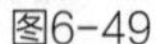
图6-49

图6-50

（5）使用同样的方法再次复制“果汁包装”图像文件中的主图图像，将其放到易拉罐图像中，如图6-51所示。

（6）将该层混模式设置为“正片叠底”，使用“多边形套索工具”绘制出易拉罐瓶身轮廓选区，然后反选并删除多余的图像，如图6-52所示。

（7）单击“图层”面板底部的“创建新的填充或调整图层”按钮，在弹出的列表中选择“亮度/对比度”选项，打开“属性”面板，设置“亮度”为15、“对比度”为50，如图6-53所示。

图6-51

图6-52

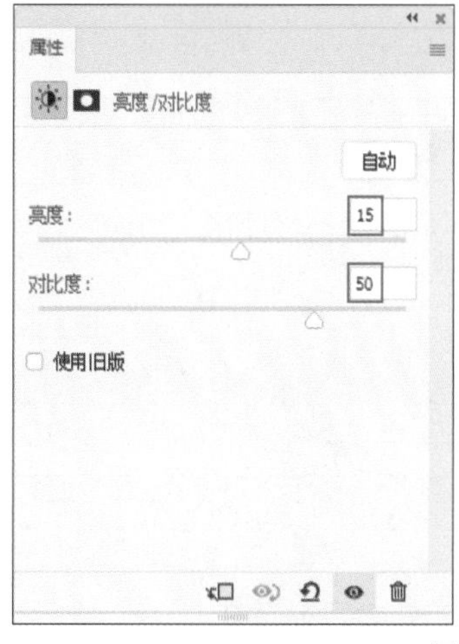

图6-53

（8）此时“图层”面板中将新建一个调整图层，图像整体亮度和对比度都得到了调整，效果如图6-54所示，完成本实例的制作。

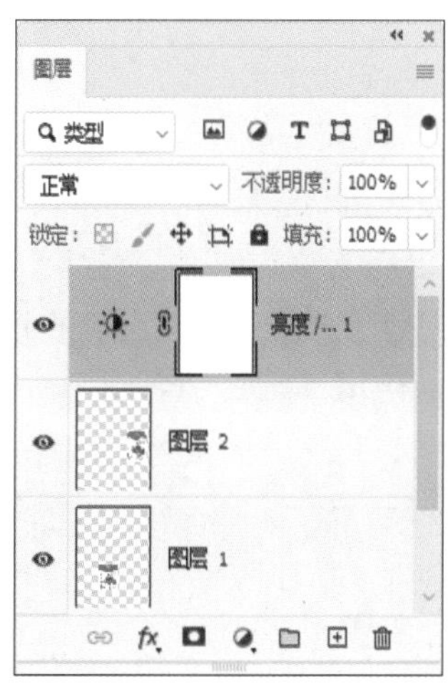

图6-54

6.3 实例：茶包装设计

本实例将制作一款普洱茶的包装，其中包括包装礼盒和手提袋设计，整体简洁大方，实例效果如图6-55所示。

图6-55

资源位置

实例位置　实例文件>第6章>茶包装设计.psd、茶包装设计效果图.psd

素材位置　素材文件>第6章>白描.psd、白鹤.psd、普洱.psd、茶.psd、包装盒.jpg

视频位置　视频文件>第6章>茶包装设计.mp4

设计思路

（1）分析产品特色和客户群体，让设计风格更符合产品特性。

（2）运用简洁的色调和排版方式，将文字和素材图像组合在一起，得到重点突出、干净的画面效果。

（3）绘制山峦图像，起到呼应主题的作用。

6.3.1 绘制包装图

（1）新建一个“宽度”和“高度”分别为57厘米和33厘米的图像文件，设置前景色为淡黄色（R：243、G：248、B：228），按Alt+Delete组合键用淡黄色填充背景，如图6-56所示。

（2）选择“视图→新建参考线”菜单命令，打开“新建参考线”对话框，设置“取向”为“垂直”、“位置”为2680像素，如图6-57所示。单击“确定”按钮，得到参考线效果，如图6-58所示。

图6-56

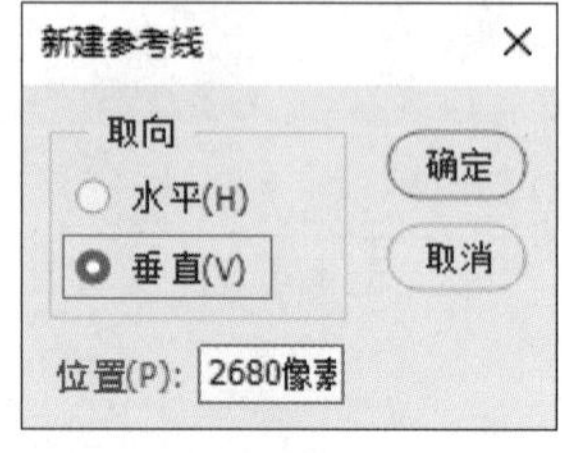

图6-57

图6-58

（3）新建一个图层，使用“套索工具” 在画布下方绘制一个不规则选区。设置前景色为灰黄色（R：197、G：187、B：166），选择“画笔工具” ，在属性栏中设置画笔样式为“柔边圆”，在选区中涂抹，得到图6-59所示的效果。

图6-59

（4）使用“套索工具” 绘制一个不规则选区，使用“画笔工具” 在选区中绘制部分山峦图像，如图6-60所示。继续绘制其他山峦图像，得到图6-61所示的效果。

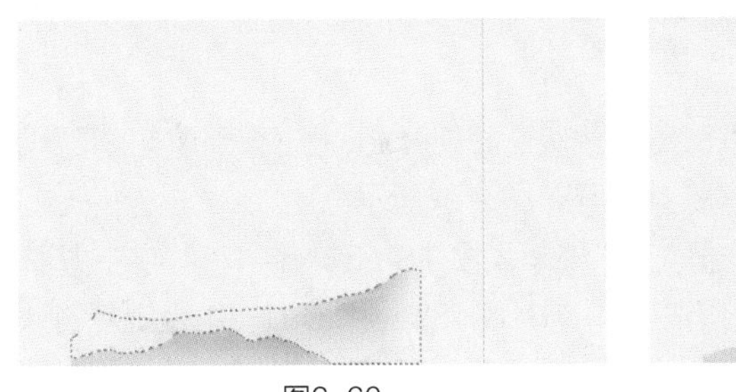

图6-60

图6-61

（5）使用“套索工具” 在画布左上方绘制两个不规则选区，设置前景色为较淡的灰黄色（R：230、G：224、B：211），在选区中绘制出远处的山峦图像，如图6-62所示。

（6）打开“白描.psd”素材文件，使用“移动工具” 将其拖曳至当前编辑的图像窗口中，放到画布左下方，效果如图6-63所示。

图6-62

图6-63

（7）打开“普洱.psd”素材文件，使用“移动工具” 将其拖曳至当前编辑的图像窗口中，放到画布中间，如图6-64所示。

（8）在“图层”面板中选择图层5（墨迹图层），设置图层混合模式为“正片叠底”、“不透明度”为42，得到图6-65所示的效果。

（9）新建一个图层，选择“椭圆选框工具” ，按住Shift键在文字中绘制一个圆形选区，如图6-66所示。

（10）选择“编辑→描边”菜单命令，打开“描边”对话框，设置描边“宽度”为10像素、“颜色”为黑色、“位置”为“居中”，如图6-67所示。

（11）单击“确定”按钮，得到描边效果，按Ctrl+D组合键取消选区，如图6-68所示。

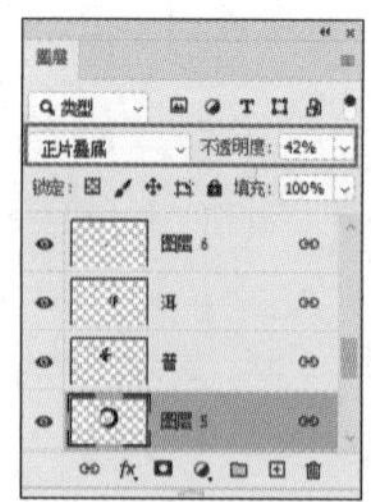

图6-64

图6-65

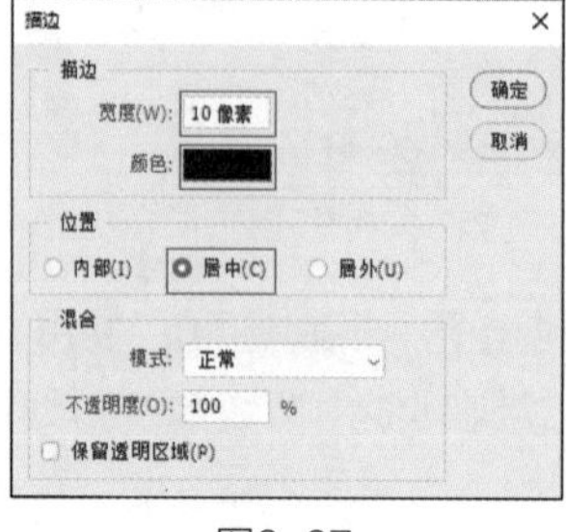

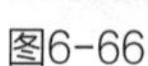

图6-66　　图6-67　　图6-68

（12）单击“图层”面板底部的“添加图层蒙版”按钮，选择“铅笔工具”，对与文字和图像重叠的圆形部分进行涂抹，将其隐藏如图6-69所示。

（13）新建一个图层，选择“椭圆选框工具”，按住Shift键在“洱”字上方绘制一个较小的圆形选区，将其填充为红色（R：177、G：30、B：35）。按Ctrl+J组合键复制该图层，并将其移动到上方，得到图6-70所示的排列效果。

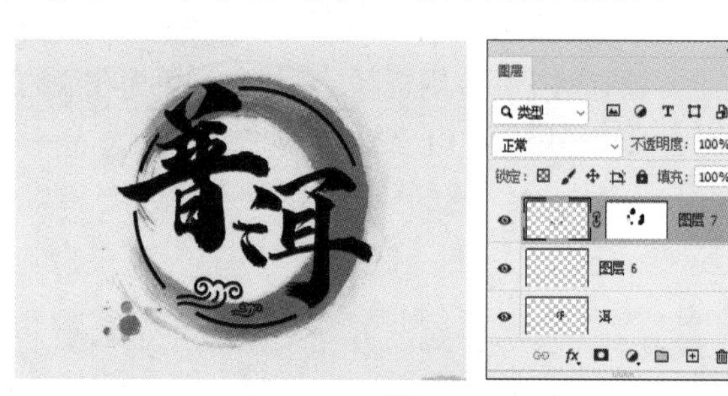

图6-69　　图6-70

（14）选择“直排文字工具”，打开“字符”面板，设置字体为“方正粗宋简体”、大小为34点、“颜色”为白色、字符间距为440，在圆形中输入文字“品茗”，如图6-71所示。

图6-71

（15）选择“横排文字工具”，在属性栏中设置字体为“方正细珊瑚简体”、颜色为黑色，在“普”字下方输入文字，按Ctrl+T组合键适当调整文字大小，如图6-72所示。

（16）打开“白鹤.psd”素材文件，使用“移动工具” 将其拖曳至当前编辑的图像窗口中，放到圆形右上方，如图6-73所示。

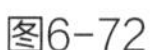
图6-72

图6-73

（17）打开“茶.psd”素材文件，将“茶”字拖曳至当前编辑的图像窗口中，放到画布右侧，然后在“图层”面板中选择墨迹所在的图层，按Ctrl+J组合键复制图层，将其适当缩小后放到“茶”字中，如图6-74所示。

（18）选择“直排文字工具” ，在画布右侧输入一段文字，复制中间的红色圆形与文字，将其放到直排文字左侧，排列得到图6-75所示的样式。

图6-74

图6-75

6.3.2 制作立体效果

（1）按Shift+Ctrl+Alt+I组合键盖印图层，使用“矩形选框工具” 框选参考线左侧的包装图所在的图层，按Ctrl+J组合键复制图层，如图6-76所示。

（2）打开“包装盒.jpg”素材文件，如图6-77所示。将前面制作的图像复制到当前编辑的图像窗口中，按Ctrl+T组合键适当缩小图像，如图6-78所示。

图6-76

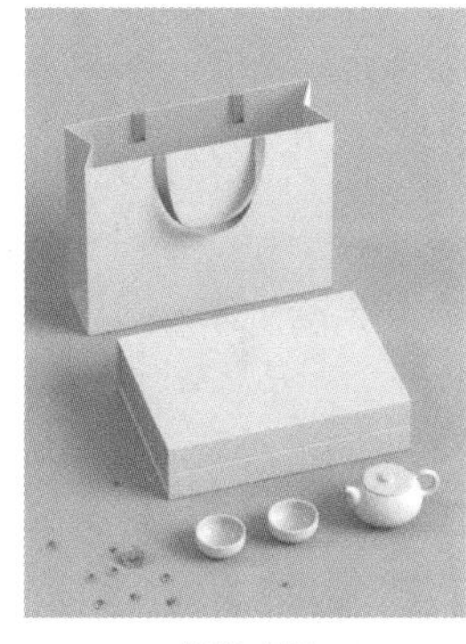

图6-77

图6-78

（3）按住Ctrl键分别拖曳变换框的4个角，使其边缘对齐手提袋边缘，如图6-79所示。在“图层”面板中设置图层混合模式为“正片叠底”，得到图6-80所示的效果。

图6-79

图6-80

（4）选择“钢笔工具”，沿着手提袋正面绘制轮廓，绘制过程中注意避开带子区域。按Ctrl+Enter组合键得到选区，单击“图层”面板底部的“添加图层蒙版”按钮，隐藏带子和超出手提袋以外的区域，如图6-81所示。

图6-81

绘制手提袋中的带子轮廓，能够更好地隐藏该部分，让制作好的包装图有较强的立体效果。

（5）使用相同的方法，再次复制和粘贴茶包装图到当前编辑的图像窗口中，调整其大小和角度，放到盒盖上，如图6-82所示。

（6）在“图层”面板中设置图层混合模式为“正片叠底”，使用“多边形套索工具”沿盒盖边缘绘制选区，然后创建图层蒙版，如图6-83所示。

图6-82

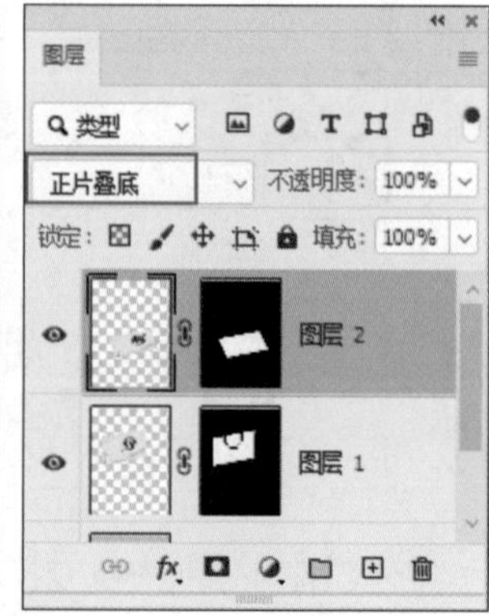

图6-83

（7）新建一个图层，使用“多边形套索工具” 在包装盒正面绘制两个选区，将其填充为淡黄色（R：210、G：199、B：188），如图6-84所示。

（8）选择“横排文字工具” ，在“字符”面板中设置字体为“方正兰亭纤黑简体”、字符间距为1000、“颜色”为黑色，在包装盒下方输入一行文字，如图6-85所示。

图6-84

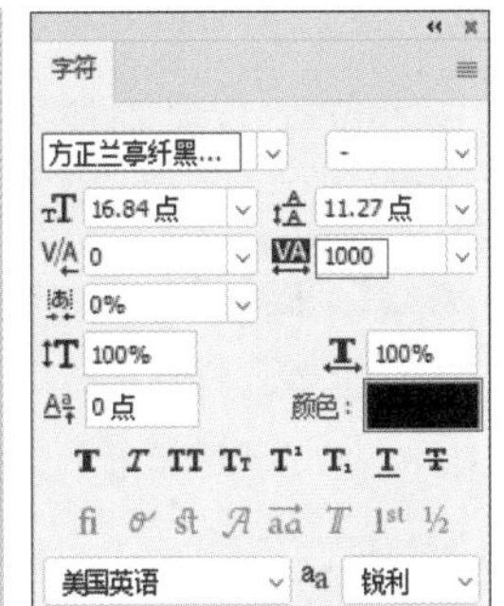

图6-85

（9）按Ctrl+T组合键变换文字的角度和大小，适当旋转文字，按住Ctrl键拖曳变换框下方中间的控制点，得到倾斜的文字效果，将文字放到包装盒正面，如图6-86所示。

（10）按Enter键完成文字变换，双击“抓手工具” 显示所有图像，如图6-87所示，完成本实例的制作。

图6-86

图6-87

6.4 实战训练：巧克力包装设计

本次实战训练设计的是一款巧克力包装。该包装采用与巧克力相似的颜色作为主色，给人美味、香浓的感觉。首先绘制包装图，然后将其添加到包装袋中，并制作高光和阴影等效果，包装效果如图6-88所示。

图6-88

资源位置

实例位置 实例文件>第6章>巧克力包装设计.psd

素材位置 素材文件>第6章>巧克力.psd、巧克力包装模板.psd、巧克力背景.psd

视频位置 视频文件>第6章>巧克力包装设计.mp4

设计思路

（1）选择边角圆滑的字体，让文字与产品巧妙地结合在一起。

（2）为文字制作渐变效果，与背景色和素材图像和谐统一。

制作要点

（1）制作土红色渐变背景，添加“巧克力背景.psd”素材文件，得到巧克力背景图像，如图6-89所示。

（2）输入文字，添加“巧克力.psd”素材文件，如图6-90所示。

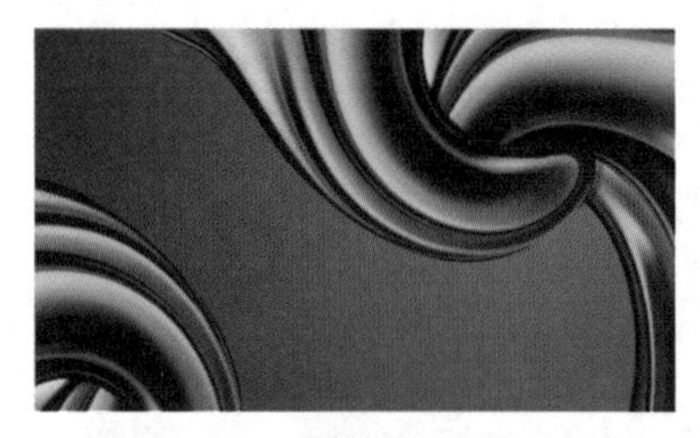

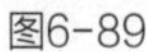

图6-89

图6-90

（3）为文字分别添加“投影”和“渐变叠加”图层样式，效果如图6-91所示。

（4）绘制曲线、添加图层样式，复制图像，翻转后擦除部分图像，效果如图6-92所示。

图6-91

图6-92

（5）输入其他文字信息，然后设置合适的字体和颜色，效果如图6-93所示。

（6）将制作好的包装图拖曳到“巧克力包装模板.psd”图像窗口中，添加高光效果，增强立体感，如图6-94所示，完成制作。

图6-93

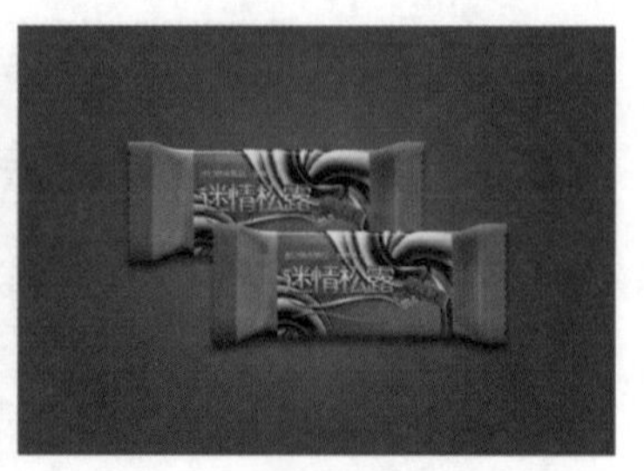

图6-94

第7章 新媒体设计

本章首先介绍新媒体设计的相关知识，包括什么是新媒体设计，以及打造新媒体形象的意义，然后通过实例详细讲解如何绘制符合要求的新媒体设计图。

7.1 新媒体设计概述

新媒体设计是多学科交叉融合且与新媒体技术相结合的新兴设计类型。下面介绍一些新媒体设计的相关知识。

7.1.1 什么是新媒体设计

新媒体设计是指对新媒体平台上发布的内容进行视觉设计，其目的是提高人们在阅读时的视觉体验。

新媒体设计的内容主要是关于网络运营的内容，如微博、微信公众号、抖音、小红书等网络平台的运营。新媒体设计包括广告设计、三维动效设计、视频剪辑、插画设计等。在进行新媒体设计时，设计师需要掌握修图技巧，还需要掌握一定的三维建模技能。

7.1.2 打造新媒体形象的意义

新媒体设计是在平面设计的基础上衍生出来的设计类型。与传统的平面设计师相比，新媒体视觉设计师还需要学习新媒体营销和运营等知识。毕竟，想要从事新媒体行业需要有敏锐的市场嗅觉，能够了解市场需求、用户偏好，以及当前设计趋势。

新媒体设计最鲜明的特质连结性与互动性。如今，网络传播已经成为主流的新媒体传播方式。让用户与平台产生更好的互动是新媒体设计存在的意义。在新媒体平台上，要想让自己的作品获得更多的关注，这些作品不仅要有亮丽的封面、醒目的标题，还要有足够好的内容，优秀的新媒体设计师需要对这些元素进行全方位的包装。

7.2 实例：微信公众号封面首图设计

本实例将制作一个微信公众号封面首图。因为该首图需要放到首页开始的位置，所以要求设计简洁明了。实例效果如图7-1所示。

图7-1

资源位置

实例位置　实例文件>第7章>微信公众号封面首图设计.psd

素材位置　素材文件>第7章>手机.jpg、喇叭.psd

视频位置　视频文件>第7章>微信公众号封面首图设计.mp4

微课视频

设计思路

（1）分析设计图片的排放位置，寻找需要突出的文字内容，做到有主有次。

（2）统一画面色调，选择较稳重的蓝色作为主色，突出文字内容的重要性。

（3）选择合适的字体，添加投影效果。

7.2.1 制作背景

（1）选择“文件→新建”菜单命令，打开“新建文档”对话框，设置文件名称为“微信公众号封面首图”、“宽度和高度”分别为900像素和385像素，如图7-2所示，单击“创建”按钮，新建一个空白图像文件。

（2）选择“渐变工具”，单击属性栏左侧的渐变色条，打开“渐变编辑器”对话框，设置颜色为从蓝色（R：0、G：113、B：247）到深蓝色（R：0、G：50、B：205），如图7-3所示。单击属性栏中的“线性渐变”按钮，按住鼠标左键从画布左上方向右下方拖曳，为背景填充渐变效果，如图7-4所示。

（3）新建一个图层，选择“椭圆选框工具”，在画布左侧绘制一个圆形选区，如图7-5所示。

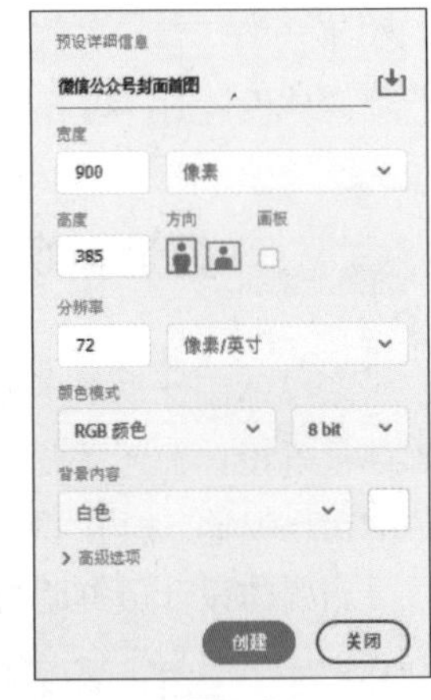

图7-2

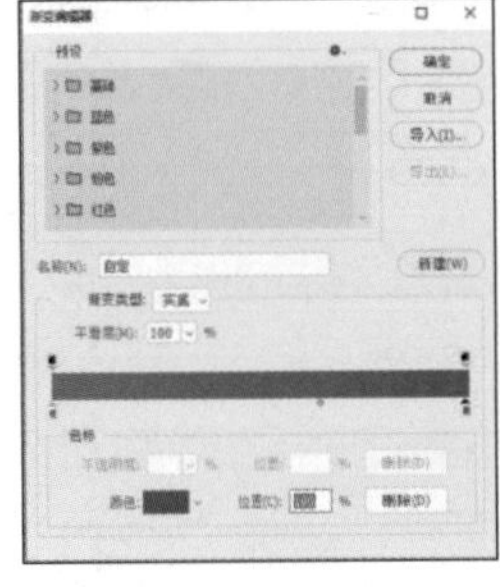

图7-3

图7-4

图7-5

（4）设置前景色为蓝色（R：0、G：113、B：247），选择“渐变工具”，打开“渐变编辑器”对话框，在“预设”选项组中展开“基础”列表，选择“前景色到透明渐变”的填充方式，如图7-6所示。在选区中拖曳鼠标指针应用线性渐变填充，效果如图7-7所示。

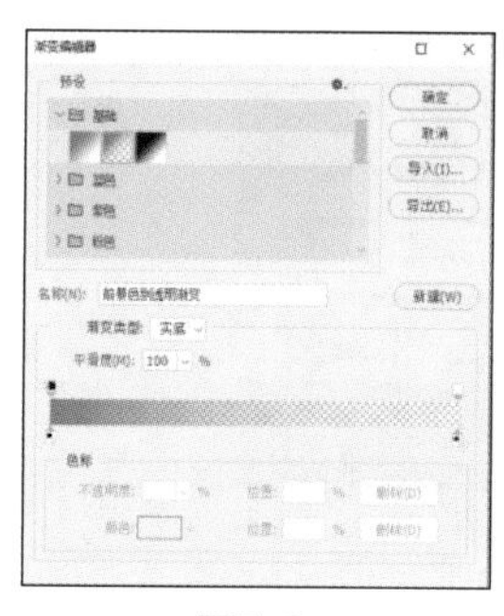

图7-6

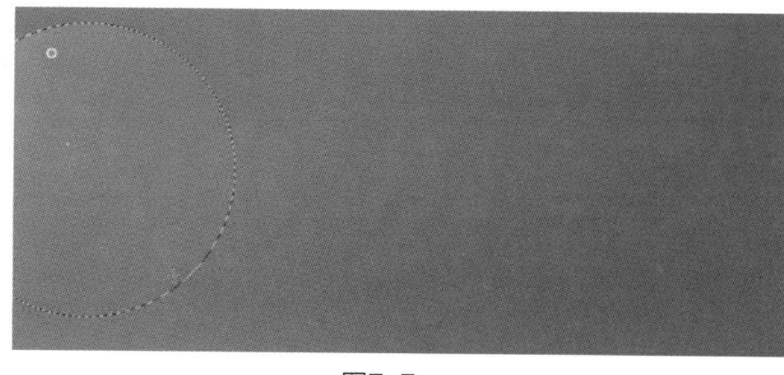

图7-7

（5）按Ctrl+J组合键两次，复制两个圆形，适当调整图形大小，将其放到画布右侧，参照图7-8所示的方式排列。

（6）新建一个图层，选择“椭圆选框工具”，在画布中绘制较小的圆形选区，将其填充为淡蓝色（R：58、G：171、B：252），然后按Ctrl+J组合键多次复制多个圆形，排列成图7-9所示的样式。

图7-8

图7-9

在制作时，为了便于对图层进行管理，可以将相同类型或具有相似内容的图层进行编组，这样便于今后进行编辑。

7.2.2 制作叠影文字

（1）打开“喇叭.psd”素材文件，使用“移动工具”将其拖曳至当前编辑的图像窗口中，放到画布右下方，如图7-10所示。

（2）选择“横排文字工具”，在画布中输入文字“重要通知”。选择文字，将其字体设置为“方正粗黑简体”，并填充为白色，如图7-11所示。

图7-10

图7-11

（3）下面制作文字的重叠阴影效果。选择“矩形选框工具”，在“重”字中绘制两个矩形选区，如图7-12所示。

（4）单击“图层”面板底部的“添加图层蒙版”按钮，为文字添加图层蒙版。选择“画笔工具”，在属性栏中设置“不透明度”为30%，对选区左侧进行适当涂抹，得到图7-13所示的效果。

图7-12

图7-13

（5）在“重”字中间绘制多个较小的矩形选区，然后使用“画笔工具”进行涂抹，得到重叠投影效果，如图7-14所示。

（6）使用“矩形选框工具”和“多边形套索工具”在“要”字中绘制选区，并在添加图层蒙版的状态下使用“画笔工具”进行涂抹，如图7-15所示。

图7-14

图7-15

（7）使用相同的方法，为其他文字制作重叠投影效果，如图7-16所示。在“图层”面板中可以看到图层蒙版应用效果，如图7-17所示。

图7-16

图7-17

（8）选择“图层→图层样式→投影”菜单命令，打开“图层样式”对话框，设置投影颜色为蓝色（R：52、G：21、B：244），其他参数设置如图7-18所示。单击“确定”按钮，得到投影效果，如图7-19所示。

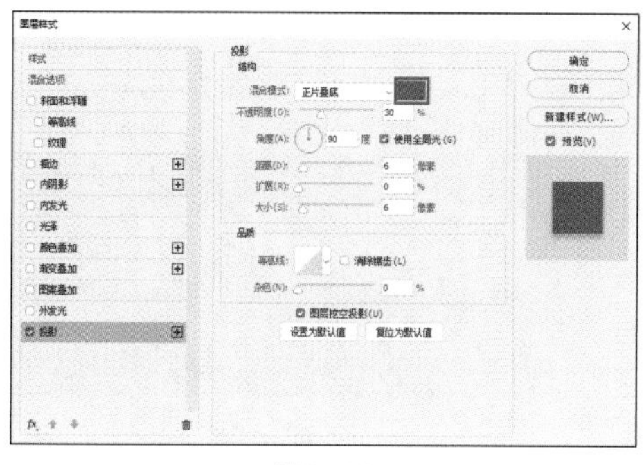

图7-18

图7-19

（9）新建一个图层，使用“矩形选框工具” 在文字下方绘制一个矩形选区，将其填充为白色，如图7-20所示。

（10）按Ctrl+T组合键显示变换框，按住Ctrl键选择变换框下方中间的控制点，将其向左拖曳，得到斜切的效果，如图7-21所示。

图7-20

图7-21

（11）选择“图层→图层样式→投影”菜单命令，打开“图层样式”对话框，设置投影颜色为深蓝色（R：22、G：17、B：138），其他参数设置如图7-22所示。单击“确定”按钮，得到投影效果，如图7-23所示。

（12）选择“横排文字工具” T，在属性栏中设置字体为“方正大黑简体”、颜色为深蓝色（R：24、G：84、B：190），在白色图形中输入一行文字，如图7-24所示。

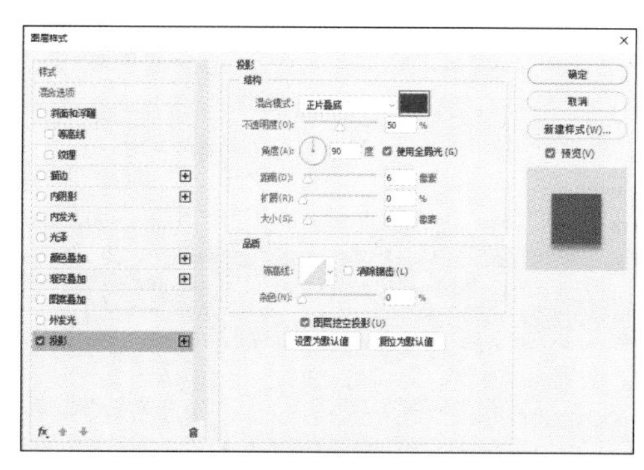

图7-22

图7-23

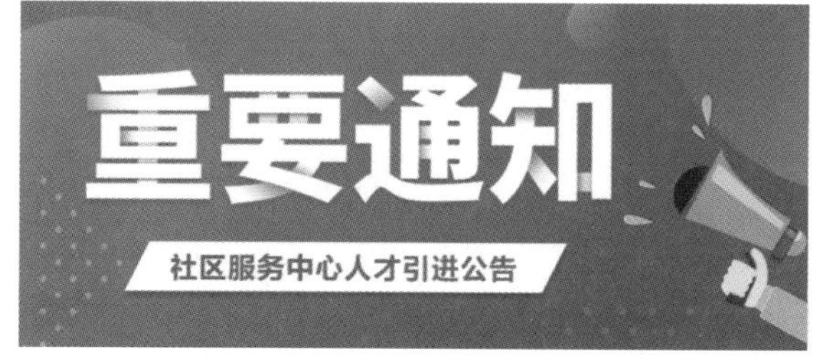

图7-24

（13）选择“钢笔工具” ，在属性栏中设置工具模式为“形状”、“填充”为无、“描边”为白色、宽度为2像素，如图7-25所示，在白色图形左侧绘制一条折线，如图7-26所示。

形状　填充：　描边：　2像素

图7-25

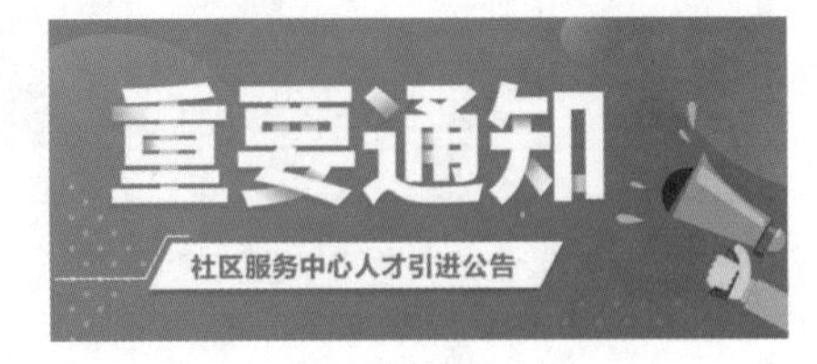

图7-26

（14）单击“图层”面板底部的“添加图层蒙版”按钮 ，选择“画笔工具” ，在属性栏中设置“不透明度”为50%，然后对折线左侧进行适当涂抹，得到半透明效果，如图7-27所示。

（15）选择“椭圆选框工具” ，在折线右侧开端处绘制一个圆形，并将其填充为白色，如图7-28所示。

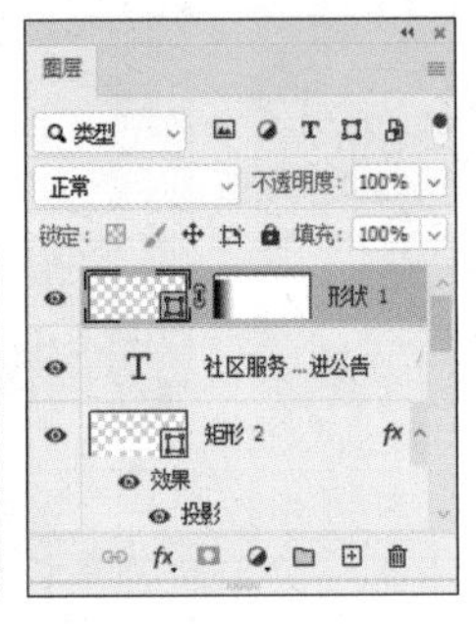

图7-27

图7-28

（16）按Ctrl+J组合键复制一次绘制的折线和圆形，选择“编辑→变换→旋转180度”菜单命令，将变换后的组合图形向右移动，放到图7-29所示的位置。

（17）选择“多边形套索工具” ，在白色图形上下两侧绘制三角形，并将其填充为蓝色（R：61、G：109、B：255），如图7-30所示。

图7-29

图7-30

（18）按Ctrl+E组合键盖印图层，打开“手机.jpg”素材文件，将制作好的图像移动到素材文件的图像窗口中，适当调整图像大小，放到公众号首页，如图7-31所示，完成本实例的制作。

图7-31

7.3 实例：小红书产品推荐配图设计

本实例将制作一个小红书产品推荐配图，要求添加产品图片，整体简洁大方，画面背景清爽统一，实例效果如图7-32所示。

图7-32

资源位置

- 实例位置 实例文件>第7章>小红书产品推荐配图设计.psd
- 素材位置 素材文件>第7章>产品.jpg、黑色手机.jpg、白色.psd
- 视频位置 视频文件>第7章>小红书产品推荐配图设计.mp4

设计思路

（1）合理利用产品图片，将其与制作的图形巧妙地融合在一起。

（2）文字的排列要活跃，不能采用单一的排列方式。

（3）选择较淡的蓝色作为背景色，添加倾斜的网格图形，使背景简洁又不失活跃。

7.3.1 制作层叠图形

（1）选择“文件→新建”菜单命令，打开“新建文档”对话框，设置文件名称为“小红书产品推荐配图”、“宽度”和“高度”分别为1242像素和1660像素，如图7-33所示。单击“创建”按钮，新建一个图像文件。

（2）设置前景色为淡蓝色（R：211、G：237、B：250），按Alt+Delete组合键用前景色填充背景，效果如图7-34所示。

（3）新建一个图层，设置前景色为蓝色（R：190、G：225、B：242），选择“画笔工具”，在属性栏中设置画笔样式为“柔边圆”，然后按住Shift键绘制多条交叉的线条，如图7-35所示。

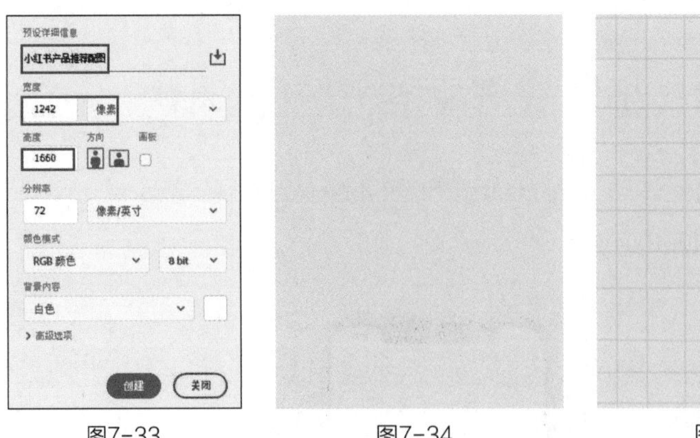

图7-33　　图7-34

图7-35

（4）按Ctrl+T组合键适当旋转线条，并调整其大小，效果如图7-36所示。

（5）选择“矩形工具” ，在属性栏中设置工具模式为“形状”、“填充”为浅蓝色（R：237、G：249、B：255）、“描边”为无，在画布中绘制一个矩形，按Ctrl+T组合键适当旋转矩形，如图7-37所示。

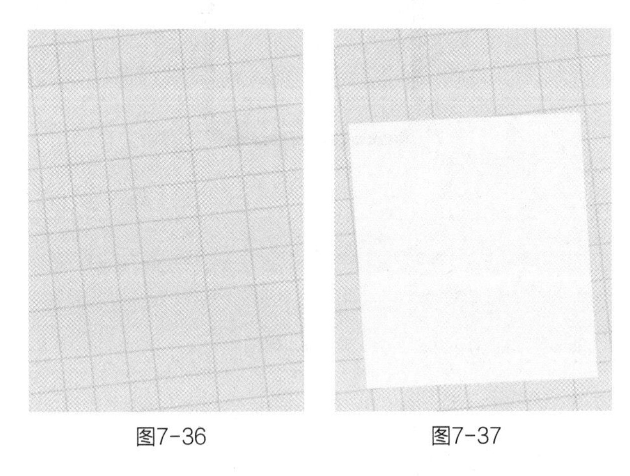

图7-36　　图7-37

（6）选择“图层→图层样式→斜面和浮雕”菜单命令，打开“图层样式”对话框，设置投影颜色为孔雀蓝色（R：48、G：144、B：192），其他参数设置如图7-38所示。单击“确定”按钮，得到投影效果，如图7-39所示。

（7）按Ctrl+J组合键复制图层，得到“矩形 1拷贝”图层，如图7-40所示。

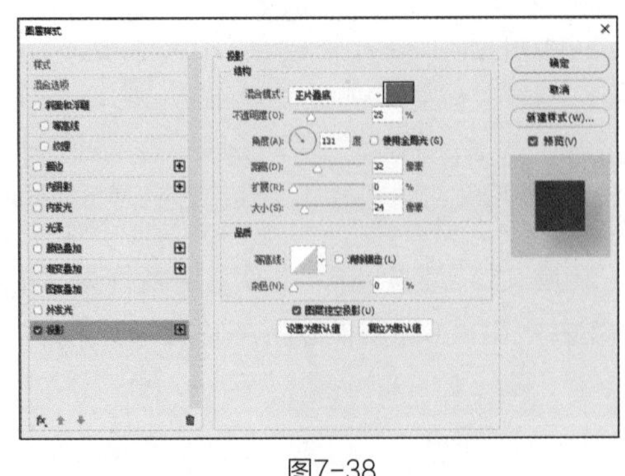

图7-38

图7-39

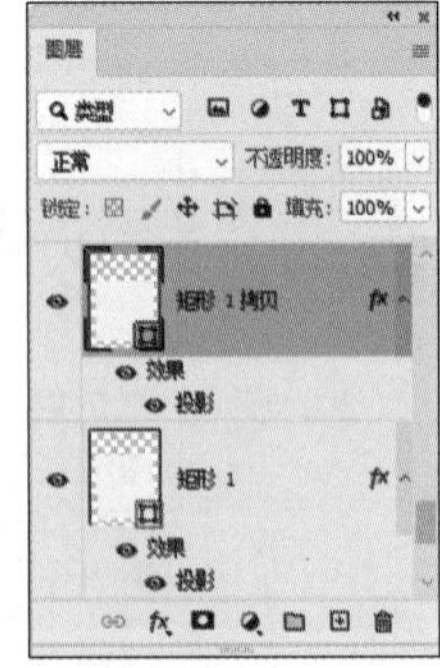

图7-40

（8）双击该图层，打开“图层样式”对话框，设置投影颜色为深蓝色（R：25、G：96、B：145），其他参数设置如图7-41所示。单击“确定”按钮，按Ctrl+T组合键旋转矩形，得到图7-42所示的重叠效果。

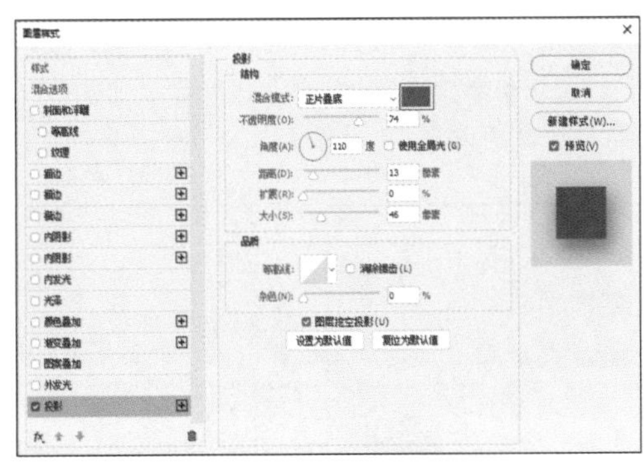

图7-41

图7-42

7.3.2 添加展示内容

（1）选择“矩形工具”，在属性栏中设置“填充”为任意颜色、“描边”为无，在画布中单击，弹出“创建矩形”对话框，设置“宽度”为950像素、“高度”为650像素，单击按钮取消链接，设置右下角半径为317像素，如图7-43所示。单击“确定”按钮，得到右下角为半圆的矩形，如图7-44所示。

（2）打开“产品.jpg”素材文件，使用“移动工具”将其拖曳至当前编辑的图像窗口中，参照图7-45所示进行设置。

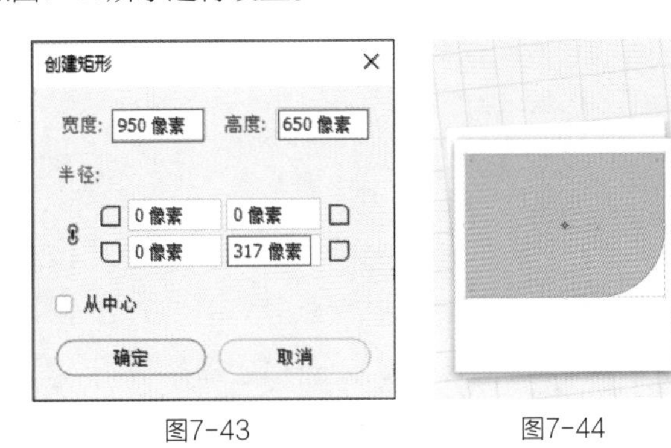

图7-43

图7-44

图7-45

（3）选择“图层→创建剪贴蒙版”菜单命令，隐藏超出圆角矩形的产品图像区域，在“图层”面板中也将新建一个剪贴图层，如图7-46所示。

（4）打开“白色.psd”素材文件，使用“移动工具”将该图像拖曳至当前编辑的图像窗口中，放到画布上方，如图7-47所示。

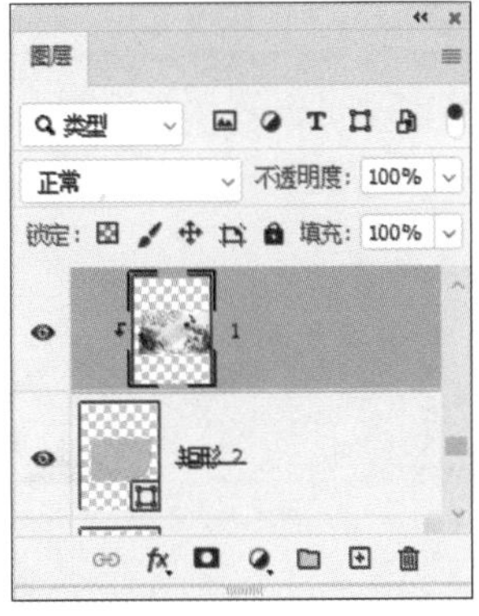

图7-46

图7-47

（5）选择“图层→图层样式→投影”菜单命令，打开“图层样式”对话框，设置投影颜色为深蓝色（R：25、G：96、B：145），其他参数设置如图7-48所示。单击“确定”按钮，得到添加投影后的效果，如图7-49所示。

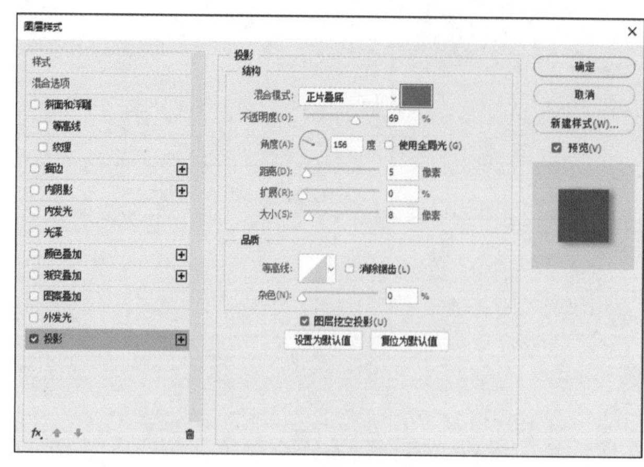

图7-48

图7-49

（6）选择“横排文字工具” T，在属性栏中设置字体为“方正特粗光辉简体”、颜色为粉红色（R：255、G：157、B：157），在白色图形中输入一行文字，适当旋转文字，如图7-50所示。

（7）设置字体为“方正特粗光辉简体”、填充为淡绿色（R：141、G：178、B：117），输入另一行文字，如图7-51所示。

图7-50

图7-51

（8）新建一个图层，选择“多边形套索工具”，在画布中绘制一个两头是锯齿的选区，并将其填充为蓝色（R：167、G：214、B：237），如图7-52所示。

图7-52

（9）在“图层”面板中设置“不透明度”为50%，得到半透明效果，如图7-53所示。

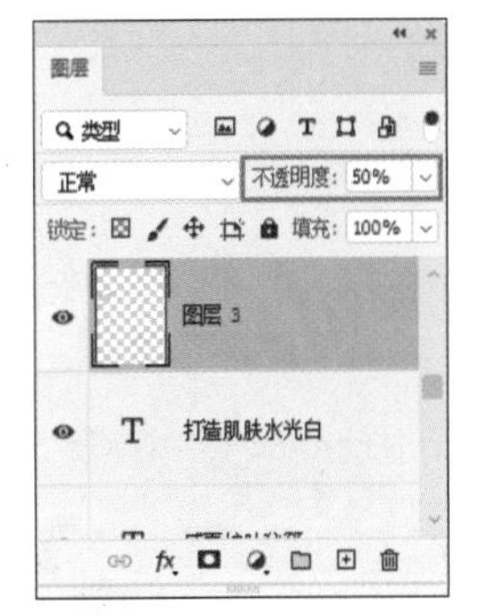

图7-53

（10）选择“矩形工具”，在属性栏中设置“填充”为黄色（R：255、G：219、B：44）、“描边”为无，在画布中绘制一个矩形，按Ctrl+T组合键适当旋转矩形，效果如图7-54所示。

图7-54

（11）选择“图层→图层样式→投影”菜单命令，打开“图层样式”对话框，设置投影颜色为深蓝色（R：25、G：96、B：145），其他参数设置如图7-55所示。单击“确定”按钮，得到投影效果，如图7-56所示。

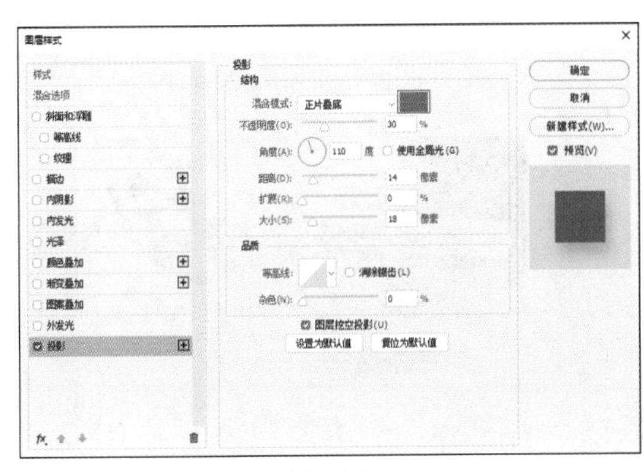

图7-55

图7-56

（12）选择“横排文字工具”，在属性栏中设置字体为“方正静蕾简体”、颜色为蓝色（R：40、G：115、B：191），输入一行文字，将其放到矩形中，如图7-57所示。

（13）按Ctrl+J组合键两次，复制两个黄色矩形，按Ctrl+T组合键适当调整矩形的长度与角度，如图7-58所示。

（14）用上面的方法复制两个黄色矩形，将其填充为白色，旋转矩形，放到图7-59所示的位置。

图7-57

图7-58

图7-59

（15）选择“横排文字工具” T，在属性栏中设置字体为“黑体”、颜色为蓝色（R：40、G：115、B：192），输入其他广告文字，分别放到黄色和白色矩形中，如图7-60所示。

（16）选择“钢笔工具” ，在属性栏中设置“填充”为无、“描边”为蓝色（R：40、G：115、B：192）、宽度为2像素，然后展开“描边选项”列表，选择虚线，如图7-61所示。

图7-60

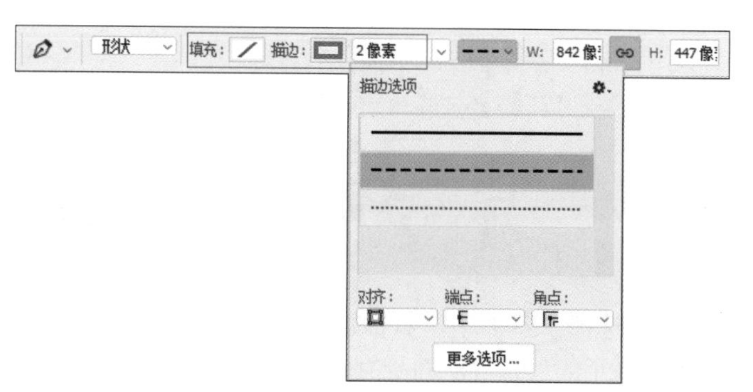

图7-61

（17）在黄色矩形下方绘制一条曲线，效果如图7-62所示。新建图层，使用“多边形套索工具” 在曲线顶部绘制一个三角形选区，将其填充为相同的蓝色，如图7-63所示。

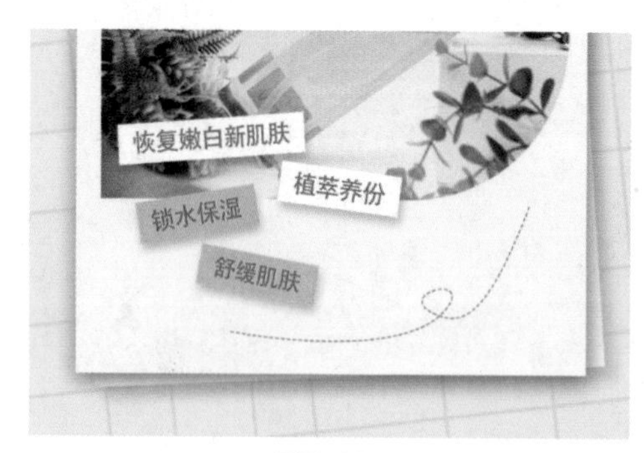

图7-62

图7-63

（18）选择“钢笔工具” ，在属性栏中设置“描边”为黄色（R：253、G：222、B：64）、描边类型为实线，在画布下方绘制两条曲线，效果如图7-64所示。

（19）按Ctrl+E组合键盖印图层，打开“黑色手机.jpg”素材文件，将制作好的产品推荐图拖曳至素材文件的图像窗口中，将其放到手机屏幕中，效果如图7-65所示，完成本实例的制作。

图7-64

图7-65

7.4 实战训练：宠物玩具推荐图设计

本次实战训练的内容是设计一个宠物玩具推荐图，画面整体设计和颜色搭配都以卡通风格为主，推荐图效果如图7-66所示。

图7-66

资源位置

实例位置　实例文件>第7章>宠物玩具推荐图设计.psd

素材位置　素材文件>第7章>卡通动物.psd

视频位置　视频文件>第7章>宠物玩具推荐图设计.mp4

设计思路

（1）采用蓝色和橘黄色搭配，让画面具有卡通效果。

（2）在文字中添加色块，让内容更生动，避免单一、枯燥。

（3）选择符合要求的卡通形象，将其添加到合适的位置。

制作要点

（1）将背景填充为蓝色（R：161、G：198、B：236），使用“画笔工具” 绘制背景中的方格线条，如图7-67所示。

（2）选择“矩形工具” ，绘制填充颜色为白色、描边颜色为橘黄色的圆角矩形，如图7-68所示。

图7-67

图7-68

（3）添加“卡通动物.psd”素材文件，并输入文字，排列效果如图7-69所示。

（4）输入多行说明文字，并在文字中绘制彩色色块，增添推荐图的艺术性，如图7-70所示，完成制作。

图7-69

图7-70

第8章 用户界面设计

本章首先介绍用户界面设计的相关理论知识，然后通过多个实例对图标和手机界面的设计进行全面、详细的讲解，使读者能够更好地掌握用户界面设计的操作。

8.1 用户界面设计概述

对用户界面（User Interface，UI）进行设计的目的是让用户便于使用、了解产品。一个优秀的用户界面设计不仅能让软件变得有个性、有品位，还能让软件的操作变得更加舒适、简单、自由，并且能充分地体现出软件的定位和特点。

8.1.1 认识用户界面设计

用户界面设计是指对软件的人机交互、操作逻辑、界面美观所进行的整体设计，可分为平面设计、Web前端设计、移动端设计、交互设计等。本章以手机用户界面设计为例进行介绍，手机上的界面都属于用户界面，用户通过界面向手机发出指令，手机会根据指令产生相应的反馈。用户界面设计不仅需要考虑美观，还需要考虑如何摆放按钮、控件和菜单，将小部件结合成界面，如图8-1和图8-2所示。

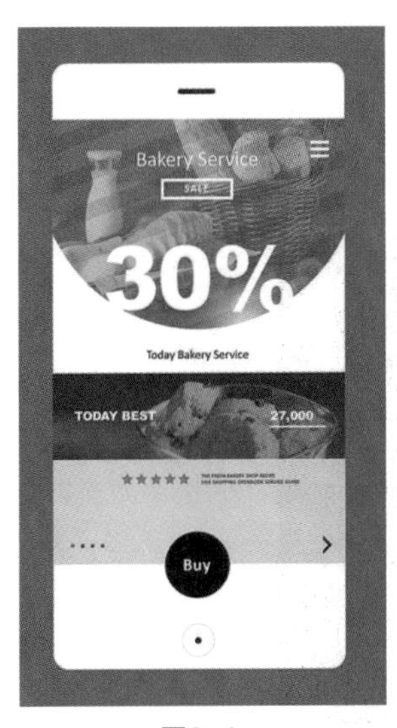

图8-1

图8-2

8.1.2 用户界面设计的原则

智能手机上的应用五花八门，用户界面的美观和交互程度也参差不齐，质量差的用户界面设计常常让用户不知如何使用。下面总结出5个用户界面设计的基本原则。

1. 设计的用户界面要清晰

在用户界面设计中，清晰是首要任务，也是最重要的任务。如果想让用户喜欢并认可设计出来的用户界面，就必须让用户能够清楚地识别出界面内各元素的功能，让用户不管在任何风格的用户界面中进行操作，都能轻松地进行交互。只有清晰、简洁的用户界面，才能吸引用户长时间使用。

2. 设计的用户界面风格要统一

为了保持用户界面的风格统一，我们就要把相同的功能放在同样的位置。用户界面是由一些基本模块组成的，我们在设计每一种基本模块时，应保证所用的字体、字号、颜色、按钮、功能键、提示文字等元素排列一致，如图8-3所示。

个性化推荐

嘘……不用说，你想听的我都知道

千万曲库

来自全世界的好音乐，尽在耳边

图8-3

3. 设计的用户界面要简洁

因为用户界面受限于智能设备的尺寸，所以界面的简洁是非常重要的。如果界面被填充得满满当当，会让用户使用起来非常困难，需要寻找功能和按钮时无从下手。因此，简洁是用户界面设计的首要条件，图8-4所示的用户界面就比较简洁。

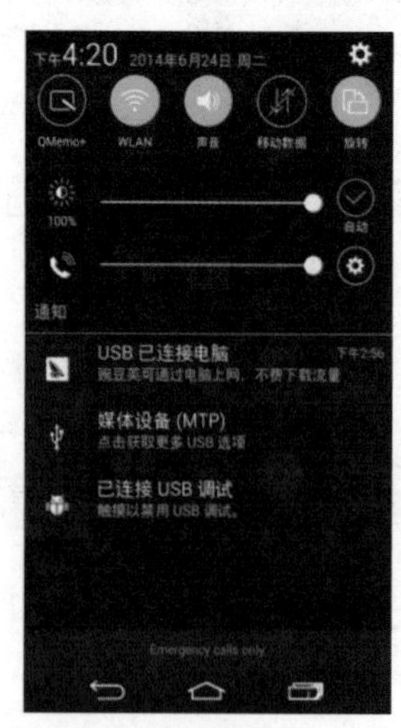

图8-4

4. 功能决定用户界面的风格

为了保持界面元素的统一性，设计师经常需要对不同的界面布局采用相同的处理方法。当然，采用不同的处理方法也是可以的。但一般来说，功能相同或者相近的应用，设计的界面布局应该是相似的，如图8-5和图8-6所示。

图8-5

图8-6

5. 设计的用户界面要实用

衡量一个用户界面的设计成功与否，要看设计内容有没有被用户所使用。设计的用户界面如果只有美观而不方便使用，那它就是一个失败的设计。因为用户界面尺寸大小有限，所以在有限的尺寸里合理地设计按钮、控件并排版，才是设计的价值所在，如图8-7和图8-8所示。

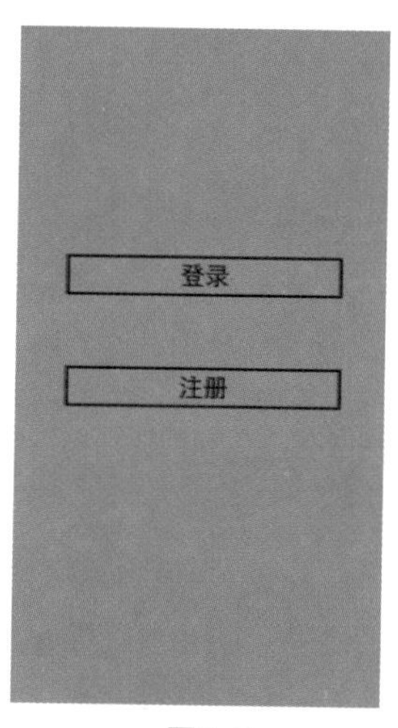

图8-7

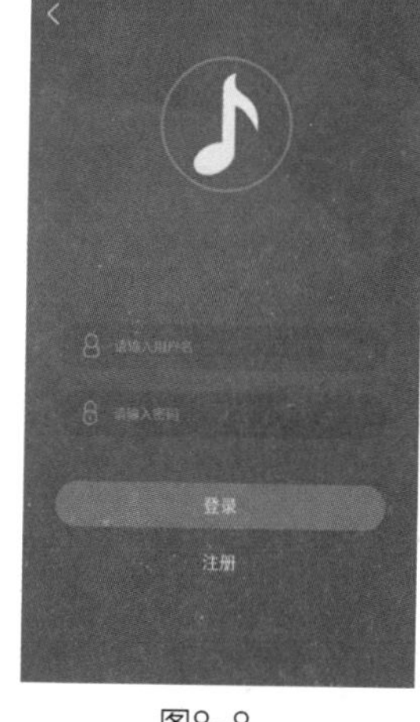

图8-8

8.1.3 用户界面设计的重要元素

用户界面设计有以下重要元素。

- 布局和定位。布局和定位指的是用户界面的版面结构。
- 形状和尺寸。虽然元素的尺寸大小有规定限制，但通过设计元素的形状，能让人迅速地辨识界面内容。

- 元素颜色。用户界面内不同的颜色代表的含义也不同：红色的按钮或者控件表示危险、停止、警告等信息；绿色的元素代表继续或成功。这两种是最常见、最明显的元素颜色。如果不是提醒式的元素，则一般应根据用户界面的主色来确定元素的颜色，如图8-9和图8-10所示。

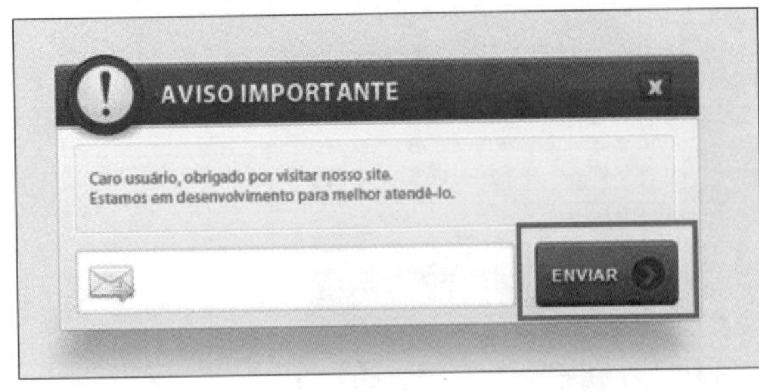

图8-9

图8-10

- 元素之间的对比。加强对比可以提高用户界面内元素的辨识度，降低对比可以融合用户界面的效果。
- 元素材质的选择。在设计用户界面中的图标时，我们可以选择不同的材质，以展示不同的效果，如图8-11和图8-12所示。

图8-11

图8-12

8.2 实例：MBE风格图标设计

本实例将制作一组MBE风格图标，这种图标的特点主要为扁平化、多使用黑色粗线和断线处理。首先绘制出图标的大致轮廓，然后进行适当的颜色搭配，实例效果如图8-13所示。

图8-13

资源位置

实例位置 实例文件>第8章>MBE风格图标设计.psd

视频位置 视频文件>第8章>MBE风格图标设计.mp4

设计思路

（1）分析MBE风格图标的特点，对图标外形进行处理。特殊造型可以使用“钢笔工具”来绘制。

（2）适当添加文字或图案，尽可能选用粗字体和简洁的图形，以便用户识别。

（3）采用明亮、鲜艳的颜色绘制背景图案，给人带来较强的视觉冲击力。

8.2.1 制作日期图标

（1）新建一个图像文件，选择“圆角矩形工具”，在属性栏中设置工具模式为“形状”、“填充”为无、“描边”为黑色、宽度为50像素、“半径”为100像素，在线条样式中设置端点样式为圆头，如图8-14所示。绘制一个圆角矩形，如图8-15所示。

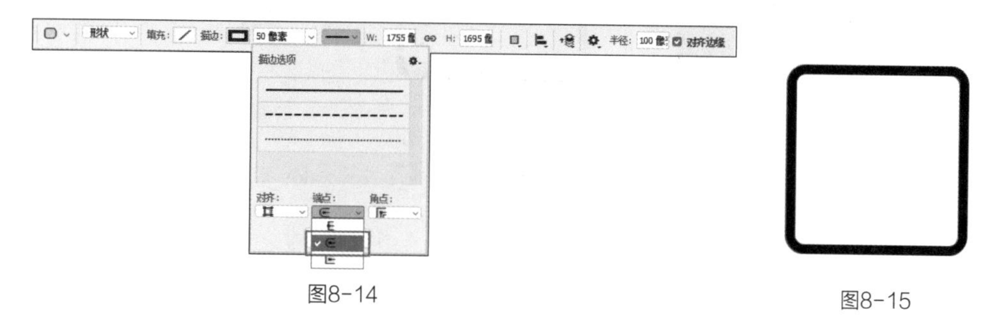

图8-14

图8-15

提示 在属性栏中除了可以选择线条样式外，还可以通过设置对齐方式调整描边位置，通过设置端点调整线条末端样式，通过设置角点调整线段转折处样式。

（2）选择“钢笔工具”，在圆角矩形右下角单击8次，添加8个锚点，如图8-16所示。

（3）选择“直接选择工具”，选择上述锚点中间的端点，按Delete键将其删除，得到图8-17所示的线段效果。

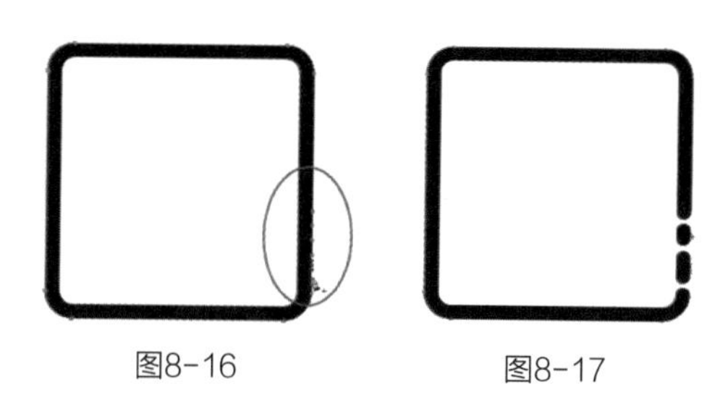

图8-16

图8-17

（4）在属性栏中设置圆角矩形的“填充”为蓝色（R：175、G：217、B：255），如图8-18所示。

（5）按Ctrl+J组合键复制圆角矩形，在“图层”面板中将其调整至原图层下方，设置圆角矩形的“填充”为红色（R：255、G：0、B：0）、“描边”为无，如图8-19所示。

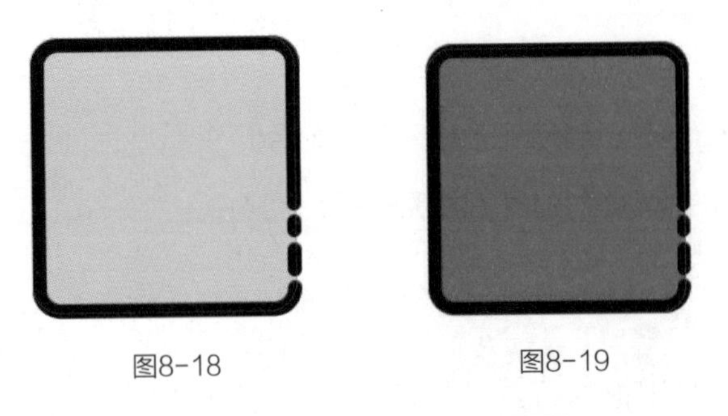

图8-18　　图8-19

（6）单击“图层”面板底部“添加图层蒙版”按钮 ，选择“矩形选框工具” ，绘制一个矩形选区，如图8-20所示，将蒙版填充为黑色，隐藏部分红色区域，如图8-21和图8-22所示。

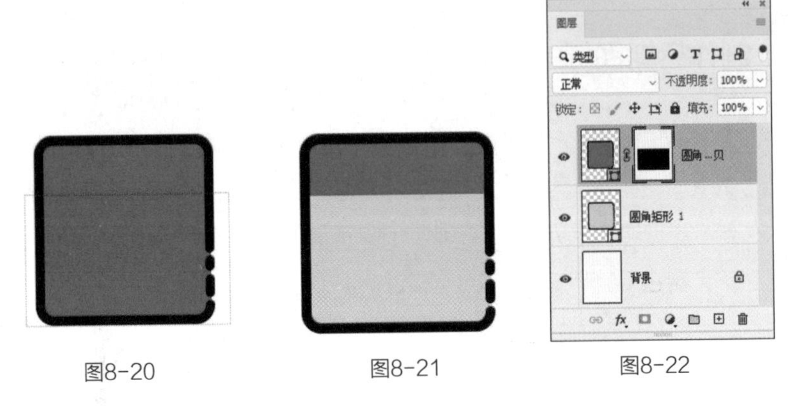

图8-20　　图8-21　　图8-22

（7）复制圆角矩形，将其填充为橘黄色（R：255、G：135、B：0），设置“描边”为无，将圆角矩形向左下方移动，如图8-23所示。

（8）为该图层添加图层蒙版，分别在圆角矩形左侧和下方绘制矩形，将其填充为黑色，效果如图8-24所示。

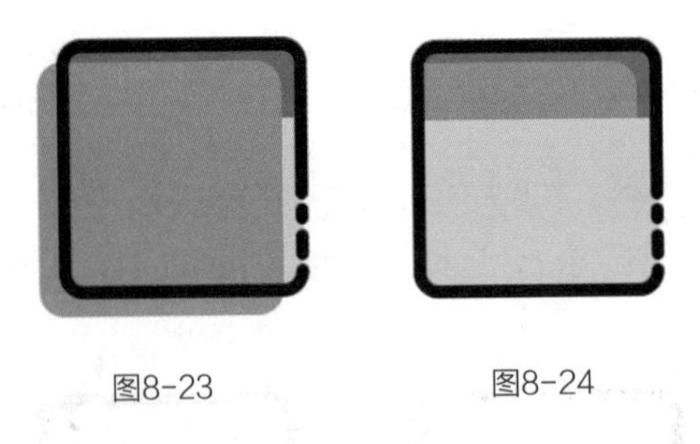

图8-23　　图8-24

（9）使用“矩形工具” 绘制一个矩形，设置“填充”为淡蓝色（R：233、G：248、B：253）、“描边”为无，如图8-25所示。

（10）选择“钢笔工具” ，在属性栏中设置工具模式为“形状”、“填充”为无、“描边”为黑色、宽度为50像素，在线条样式中设置端点样式为圆头，在圆角矩形中绘制一条直线段，如图8-26所示。

（11）使用“添加锚点工具” 在线段上增加3个锚点，选择中间的锚点将其删除，得到3条线段，如图8-27所示。

（12）使用“钢笔工具” 在圆角矩形上方绘制两条线段，如图8-28所示，然后在圆角矩形内部绘制一条线段，将其填充为白色，如图8-29所示。

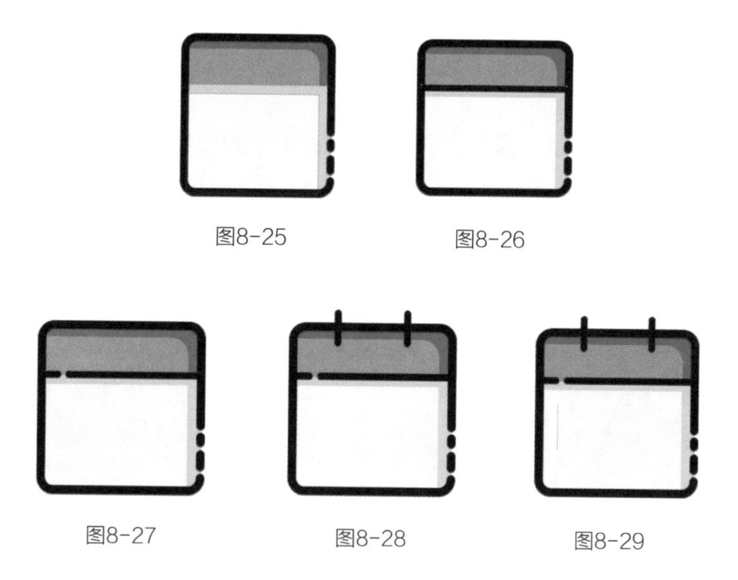

图8-25　　图8-26

图8-27　　图8-28　　图8-29

（13）选择“横排文字工具” T，在属性栏中设置颜色为黑色，并选择合适的字体和大小，在圆角矩形中输入日期数字，如图8-30所示。

（14）在“图层”面板中选择除“背景”图层以外的所有图层，按Ctrl+G组合键得到图层组，并将其重命名为“日期”，如图8-31所示。

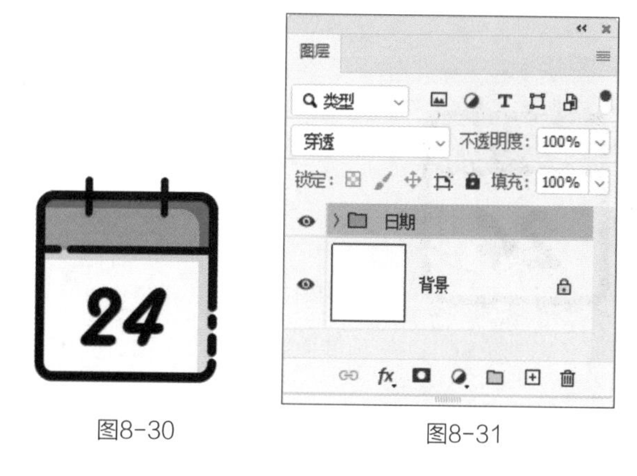

图8-30　　图8-31

（15）选择“图层→图层样式→投影”菜单命令，打开“图层样式”对话框，设置投影颜色为黑色，其他参数设置如图8-32所示。单击“确定”按钮，得到投影效果，如图8-33所示。

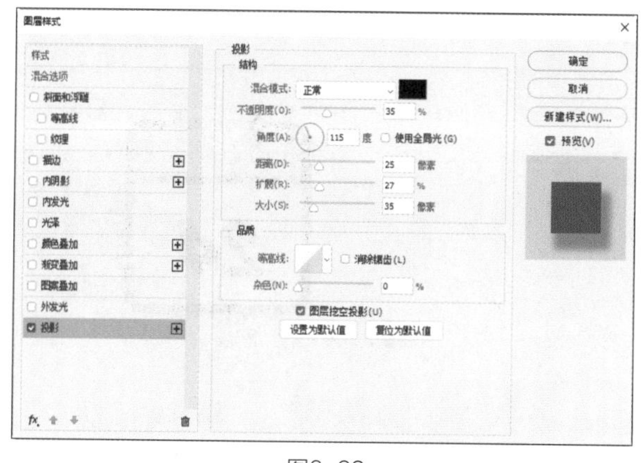

图8-32　　图8-33

（16）新建一个图层组，将其命名为“底图”。选择“椭圆工具”，在属性栏中设置“填充”为粉色（R：254、G：209、B：180）、“描边”为无，按住Shift键绘制一个圆形，如图8-34所示。

（17）选择“圆角矩形工具”，在圆形中绘制多个圆角矩形，将其分别填充为粉色和白色，参照图8-35所示的方式排列。

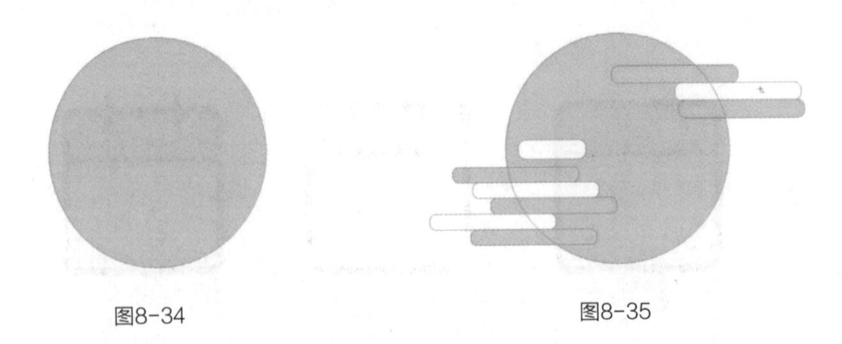

图8-34　　图8-35

（18）将“底图”图层组移动到“日期”图层组的下方，并调整其大小，如图8-36和图8-37所示。

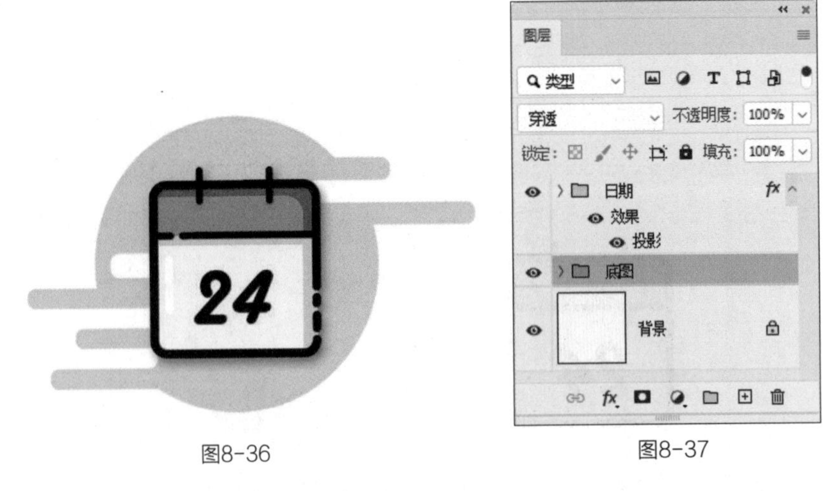

图8-36　　图8-37

（19）使用“椭圆工具”在日期图像左右分别绘制多个空心圆和实心圆，将其分别填充为不同的颜色，如图8-38所示。

（20）选择“圆角矩形工具”，设置“描边”为无，绘制多个圆角矩形，将其分别填充为不同的颜色，并拖曳到合适的位置，如图8-39所示，得到第一组MBE风格图标。

图8-38　　图8-39

8.2.2 制作其他图标

（1）下面制作闹钟图标。选择“椭圆工具”，在属性栏中设置“填充”为橘黄色（R：255、G：207、B：9）、“描边”为无，绘制一个圆形，如图8-40所示。

（2）按Ctrl+J组合键复制圆形，将其填充为黄色（R：255、G：241、B：0），并适当向左下方移动，如图8-41所示。选择“图层→创建剪贴蒙版”菜单命令，隐藏超出橘黄色圆形以外的区域，如图8-42所示。

图8-40　　图8-41　　图8-42

（3）再次复制橘黄色圆形，设置“描边”为黑色、“填充”为无，如图8-43所示。选择“添加锚点工具”，在圆形右下角添加锚点，选择锚点中间的线段将其删除，如图8-44所示。

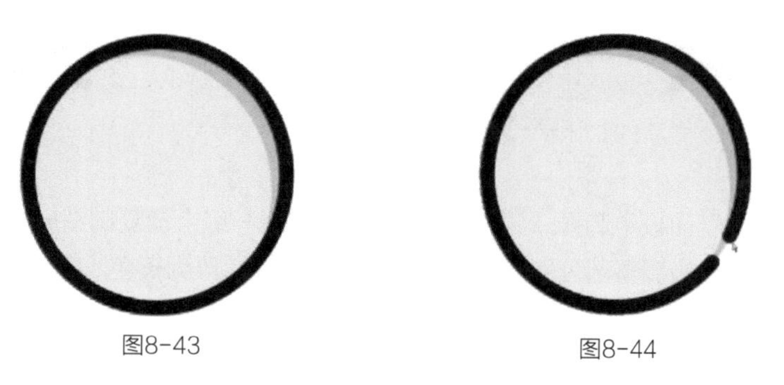

图8-43　　图8-44

（4）选择“椭圆工具”，设置“描边”为白色，绘制一个圆形，如图8-45所示，添加锚点并删掉多余的线段，如图8-46所示。

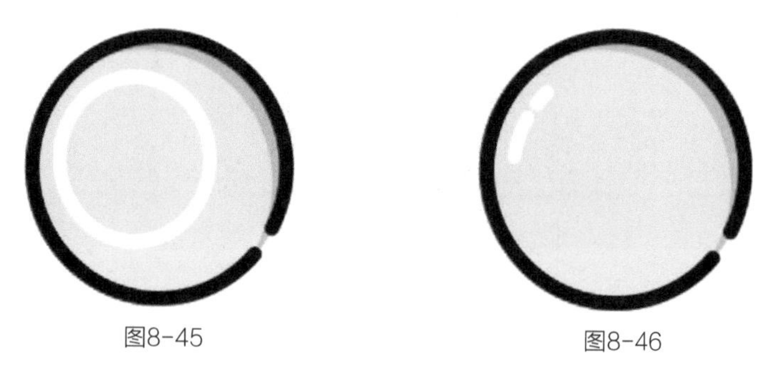

图8-45　　图8-46

（5）选择“钢笔工具”，在属性栏中设置“描边”为黑色，在圆形中绘制两条线段作为闹钟的指针，如图8-47所示。

（6）选择“椭圆工具”，设置“填充”为黄色（R：255、G：241、B：0）、“描边”为黑色，绘制两个较小的圆形，将其分别放到闹钟左右两侧，如图8-48所示，再将图层移至最下层。

图8-47

图8-48

（7）使用“钢笔工具” 绘制出闹钟的两条“腿”，如图8-49所示。按住Ctrl键选择闹钟图像所在的所有图层，按Ctrl+G组合键创建一个图层组，将其命名为“闹钟”，如图8-50所示。为该图层组添加投影，效果如图8-51所示。

图8-49

图8-50

图8-51

（8）在“图层”面板中选择“底图”图层组，按Ctrl+J组合键复制图层组，将其放到“闹钟”图层组下方，适当调整部分图像的位置，并将底图颜色改为黄色（R：252、G：232、B：107），效果如图8-52所示。

图8-52

（9）下面制作相机图标。新建一个图层组，将其命名为“相机”。选择“圆角矩形工具” ，在属性栏中设置底层圆角矩形“填充”为蓝色（R：0、G：134、B：254）、“描边”为黑色；设置上一层圆角矩形“填充”为浅蓝色（R：0、G：134、B：254）、“描边”为无，绘制两个不同大小的圆角矩形，将图形向左下复制一份，将其填充为蓝色（R：88、G：206、B：254），如图8-53所示。

（10）选择“图层→创建剪贴蒙版”菜单命令，将超出相机边框的图像区域隐藏起来，“图层”面板中新建了相应的剪贴图层，如图8-54和图8-55所示。

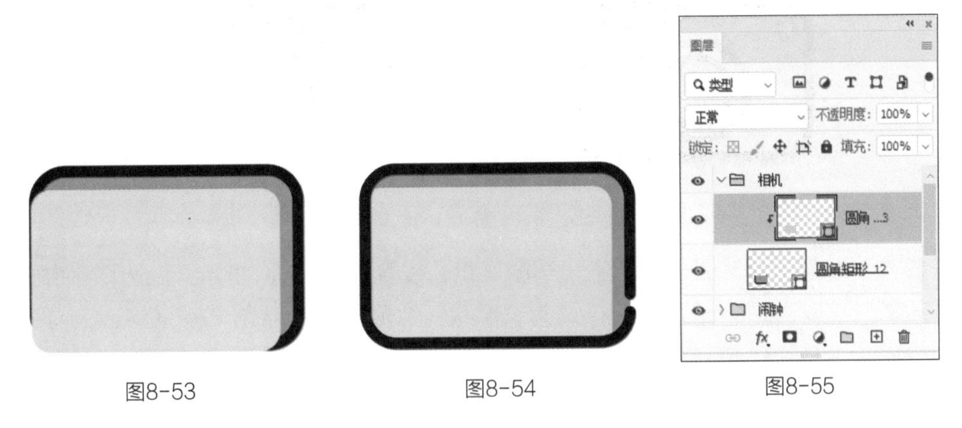

图8-53　　图8-54　　图8-55

（11）在“图层”面板中选择黑色描边圆角矩形所在的图层，使用“添加锚点工具”在圆角矩形右下方添加3个锚点，然后删除中间那个锚点，得到缺口，如图8-56所示。

（12）选择“椭圆工具”，设置“描边”为黑色、“填充”为白色，在相机左上角绘制一个圆形，如图8-57所示。使用“圆角矩形工具”在右上角绘制一个圆角矩形，如图8-58所示。

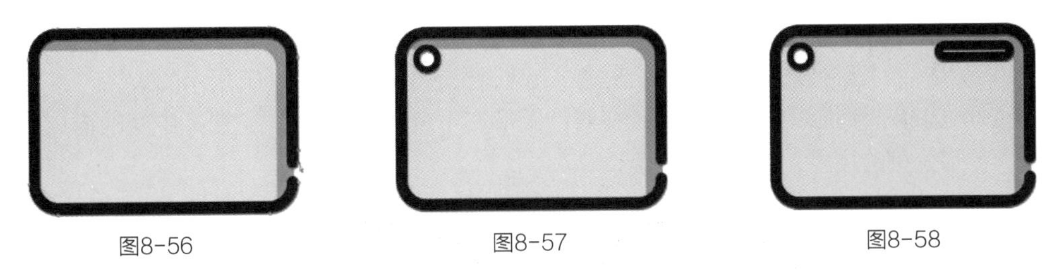

图8-56　　图8-57　　图8-58

（13）选择“椭圆工具”，设置“填充”为浅蓝色（R：225、G：251、B：250）、“描边”为黑色，在相机中绘制一个圆形，然后在圆形左侧添加锚点并删掉线段，效果如图8-59所示。

（14）按Ctrl+J组合键复制圆形，按Ctrl+T组合键适当缩小并旋转圆形，将其填充为浅蓝色（R：176、G：213、B：254），如图8-60所示。

图8-59　　图8-60

（15）在缺口圆形内部绘制一个较小的白色圆形，然后选择“相机”图层组，为其添加投影，效果如图8-61所示。

（16）在“图层”面板中选择“底图”图层组，按Ctrl+J组合键复制图层组，将其放到“相机”图层组下方，适当调整部分图像的位置，并将底图颜色改为蓝色（R：175、G：217、B：255），效果如图8-62所示。

图8-61　　　　图8-62

（17）下面绘制对话图形。新建一个图层组，设置其名称为“对话”。选择“自定形状工具”，在属性栏中设置工具模式为“形状”、“填充”为绿色（R：143、G：195、B：32）、“描边”为黑色，在“形状”下拉列表中选择第一个形状，如图8-63所示。绘制出对话图形，如图8-64所示。

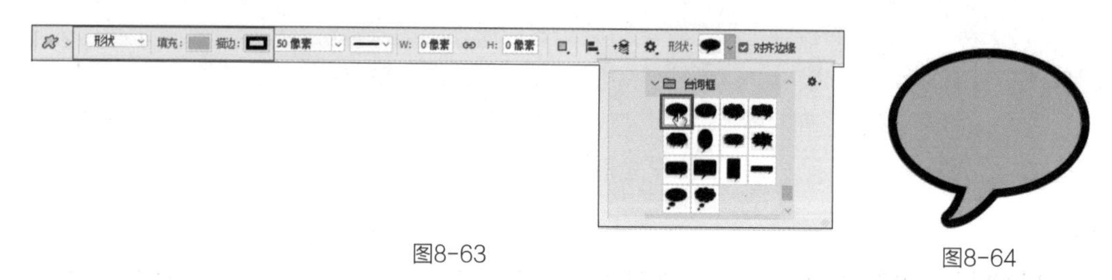

图8-63　　　　图8-64

（18）选择“直接选择工具”，按住Alt键调整造型，得到图8-65所示的效果。

（19）选择“添加锚点工具”，在对话图形右下角添加3个锚点，选择中间的锚点将其删除，得到分割的线段，如图8-66所示。

图8-65　　　　图8-66

（20）按Ctrl+J组合键复制对话图形，设置“填充”为淡绿色（R：143、G：195、B：31）、“描边”为无，将其向左下方移动，如图8-67所示。为其添加蒙版效果，隐藏超出边缘的图形区域，效果如图8-68所示。

图8-67　　　　图8-68

（21）选择“钢笔工具”，在属性栏中设置“描边”为白色，在对话图形内绘制两条线段，如图8-69所示。使用“椭圆工具”绘制3个圆形，将其填充为黑色，如图8-70所示。

图8-69

图8-70

(22)在“图层”面板中选择“对话”图层组，为其添加投影，效果如图8-71所示。

(23)在“图层”面板中选择“底图”图层组，按Ctrl+J组合键复制图层组，将其放到“对话”图层组下方，适当调整部分图像的位置，并将底图颜色改为绿色（R：187、G：232、B：165），效果如图8-72所示。

图8-71　　图8-72

(24)调整所有绘制好的图标的大小，将其排列成图8-73所示的样式，完成本实例的制作。

图8-73

知识拓展

任何设计都有其自身的特点，也有同其他物质相似的共性。学习了本实例后，可以看出，MBE风格最大的特点就是：外轮廓较粗且有断点、色块溢出、单一色块。掌握了这些特点，就能更好地制作出这一类图标。

在进行图标设计的时候，需要先规划好图标的大小，然后根据大小来设计合适的图标。只有了解了像素和屏幕分辨率，才能更好地根据需要制作出合适的图标。

- 像素。像素可以理解成一个个正方形的格子，一个像素可以呈现出一种颜色，多个像素组合在一起就成了一个完整的画面，像素的符号是px。
- 屏幕分辨率。屏幕分辨率就是指屏幕的像素点数，如720像素×1280像素的分辨率，就是指屏幕在横排上可以显示720个像素，竖排上可以显示1280个像素，两者相乘，表示屏幕上总共可以显示921600个像素。

8.3 实例：可爱风格手机界面设计

本实例将制作一个可爱风格的手机界面，利用背景素材来绘制可爱的主题日历。本实例使用的工具不多，制作简单，实例效果如图8-74所示。

图8-74

资源位置

实例位置　实例文件>第8章>可爱风格手机界面设计.psd

素材位置　素材文件>第8章>卡通形象.psd、粉色背景.jpg、图标.psd

视频位置　视频文件>第8章>可爱风格手机界面设计.mp4

微课视频

设计思路

（1）根据手机界面内容，将重要元素提炼出来，并思考内容板块的划分。

（2）在设计中，合理地运用色彩能够更好地展示作品，有利于传达信息。本实例的手机界面采用了粉红色调，以突出可爱的效果，然后在深色部分中添加文字内容，使画面更平衡。

（3）使用“横排文字工具” T.输入日历的文字内容，注意文字大小和字体的设置。

8.3.1 制作背景

（1）新建一个“宽度”和“高度”分别为1080像素和1920像素的图像文件，选择“文件→打开”菜单命令，打开“粉色背景.jpg”素材文件，使用“移动工具”将其拖曳至当前编辑的图像窗口中，放到画布上方，如图8-75所示。

（2）选择“吸管工具”，单击画布下方的深色色块，吸取前景色，然后选择“背景”图层，按Alt+Delete组合键填充背景，如图8-76所示。

图8-75

图8-76

（3）新建一个图层，选择“椭圆工具”，在属性栏中设置“填充”为白色、“描边”为无，在画布顶部绘制两个圆形，然后设置“填充”为无、“描边”为白色、宽度为2点，绘制3个相同大小的圆形，如图8-77所示。

（4）打开“图标.psd”素材文件，使用“移动工具”将其拖曳至当前编辑的图像窗口中，放到画布上方，使用“横排文字工具”输入时间和电量，将其填充为白色，如图8-78所示。

图8-77

图8-78

（5）选择“横排文字工具”，在属性栏中设置字体为“方正大黑简体”，在粉色背景中间输入月份的中英文文字，然后适当调整文字大小，并将其填充为洋红色（R：208、G：89、B：107），如图8-79所示。

图8-79

8.3.2 制作日期

（1）选择“横排文字工具” T，在属性栏中设置字体为“方正喵呜体”、颜色为白色，在深色背景中输入日期文字，然后参照图8-80所示的样式进行排列。

图8-80

（2）新建一个图层，将其放到日期文字图层下方。选择“矩形选框工具”，在图像中选择一个数字，在其四周绘制矩形选区，并将其填充为洋红色（R：208、G：89、B：107），如图8-81所示。

（3）打开“卡通形象.psd”素材文件，使用“移动工具”将其拖曳至当前编辑的图像窗口中，放到画布左下方，然后在其上方输入天气预报的内容，如图8-82所示，完成本实例的制作。

图8-81

图8-82

8.4 实战训练：手机音量键图标设计

本次实战训练将制作一个手机音量键图标。该图标造型简单，绘制起来并不复杂。需要注意的是，绘制时应通过颜色的渐变来体现出按键的层次感，图标效果如图8-83所示。

图8-83

资源位置

实例位置 实例文件>第8章>手机音量键图标设计.psd

素材位置 素材文件>第8章>听筒.psd

视频位置 视频文件>第8章>手机音量键图标设计.mp4

微课视频

设计思路

（1）确定图标的基本造型，运用重叠的方式，绘制多个圆形，营造图标的立体感。

（2）为图标添加投影效果，使用灰色调突出图标的严谨性。

制作要点

（1）使用“椭圆工具”绘制多个圆形，将其重叠放置，得到图标的基本外形，如图8-84所示。

（2）为圆形添加宽度“投影”图层样式，如图8-85所示。

（3）使用“直接选择工具”和“添加锚点工具”，在圆形左下角和上方中间分别单击增加锚点，按Delete键删除部分图形，然后改变半圆弧图形的颜色，如图8-86所示。

（4）在圆形中间绘制较大的圆形，对其应用灰色渐变填充，添加“听筒.psd”素材文件，如图8-87所示，完成制作。

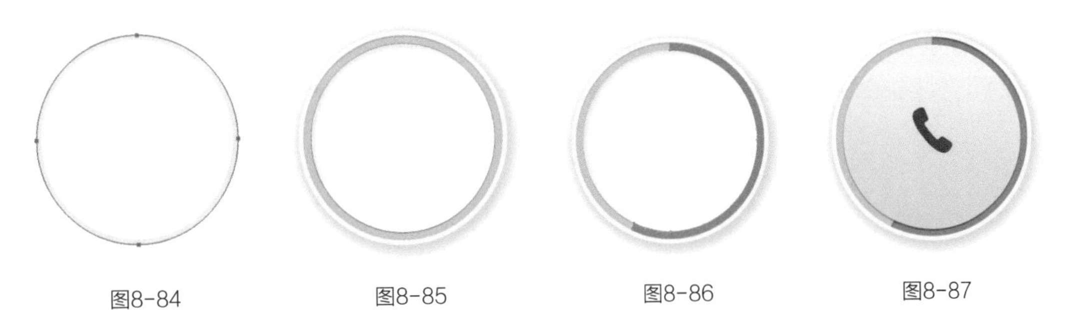

图8-84　图8-85　图8-86　图8-87

第9章 电商设计

本章首先介绍什么是电商美工，对电商设计师的主要工作进行了分析，然后介绍网店设计的版式布局，最后通过多个实例详细讲解如何制作出符合要求的电商设计作品。

9.1 电商设计概述

在进行电商设计之前，我们需要了解一些电商设计的相关知识。通过对这些知识的学习，我们可以在今后的工作中更好地进行设计，制作出符合需求的电商设计作品。

9.1.1 什么是电商设计

电商设计就是针对电子商务活动进行设计，其主要内容包括网店整体形象设计、网店活动设计，以及网店优化等。

9.1.2 电商设计师的主要工作

电商设计师的主要工作有优化商品图片、设计网店首页、制作活动海报、制作商品详情页等。

1. 优化商品图片

商品图片是店铺用来展示商品的工具。一张具有视觉冲击力和吸引力的商品图片，不仅能让商品从众多竞品中脱颖而出，还能提高网店的流量和点击率。因此，优化商品图片是每个电商设计师的必修课。

2. 设计网店首页

网店首页是网店对最新产品、最新活动、商品呈现等信息进行集中展示的区域，其目的是让顾客了解网店和网店内商品的信息，从而选择在该网店中购买商品。网店首页就像人的脸面一样重要。电商设计师会根据不同的节日或活动，对网店首页进行装修设计，让信息得到更新，使网店保持新鲜的形象。图9-1所示为一个典型的网店首页。

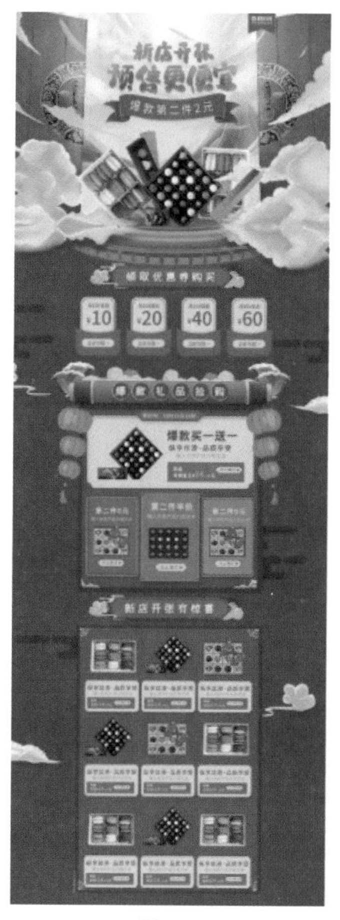

图9-1

3. 制作活动海报

活动海报是一种广告宣传手段，在网店中被大量使用，其作用是把各种促销活动的信息传递给顾客。制作出精美的活动海报是每个电商设计师的职责。精美的活动海报可以提高网店的流量和点击率，使网店得到更多人的关注，从而提高网店的成交量，如图9-2所示。

图9-2

4. 制作商品详情页

商品详情页是网店中一个很重要的部分，用以展示商品的形状、大小及细节，对商品做出详细的介绍。电商设计师在对商品详情页进行设计时，要突出商品的特点，结合图片和文字描述全方位地展示商品，使顾客对商品有清晰的了解，如图9-3所示。

图9-3

9.2 网店设计的版式布局

为了提高网店销售业绩，设计师在进行网店设计时，需要制作美观、适合商品的页面。利用图片和文字说明，将商品信息传达给顾客，再通过美观的页面布局，提升顾客的信任度，从而提高商品的销量。因此，在进行网店设计时，应注意以下3点。

9.2.1 对称与均衡

对称与均衡是统一的，都是让顾客在浏览网店的过程中获得心理上的稳定感。对称与均衡是指画面中心两边或四周具有相同数量的视觉元素而形成的画面均衡感。在对称与均衡中，采用“等形不等量”或“等量不等形”的手法组织画面内容，会增加细节的趣味性，使画面更加耐人寻味，如图9-4所示。

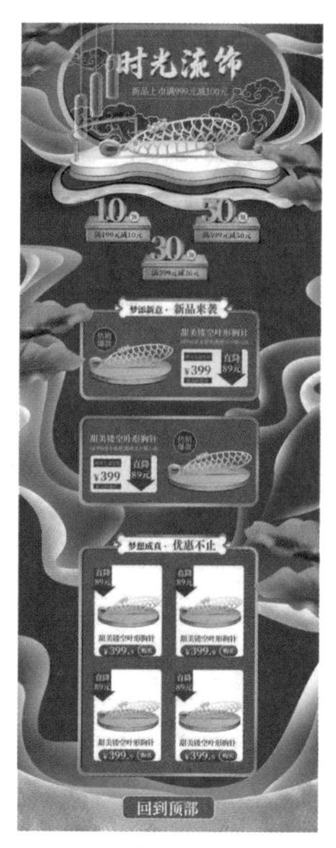

图9-4

9.2.2 对比与调和

对比与调和看似矛盾，其实它们是相辅相成的统一体，在很多网店设计中都存在对比关系。为了寻求视觉和心理上的平衡，电商设计师往往会在对比中寻求能够相互协调的元素，也就是在对比中寻求调和，让画面在富有变化的同时，又有和谐的审美情趣。

对比是把具有对比关系的两个设计元素进行比较，产生大小、明暗和粗细等对比关系。

调和是在各个设计元素之间寻求共同点，缓和各元素之间的矛盾冲突，使画面呈现出舒适、柔和的效果，如图9-5所示。

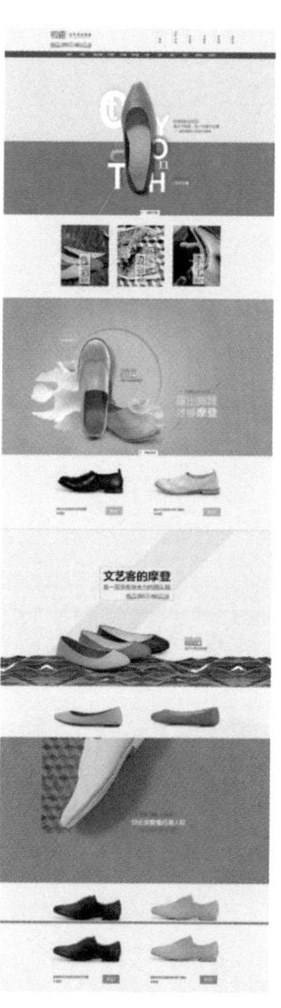

图9-5

9.2.3 虚实与留白

虚实与留白是版式设计中重要的视觉传达手段，采用对比与衬托的方式将画面的主体部分烘托出来，使版面层次更加清晰，主次分明。为了强调主体，我们可将主体外的部分进行虚化处理，用模糊的背景使主体突出，使主体更加明确。在网店设计中，通常会采用降低不透明度的方式来进行创作。留白是指在画面中巧妙地留出空白区域，赋予画面更多空间感，令人产生丰富的想象，如图9-6所示。

图9-6

9.3 实例：网店海报设计

本实例将制作一张网店海报，要求选合适的主色和设计风格，突出活动主题，实例效果如图9-7所示。

图9-7

资源位置

实例位置 实例文件>第9章>网店海报设计.psd

素材位置 素材文件>第9章>紫色.psd、水晶花.psd、玻璃珠.psd

视频位置 视频文件>第9章>网店海报设计.mp4

设计思路

（1）分析产品的消费群体，有针对性地选择主色和设计风格。

（2）将活动信息进行组合和编排，使海报能够快速吸引顾客。

（3）重点设计活动主题，为文字添加特殊效果。

（4）选择与文字匹配的图像，并合理排列。

9.3.1 制作唯美背景

（1）选择“文件→新建”菜单命令，打开“新建文档”对话框，设置文件名称为“网店海报设计”、“宽度”和“高度”分别为1920像素和845像素、分辨率为72像素/英寸，单击“创建”按钮，新建一个空白图像文件，如图9-8所示。

图9-8

（2）选择“渐变工具”，单击属性栏中的“线性渐变”按钮，单击左侧的渐变色条，打开“渐变编辑器”对话框，设置渐变颜色为不同深浅的紫色（R：218、G：189、B：246），如图9-9所示。单击“确定”按钮，对背景应用线性渐变填充，如图9-10所示。

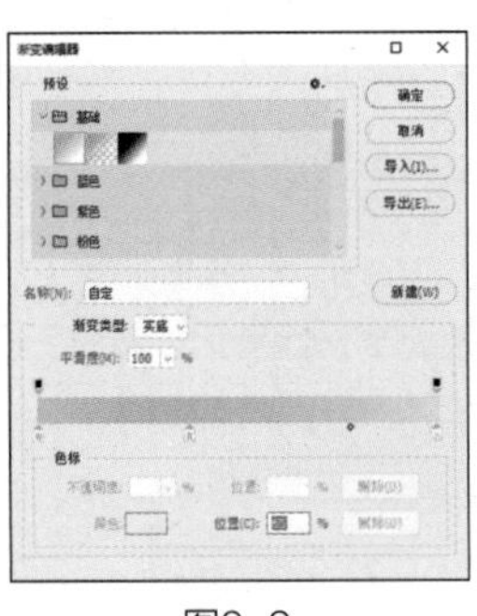

图9-9

图9-10

（3）新建一个图层，设置前景色为粉红色（R：252、G：179、B：234）。选择“画笔工具”，在属性栏中设置画笔样式为“柔边圆”、“大小”为250像素，在画布右下方绘制柔和的图像，如图9-11所示。

图9-11

（4）打开“水晶花.psd”素材文件，如图9-12所示，使用“移动工具”将其拖曳至当前图像窗口中，放到画布右下方。按Ctrl+T组合键适当调整花朵大小，并在“图层”面板中设置图层混合模式为“叠加”，效果如图9-13所示。

图9-12

图9-13

（5）选择“图层→图层样式→投影”菜单命令，打开“图层样式”对话框，设置混合模式为“叠加”、颜色为黑色，其他参数设置如图9-14所示。单击“确定”按钮，得到投影效果，如图9-15所示。

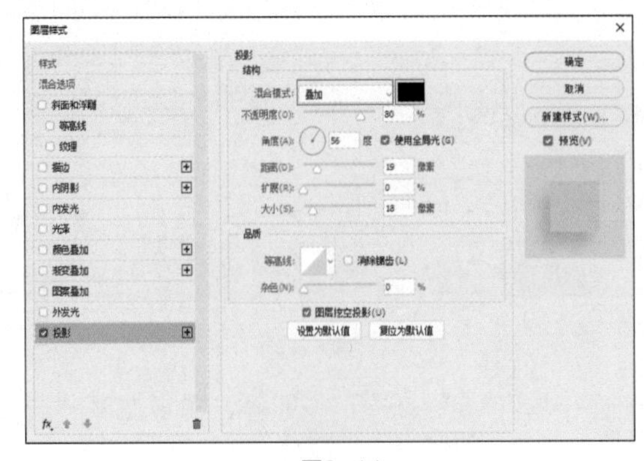

图9-14

图9-15

（6）按Ctrl+J组合键两次，复制两个图层，将复制的水晶花放到画布左侧。然后分别选择水晶花，按Ctrl+T组合键改变角度和大小，效果如图9-16所示。

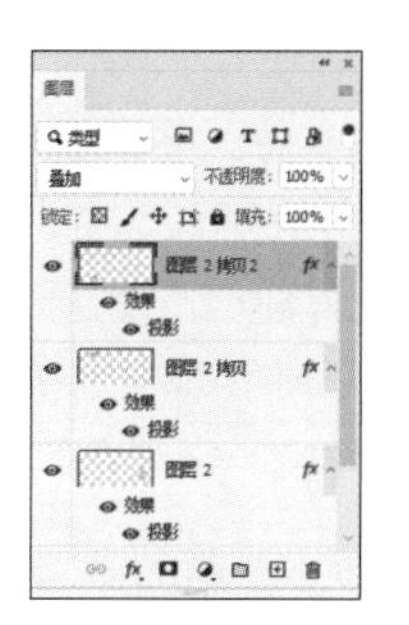

图9-16

（7）打开“紫色.psd”素材文件，选择较大的那个图像，使用“移动工具”将其拖曳至当前编辑的图像窗口中，放到画布左侧，如图9-17所示。选择较小的那个图像，使用同样的方法将其放到画布右侧，并在“图层”面板中设置该图层混合模式为“叠加”，效果如图9-18所示。

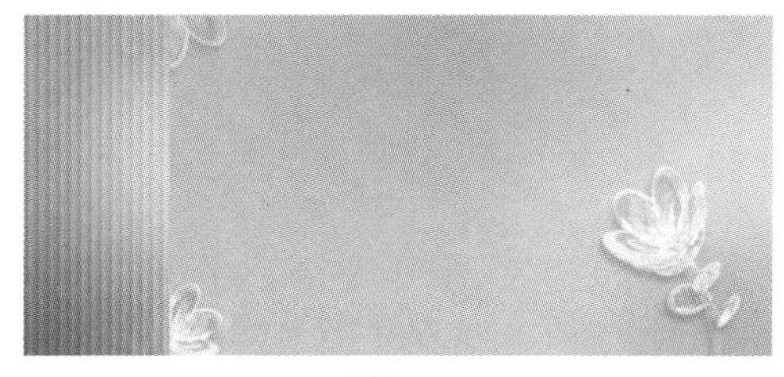

图9-17

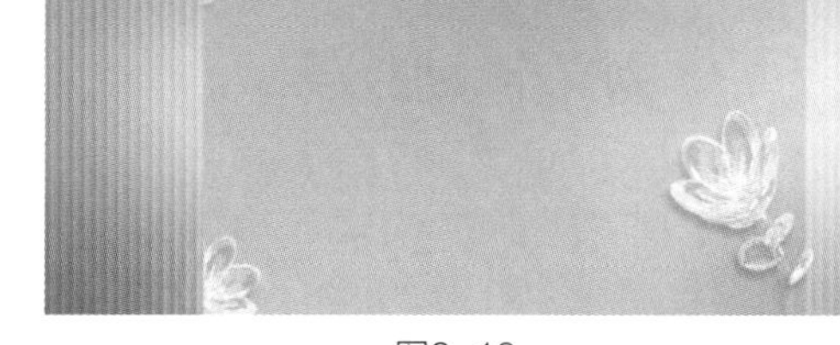

图9-18

（8）新建一个图层，选择“多边形套索工具”，在画布中绘制一个不规则选区，如图9-19所示。

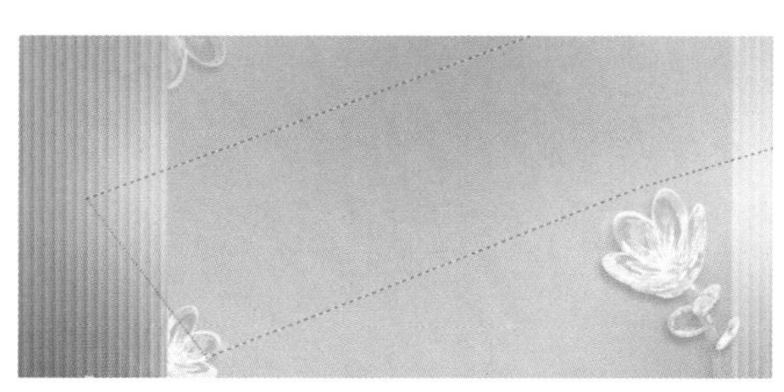

图9-19

（9）选择“选择→修改→羽化选区”菜单命令，打开“羽化选区”对话框，设置“羽化半径”为50像素，如图9-20所示。设置前景色为白色，按Alt+Delete组合键填充选区，如图9-21所示。

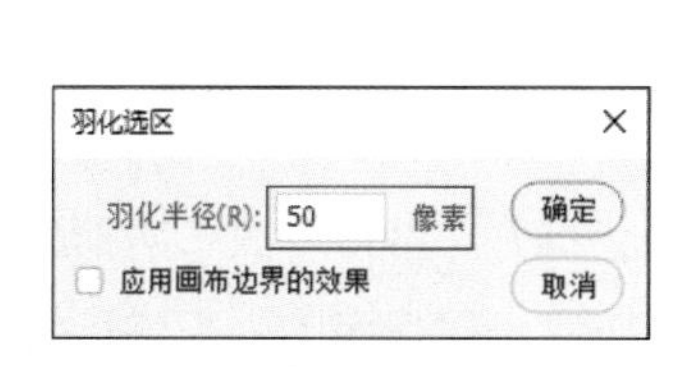

图9-20

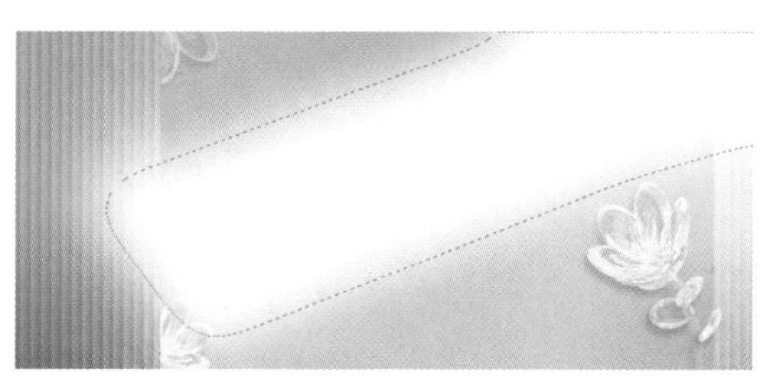

图9-21

如果设置的“羽化半径”数值过大，Photoshop 2022会弹出一个警告对话框，提醒用户羽化后的选区将不可见（但选区仍然存在）。

（10）选择“橡皮擦工具”，在属性栏中设置“不透明度”为50%，然后适当擦除白色图形，得到半透明图像，如图9-22所示。

（11）新建一个图层，选择“多边形套索工具”，在属性栏中单击“添加到选区”按钮，设置“羽化”为60像素，在画布右上方绘制两个羽化选区，将其填充为白色，如图9-23所示。

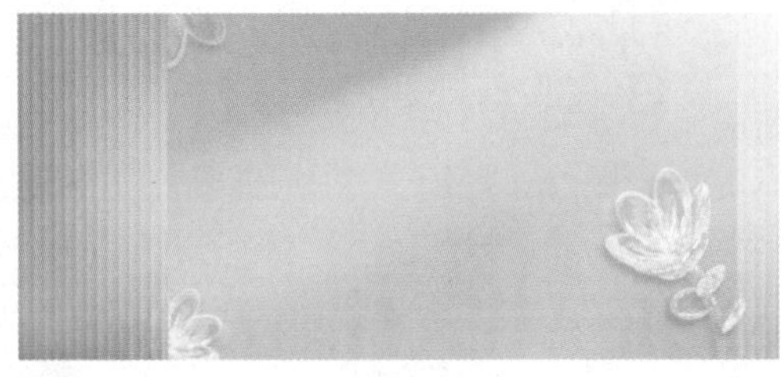

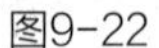

图9-22

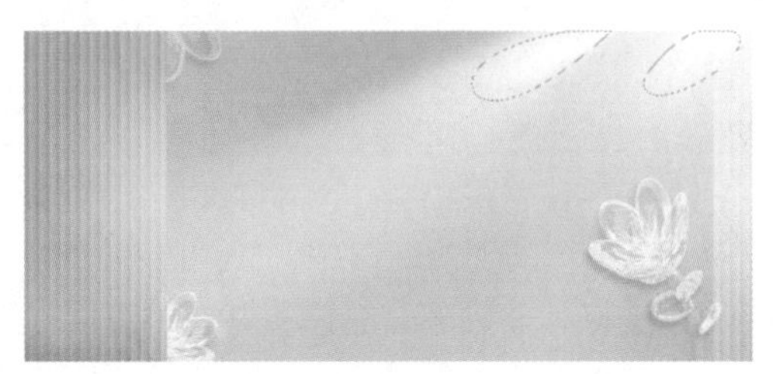

图9-23

9.3.2 为文字添加效果

（1）选择“横排文字工具”，在画布中输入两行文字。打开“字符”面板，设置行间距和字符间距，单击“仿斜体”按钮，设置“颜色”为紫色（R：157、G：139、B：250），如图9-24所示。

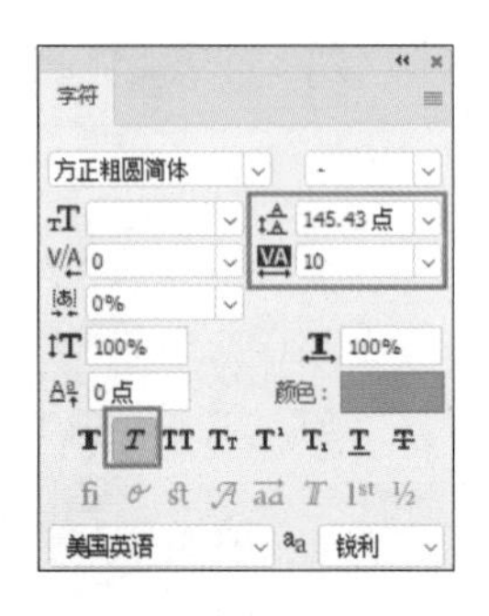

图9-24

（2）按Ctrl+T组合键适当旋转文字，得到图9-25所示的效果。

图9-25

（3）选择“图层→图层样式→斜面和浮雕”菜单命令，打开“图层样式”对话框，设置“样式”为“内斜面”，单击下方“光泽等高线”右侧的按钮，在弹出的列表中选择一种等高线样式，其他参数设置如图9-26所示。

（4）勾选“图层样式”对话框左侧的“等高线”选项，在右侧设置等高线样式为“环形”、“范围”为50%，如图9-27所示。

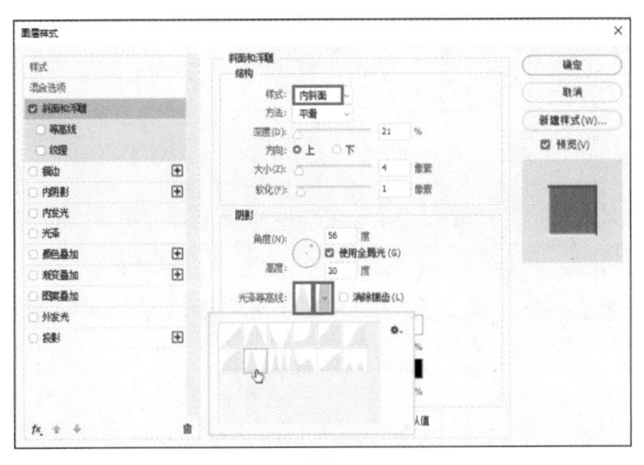

图9-26

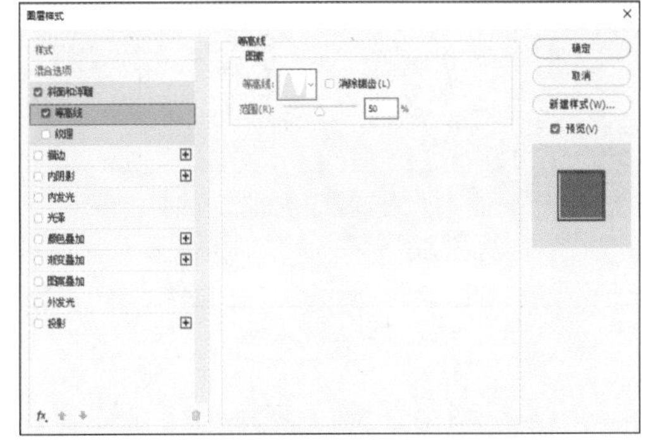

图9-27

（5）勾选“描边”选项，设置描边“大小”为2像素、“颜色”为白色，其他参数设置如图9-28所示。勾选“光泽”选项，设置“混合模式”为“颜色减淡”、颜色为白色，设置等高线样式为“高斯”，其他参数设置如图9-29所示。

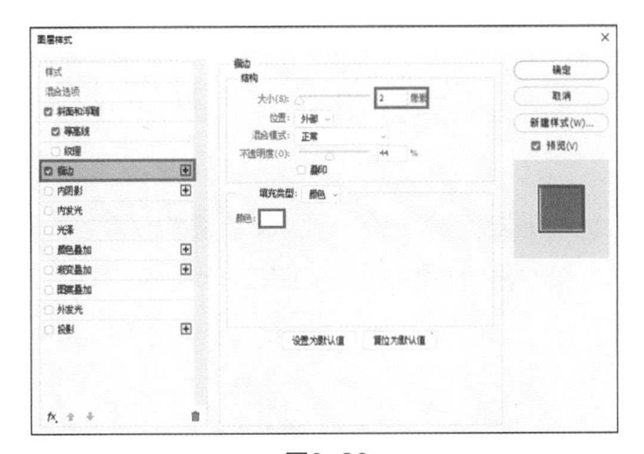

图9-28

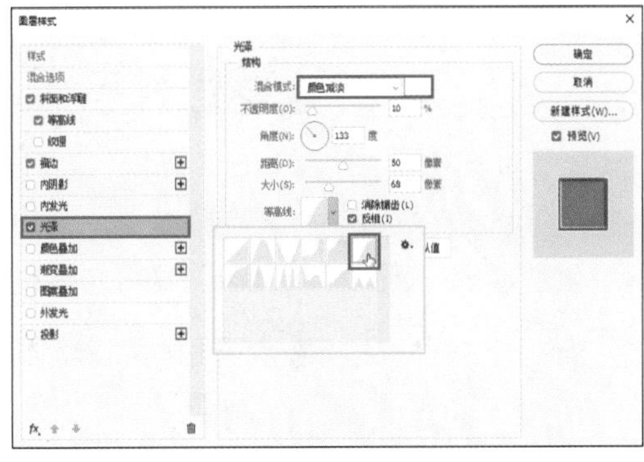

图9-29

（6）勾选“渐变叠加”选项，设置“混合模式”为“叠加”、渐变颜色从黑色到白色，其他参数设置如图9-30所示。

（7）勾选“外发光”选项，设置“混合模式”为“高光”、颜色为白色，其他参数设置如图9-31所示。

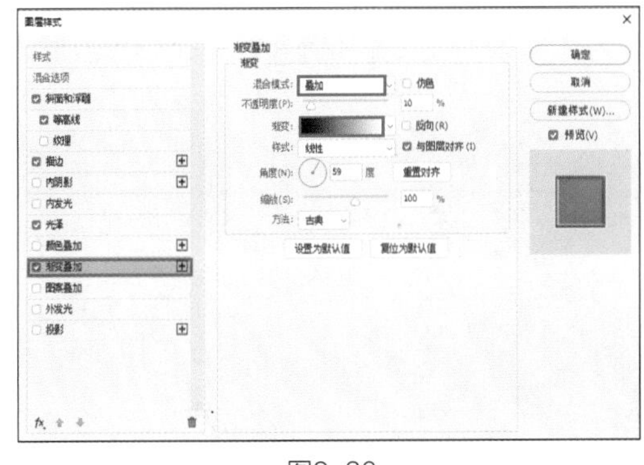

图9-30

图9-31

（8）勾选“投影”选项，设置“混合模式”为“叠加”、颜色为黑色，其他参数设置如图9-32所示。单击“确定”按钮，得到添加图层样式后的效果，如图9-33所示。

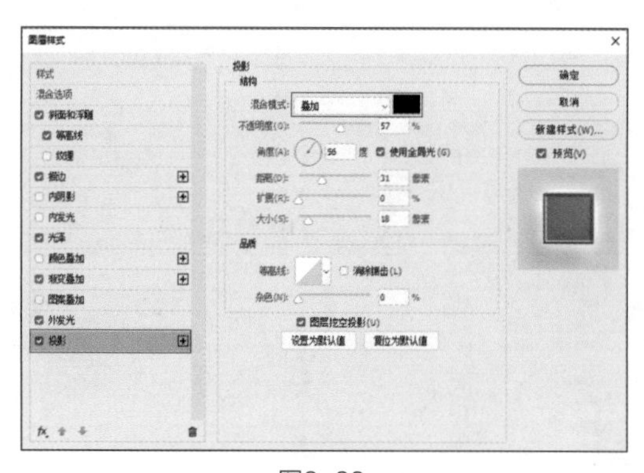
图9-32

图9-33

（9）在文字图层上方新建一个图层，设置前景色为洋红色（R：224、G：119、B：192），选择“画笔工具” ，在文字右上方绘制较大的色团，如图9-34所示。

图9-34

（10）选择“图层→创建剪贴蒙版”菜单命令，新建剪贴蒙版，隐藏超出文字的图像区域，效果如图9-35所示，“图层”面板中也将新建一个剪贴蒙版图层，如图9-36所示。

图9-35

图9-36

（11）选择“矩形工具” ，在属性栏中设置工具模式为“形状”、“填充”为紫色（R：148、G：133、B：251）、“描边”为无、“半径”为70像素，在文字下方绘制一个圆角矩形，如图9-37所示。

图9-37

（12）按住Ctrl键向上拖曳变换框右侧中间的控制点，如图9-38所示，得到圆角矩形的斜切效果，如图9-39所示。

图9-38

图9-39

（13）新建一个图层，设置前景色为洋红色（R：236、G：146、B：218），选择“画笔工具”，在圆角矩形右上方绘制一个色团，如图9-40所示。

（14）按Alt+Ctrl+G组合键新建剪贴蒙版，隐藏超出圆角矩形的色团区域，效果如图9-41所示。

图9-40

图9-41

（15）在“图层”面板中选择文字图层，单击鼠标右键，在弹出的快捷菜单中选择“拷贝图层样式”命令，如图9-42所示。

（16）选择圆角矩形所在的图层，单击鼠标右键，在弹出的快捷菜单中选择“粘贴图层样式”命令，如图9-43所示将文字图层的样式复制给圆角矩形图层，效果如图9-44所示。

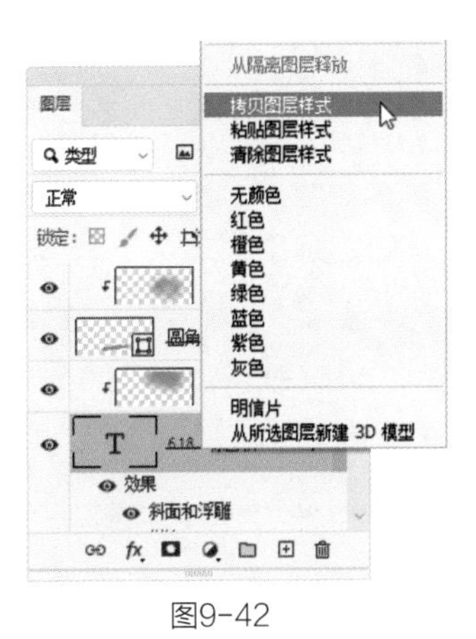

图9-42

图9-43

图9-44

（17）按Ctrl+J组合键复制圆角矩形图层，将其拖曳至“图层”面板顶部。删除“斜面和浮雕”“光泽”以外的图层样式，并设置“填充”为0%，得到图9-45所示的效果。

（18）选择“横排文字工具” T，在属性栏中设置字体为“黑体”、颜色为白色，在圆角矩形中输入一行文字，按Ctrl+T组合键适当调整文字大小和倾斜度，如图9-46所示。

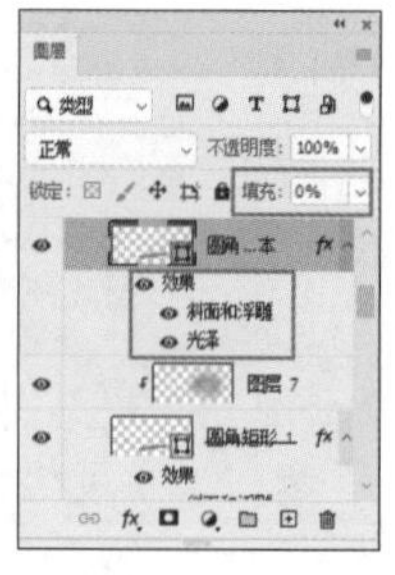

图9-45

图9-46

（19）选择“图层→图层样式→投影”菜单命令，打开“图层样式”对话框，设置“混合模式”为“叠加”、颜色为黑色，其他参数设置如图9-47所示。单击“确定”按钮，得到投影效果，如图9-48所示。

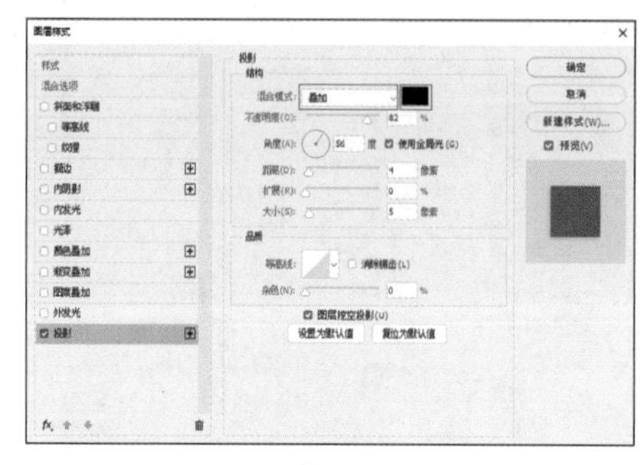

图9-47

图9-48

（20）在画布上方输入一行文字，将其填充为白色，调整倾斜度，添加“投影”图层样式，如图9-49所示。

（21）打开“玻璃珠.psd”素材文件，使用“移动工具”将其拖曳至当前编辑的图像窗口中，分别放到文字上方和下方，如图9-50所示，完成本实例的制作。

图9-49

图9-50

9.4 实例：网店优惠券设计

本实例将制作一张网店优惠券，首先绘制出一个水晶底座，然后通过“图层样式”的设置制作出水晶文字效果，实例效果如图9-51所示。

图9-51

资源位置

实例位置 实例文件>第9章>网店优惠券设计.psd

素材位置 素材文件>第9章>线条.psd

视频位置 视频文件>第9章>网店优惠券设计.mp4

设计思路

（1）根据海报内容的整体风格，确定优惠券的主色与文字设计风格。

（2）制作水晶底座图像，与文字相互配合。

9.4.1 制作水晶底座

（1）新建一个图像文件，设置前景色为浅紫色（R：223、G：198、B：247），按Alt+Delete组合键为背景填充浅紫色，如图9-52所示。

图9-52

（2）选择“椭圆工具”，在属性栏中设置工具模式为“形状”、“填充”为紫色（R：148、G：133、B：251）、“描边”为无，在画布中绘制一个椭圆形，按Ctrl+T组合键适当旋转椭圆形，如图9-53所示。

图9-53

（3）选择“图层→图层样式→斜面和浮雕”菜单命令，打开“图层样式”对话框，设置样式为“内斜面”，然后在“光泽等高线”下拉列表中选择“环形”选项，其他参数设置如图9-54所示。

（4）勾选“图层样式”对话框左侧的“等高线”选项，在右侧设置等高线样式为“环形”、“范围”为41%，如图9-55所示。

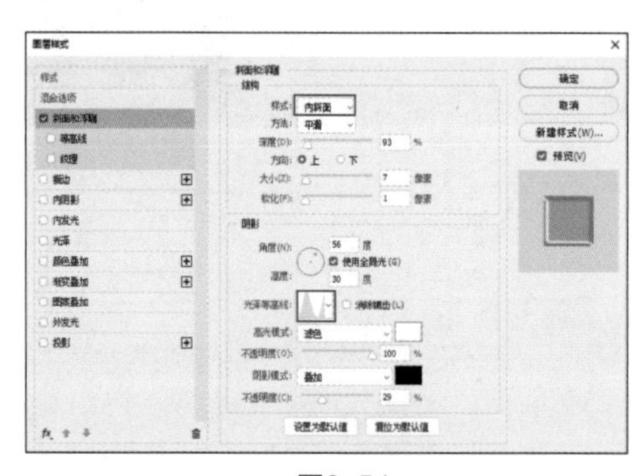

图9-54

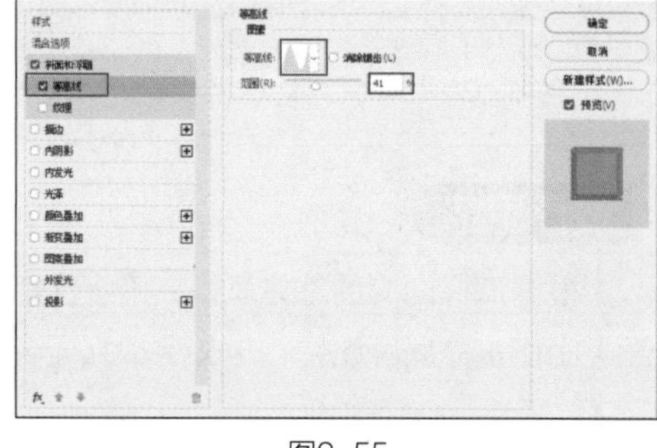

图9-55

（5）勾选“描边”选项，设置描边“大小”为2像素、“位置”为“外部”、“不透明度”为85%，在“填充类型”下拉列表中选择“渐变”选项，单击下方的渐变色条，打开“渐变编辑器”对话框，设置渐变色为白色—透明—白色，其他参数设置如图9-56所示。

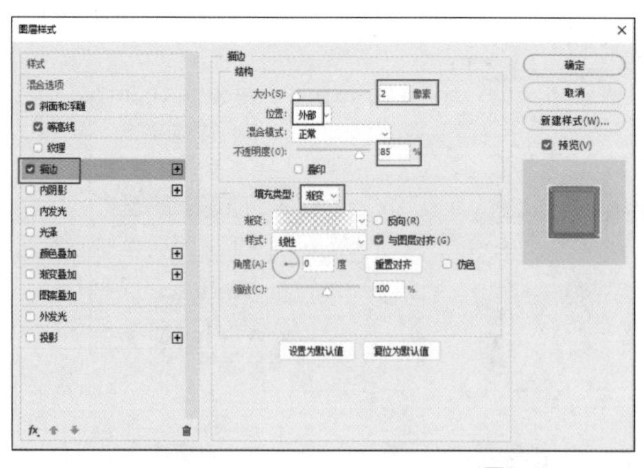

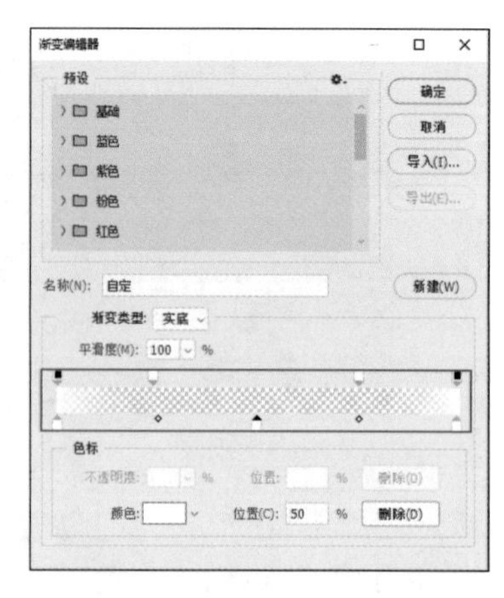

图9-56

（6）勾选“内阴影”选项，设置“混合模式”为“正片叠底”、颜色为紫色（R：228、G：193、B：246），其他参数设置如图9-57所示。

（7）勾选“光泽”选项，设置“混合模式”为“颜色减淡”、颜色为白色、等高线样式为“高斯”，其他参数设置如图9-58所示。

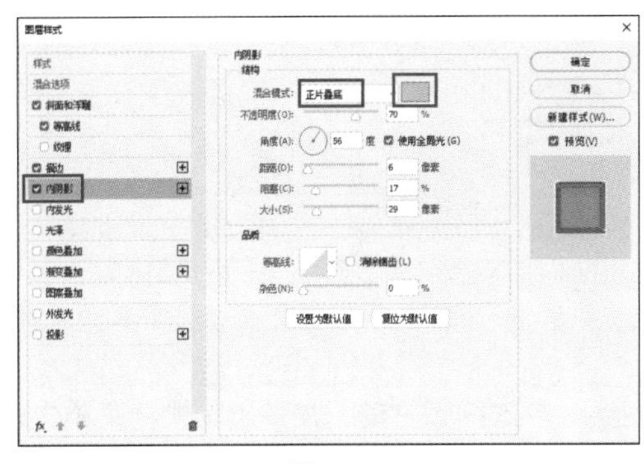

图9-57

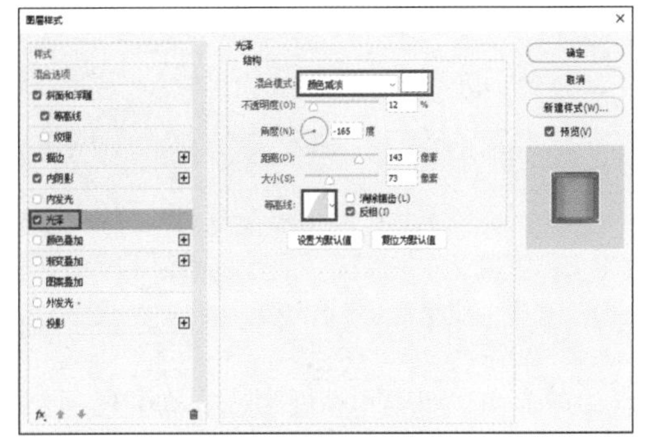

图9-58

（8）勾选“渐变叠加”选项，设置“混合模式”为“叠加”、渐变颜色是从黑色到白色，其他参数设置如图9-59所示。

（9）勾选“外发光”选项，设置“混合模式”为“颜色减淡”、颜色为淡黄色（R：255、G：254、B：221），其他参数设置如图9-60所示。

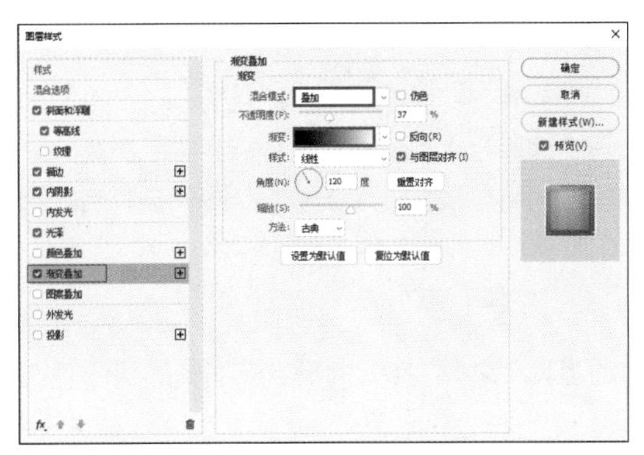

图9-59

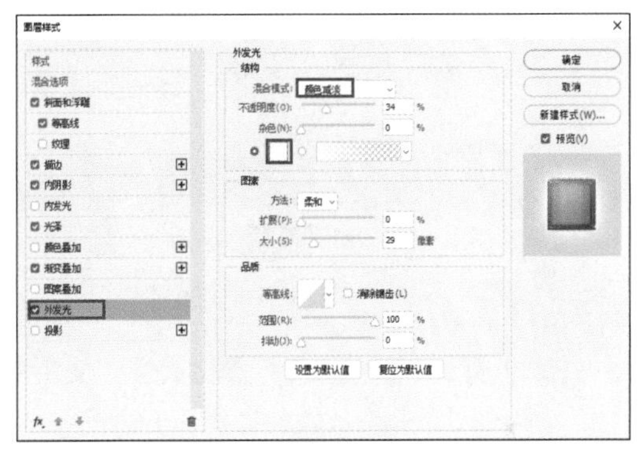

图9-60

（10）勾选“投影”选项，设置混合模式为“叠加”、颜色为黑色，其他参数设置如图9-61所示。单击“确定”按钮，得到添加图层样式后的效果，如图9-62所示。

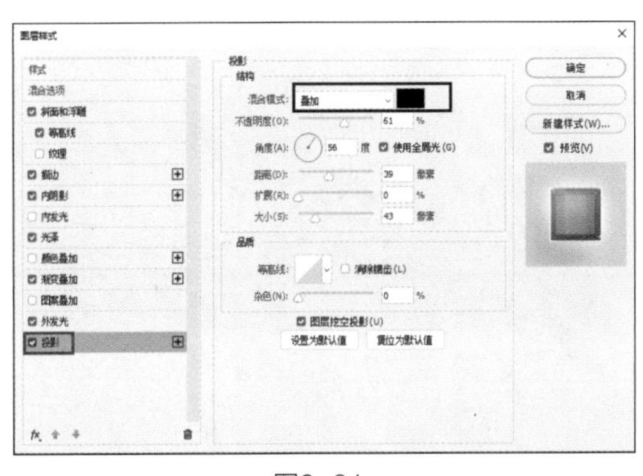

图9-61

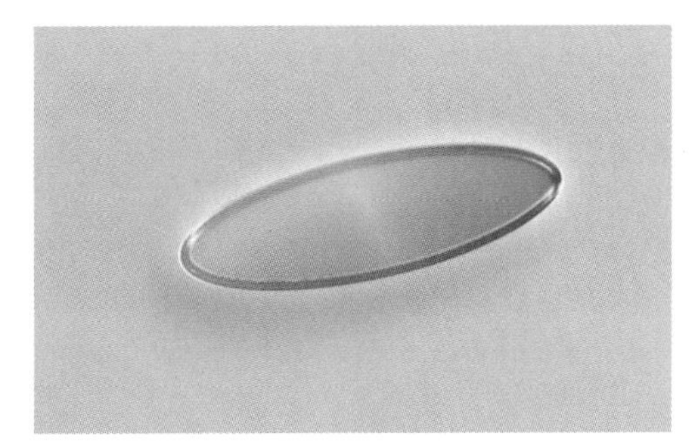

图9-62

（11）选择“钢笔工具”，在属性栏中设置工具模式为“形状”、“填充”为紫色（R：148、G：133、B：251）、“描边”为无，在椭圆形下方绘制一个弧形，如图9-63所示。

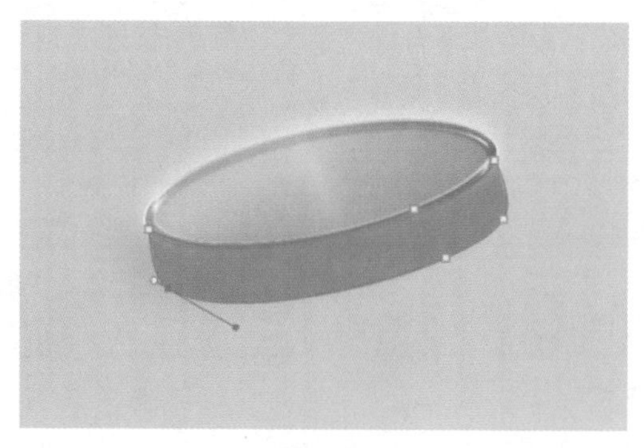

图9-63

（12）在“图层”面板中选择椭圆形所在的图层，单击鼠标右键，在弹出的快捷菜单中选择“拷贝图层样式”命令，如图9-64所示。选择刚刚绘制的弧形所在的图层，单击鼠标右键，在弹出的快捷菜单中选择“粘贴图层样式”命令，得到粘贴样式后的效果，如图9-65所示。

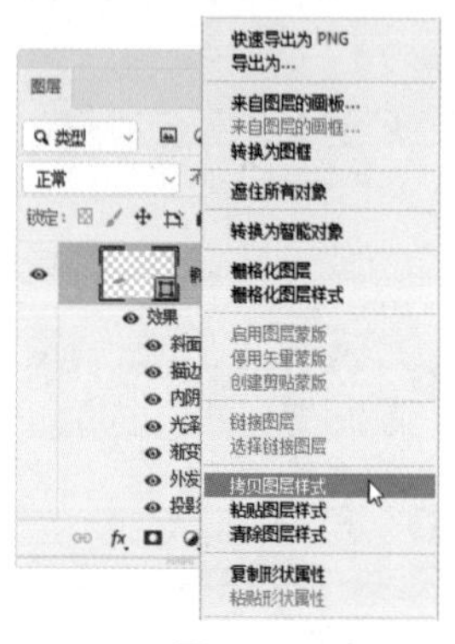

图9-64

图9-65

（13）打开“线条.psd”素材文件，使用“移动工具”将其拖曳至当前编辑的图像窗口中，与弧形图像叠加放置，如图9-66所示。

（14）选择“图层→创建剪贴蒙版”菜单命令，隐藏超出弧形图像的线条区域，如图9-67所示，得到水晶底座图像。

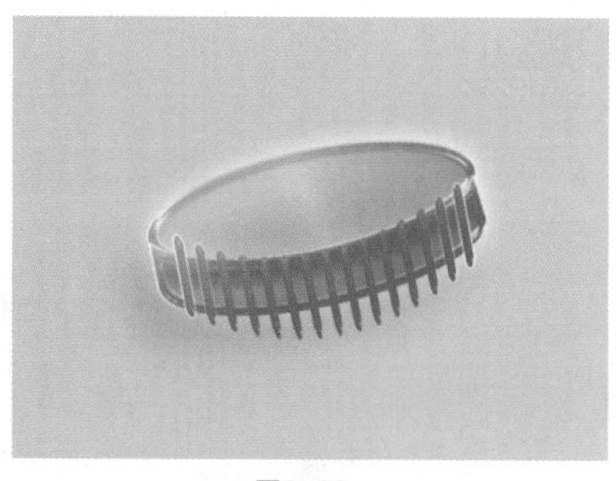

图9-66

图9-67

9.4.2 制作水晶文字

（1）选择“横排文字工具”，在属性栏中设置字体为“方正汉真广标简体”、颜色为紫色（R：182、G：172、B：255），在画布中输入数字2，按Ctrl+T组合键适当调整文字大小和角度，放到水晶底座上方，如图9-68所示。

（2）选择文字图层，单击鼠标右键，在弹出的快捷菜单中选择“粘贴图层样式”命令，将水晶底座中的图层样式粘贴过来，在“图层”面板中设置“填充”为73%，删除部分图层样式，剩余图层样式如图9-69所示。

图9-68

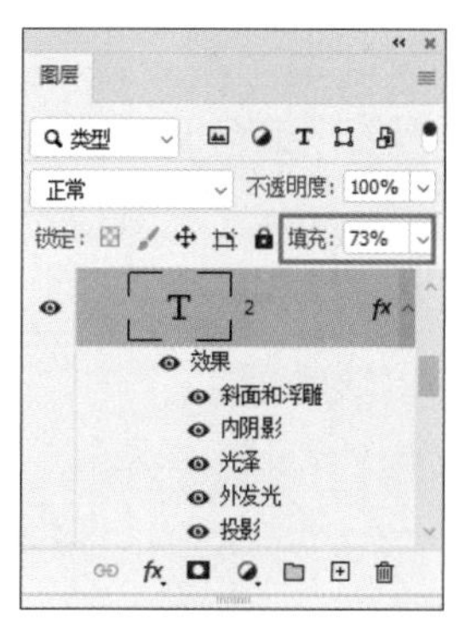

图9-69

（3）选择“图层→图层样式→缩放图层效果”菜单命令，打开“缩放图层效果”对话框，设置“缩放”为150%，如图9-70所示。单击“确定”按钮，得到水晶文字效果，如图9-71所示。

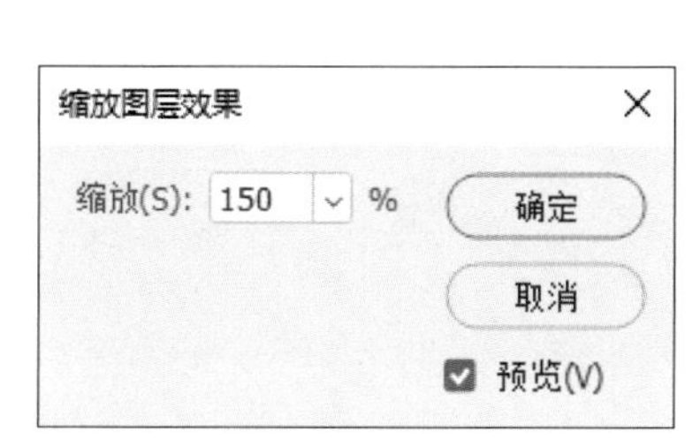

图9-70

图9-71

（4）选择“横排文字工具” T，在属性栏中设置与数字2相同的文字属性，输入数字0，按Ctrl+T组合键调整文字角度，如图9-72所示。

（5）复制数字2的图层样式，选择数字0所在的图层，粘贴图层样式，得到图9-73所示的效果。

图9-72

图9-73

（6）选择“横排文字工具” T.，在属性栏中设置字体为“黑体”，在底座中输入一行活动内容文字，然后为其添加“投影”图层样式，得到第一组优惠券效果，如图9-74所示。

（7）选择“2”“0”图层，按Ctrl+J组合键将图层组合，再复制两次该图层组，分别选择其中的文字，修改内容和颜色，参照图9-75所示的样式排列文字位置。

图9-74

图9-75

（8）打开9.3节中制作的“网店海报设计.psd”图像文件，选择其中的圆角矩形和文字，将其拖曳至当前编辑的图像窗口中，如图9-76所示。

（9）按Ctrl+T组合键适当调整圆角矩形和文字的角度，然后改变文字内容，如图9-77所示，完成本实例的制作。

图9-76

图9-77

9.5 实战训练：领券入口图设计

本次实战训练的内容是网店中的领券入口图，要求设计中有喜庆和欢乐的氛围，能够让人准确地找到按钮入口，效果如图9-78所示。

图9-78

资源位置

实例位置 实例文件>第9章>领券入口图设计.psd

素材位置 素材文件>第9章>红包.psd、金币.psd

视频位置 视频文件>第9章>领券入口图设计.mp4

微课视频

设计思路

（1）运用醒目的红色和黄色作为主色，具有突出图标的作用。

（2）运用“红包”和“金币”等元素点明主题，并将按钮放到整个图的中间，让顾客更易操作。

制作要点

（1）使用“钢笔工具”绘制两个深浅不同的红色四边形，通过组合得到立体矩形的效果，如图9-79所示。

（2）绘制圆角矩形并为其描边，得到入口处的文字显示区域，如图9-80所示。

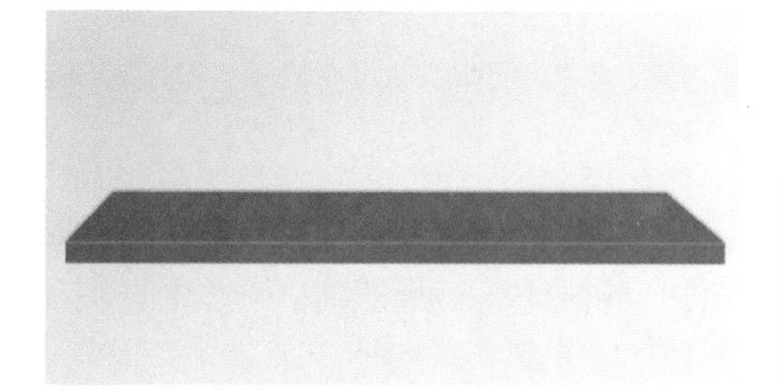

图9-79

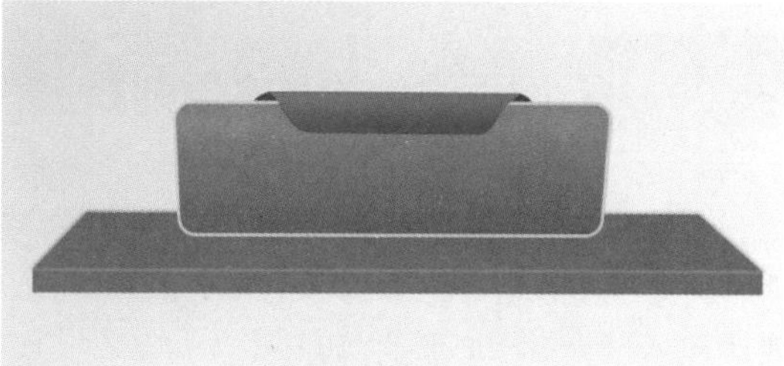

图9-80

（3）使用“横排文字工具”T.在画布中输入文字，并对主要文字进行渐变填充，效果如图9-81所示。

（4）添加“红包.psd”和“金币.psd”素材文件，将其分别放到画布两侧，如图9-82所示，完成制作。

图9-81

图9-82

第10章 网页设计

本章首先介绍网页设计的相关知识，包括网页设计的基本原则和基本元素，然后通过多个实例详细讲解如何使用Photoshop 2022设计并制作符合要求的网页。

10.1 网页设计概述

我们上网时经常打开网页，凡是通过浏览器打开的页面，都可以称为网页。网页作为网站内容的表现形式，具备声音、图片、动画等多种元素。

10.1.1 网页设计的基本原则

网页设计的基本原则有以下7个：坚持用户导向原则、简洁且易于操作原则、布局控制原则、视觉平衡原则、色彩的搭配和文字的可阅读性原则、和谐与一致性原则、个性化原则。图10-1所示为一个典型的网页。

图10-1

10.1.2 网页设计的基本元素

网页设计的基本元素包括文字、图片、版式、色彩和多媒体。

1. 文字

网页中的文字包括标题、内容、链接等，在网页中可通过字体、大小、颜色等设置来确定文字属性，如图10-2和图10-3所示。

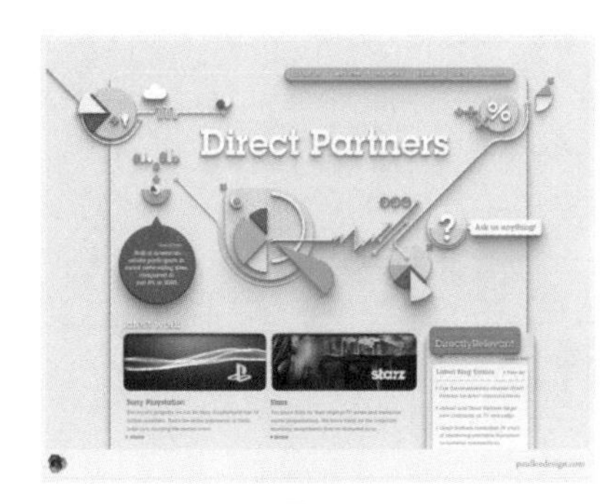

图10-2

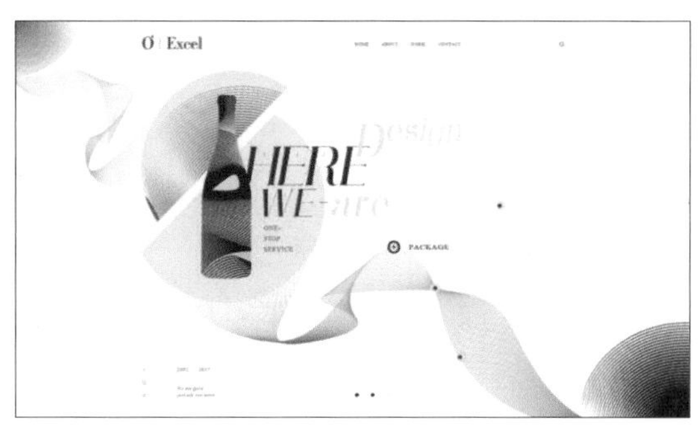

图10-3

2. 图片

网页中的图片包括背景图、主图、按钮等，如图10-4至图10-6所示，网页中的图片一般以JPG和GIF格式为主。

图10-4

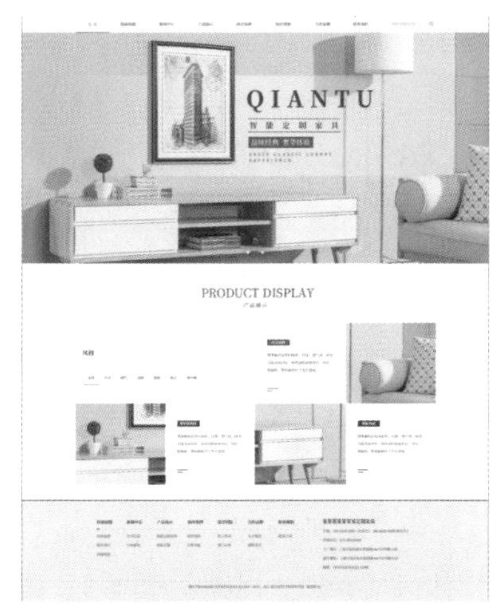

图10-5

图10-6

3. 版式

网页中版式的作用是，根据网页传达内容的需要，将不同的文字和图片按照一定的形式进行编排，并以一个整体的效果加以呈现，如图10-7和图10-8所示。

图10-7

图10-8

4. 色彩

网页中色彩的作用是使网页更美观。在搭配时，设计师应注意不要只运用一种色调，也不要太过于花哨，一般使用一两种主调色，配以辅助色。背景色的设计要考虑与前景文字的搭配，不能影响浏览者阅读内容。页面标题要突出，其色彩要与页面主色拉开层次，可以使用主色的对比色。导航、按键、提示等可以使用跳跃性的色彩，既能吸引浏览者的注意，又能让网页的功能清晰明了、层次分明，如图10-9所示。

图10-9

5. 多媒体

网页中的多媒体包括音频、视频、动画等，如图10-10和图10-11所示。

图10-10

图10-11

适量加入视频能使网页变得精彩而富有动感。视频文件的格式非常多，常见的有RM、MPEG和AVI等。

10.2 实例：网页首图设计

本实例将制作一个网页上方的首图，先确定网页的背景色，然后根据网页内容设计各种元素，实例效果如图10-12所示。

图10-12

资源位置

实例位置 实例文件>第10章>网页首图设计.psd

素材位置 素材文件>第10章>阳光.psd、热气球.psd、飞鸟.psd

视频位置 视频文件>第10章>网页首图设计.mp4

设计思路

（1）分析网页内容，有针对性地挑选主要元素，运用形状工具绘制出主要元素。

（2）为了突出安全、可信赖的特点，选择蓝色为主色。

（3）选择圆滑的字体，让设计更加温馨，拉近与用户的距离。

10.2.1 绘制网页背景

（1）选择“文件→新建”菜单命令，打开“新建文档”对话框，设置文件名称为“网站首页背景设计”、“宽度”和“高度”分别为1920像素和3400像素，如图10-13所示，单击“创建”按钮，新建一个空白图像文件。

图10-13

知识拓展

随着科技的发展，显示器越来越大，分辨率也越来越高。为了照顾使用不同显示器的用户，设计师通常需要将网页的整体宽度设置为1024像素，网页内容宽度设置为1002像素~1004像素，而高度则可以根据需要制作的内容来定。

（2）设置前景色为淡蓝色（R：244、G：252、B：254），按Alt+Enter组合键将背景填充为淡蓝色，如图10-14所示。

（3）新建一个图层，选择“矩形选框工具”，在画布顶部绘制一个矩形选区。选择“渐变工具”，在属性栏中设置渐变类型为“径向渐变”，设置渐变色为天蓝色（R：74、G：208、B：244）到蓝色（R：25、G：189、B：239），填充矩形选区，如图10-15所示。

（4）单击“图层”面板底部的“创建组”按钮，新建一个图层组，并重命名为“云”，如图10-16所示。

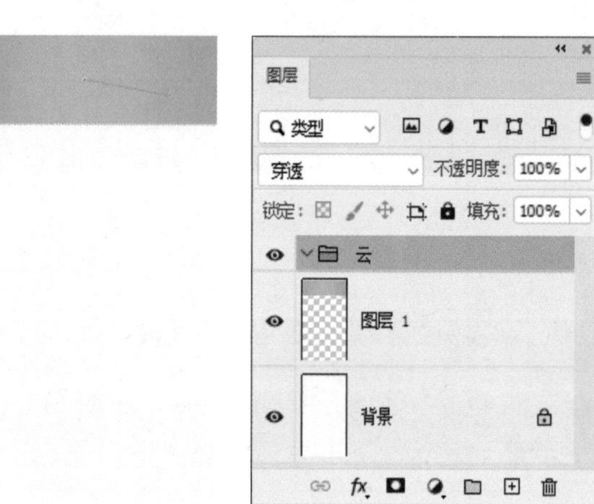

图10-14 图10-15 图10-16

（5）选择“椭圆工具”，在属性栏中设置工具模式为“形状”、“填充”为白色、“描边”为无，按住Shift键，通过加选的方式绘制多个重叠的圆形和椭圆形，如图10-17所示。图层组中也将新建形状图层，如图10-18所示。

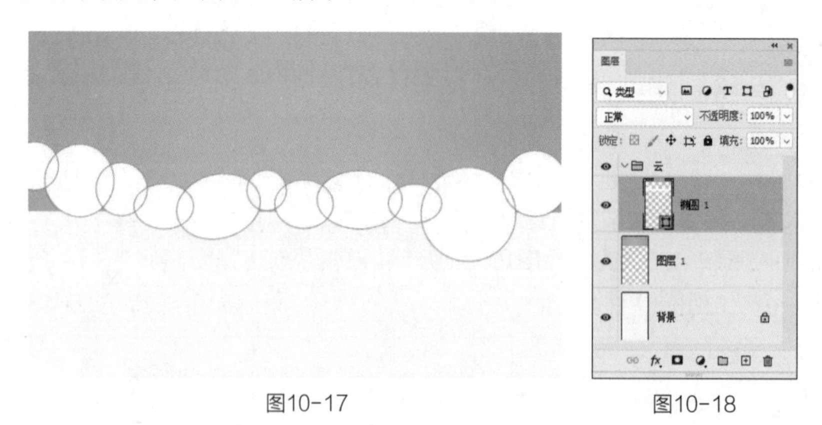

图10-17 图10-18

（6）在“图层”面板中设置该图层的“不透明度”为20%，得到透明的圆形图像，如图10-19所示。

（7）选择“椭圆工具”，在属性栏中设置“填充”为淡蓝色（R：244、G：252、B：

254），在矩形下方绘制多个重叠的圆形和椭圆形，如图10-20所示。

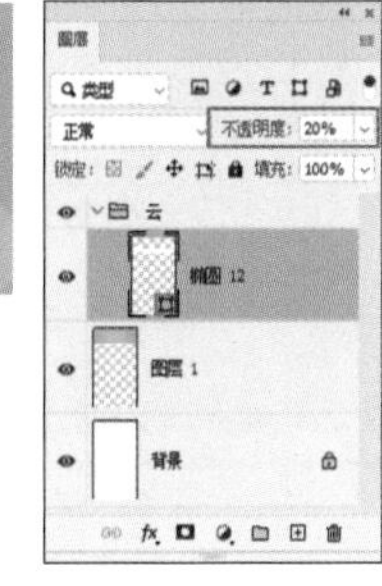

图10-19

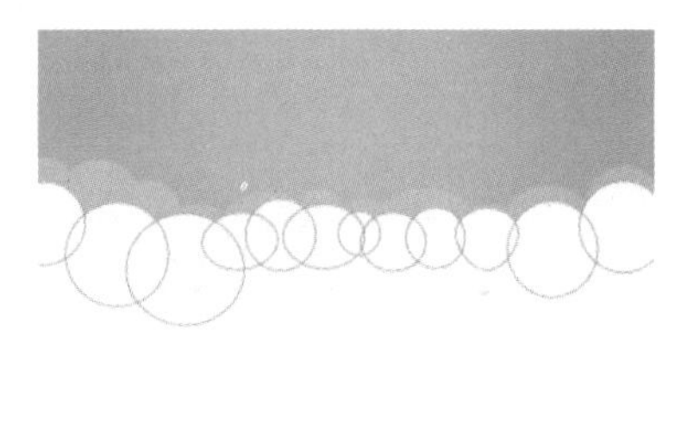

图10-20

10.2.2 绘制层叠云朵

（1）在“图层”面板中创建一个图层组，并将其重命名为“云朵”。选择“钢笔工具”，在属性栏中设置工具模式为“形状”，设置“填充”为白色、“描边”为无，绘制一个云朵图形，如图10-21所示。

（2）选择“图层→图层样式→投影”菜单命令，打开“图层样式”对话框，设置投影颜色为黑色，其他参数设置如图10-22所示，单击“确定”按钮，得到投影效果，如图10-23所示。

图10-21

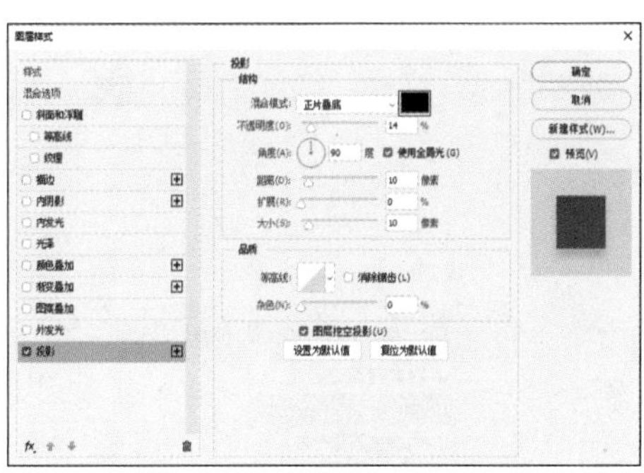

图10-22

（3）选择“钢笔工具”，在属性栏中设置“填充”为淡蓝色（R：214、G：246、B：251），绘制一个不规则图形，如图10-24所示。

图10-23

图10-24

（4）选择“图层→创建剪贴蒙版”菜单命令，在“图层”面板中新建一个剪贴图层，如图10-25所示，图像中超出白色云朵以外的区域将被隐藏起来，如图10-26所示。

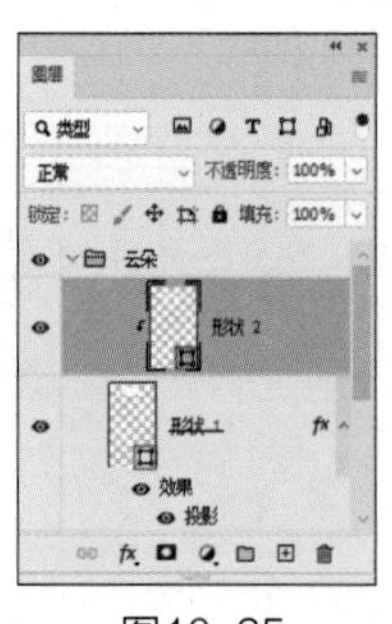

图10-25

图10-26

（5）选择“钢笔工具” ，在属性栏中设置“填充”为水蓝色（R：96、G：255、B：235），在白色云朵右侧绘制一个曲线图形，如图10-27所示。

图10-27

（6）在属性栏中单击“路径操作”按钮 ，在弹出的列表中选择“合并形状”选项，如图10-28所示。选择“椭圆工具” ，在曲线图形左端绘制一个椭圆形，如图10-29所示。

图10-28

图10-29

（7）选择“图层→图层样式→投影”菜单命令，打开“图层样式”对话框，设置投影颜色为黑色，其他参数设置如图10-30所示。单击“确定”按钮，得到投影效果，如图10-31所示。

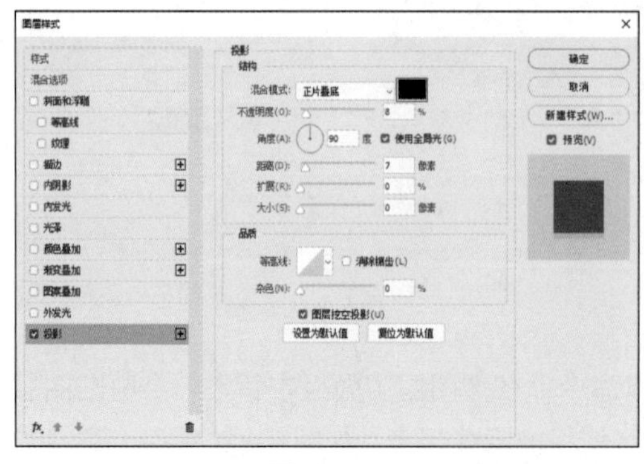

图10-30

图10-31

（8）按Ctrl+J组合键复制曲线图形，在属性栏中设置“填充”为白色，将曲线图形适当向上移动，然后选择“图层→图层样式→清除图层样式”菜单命令，得到图10-32所示的效果。

图10-32

（9）选择“钢笔工具”，在属性栏中设置“填充”为土黄色（R：225、G：154、B：28），在云朵图形中绘制一个箭头图形，如图10-33所示。

图10-33

（10）选择“图层→图层样式→投影”菜单命令，打开“图层样式”对话框，设置投影颜色为黑色，其他参数设置如图10-34所示。单击“确定”按钮，得到投影效果，如图10-35所示。

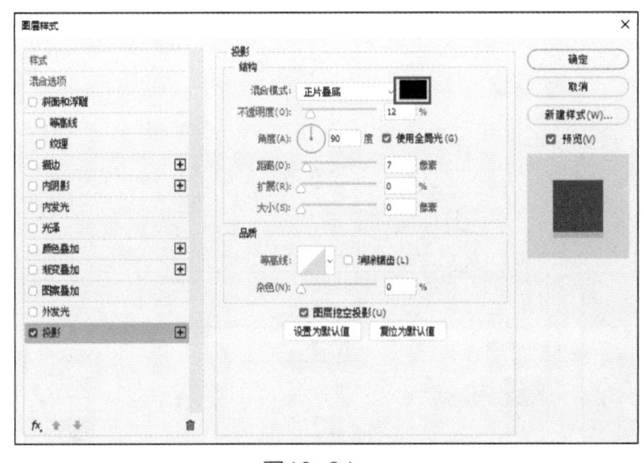

图10-34

图10-35

（11）按Ctrl+J组合键复制箭头图形，清除图层样式，并在属性栏中设置“填充”为黄色（R：253、G：249、B：146），使用“移动工具”适当向上移动箭头图形，如图10-36所示。

（12）选择“钢笔工具”，在箭头图形中绘制一条曲线路径。选择“横排文字工具”T，在属性栏中设置字体为“黑体”、颜色为红色（R：255、G：108、B：2），在曲线开始处单击插入光标，输入文字，如图10-37所示。

图10-36

图10-37

10.2.3 制作文字效果

（1）选择“横排文字工具”T，在属性栏中设置字体为“方正琥珀简体”、颜色为黄色（R：253、G：249、B：146），在云朵图形中输入文字“满”。按Ctrl+T组合键适当旋转文字，如图10-38所示。

图10-38

（2）选择“图层→图层样式→斜面和浮雕”菜单命令，打开“图层样式”对话框，设置“样式”为“内斜面”、“高光模式”为“正常”、颜色为白色、“不透明度”为75%、“阴影模式”为“正常”、颜色为黄色（R：251、G：240、B：67）、“不透明度”为100%，其他参数设置如图10-39所示。

（3）选择对话框左侧的“描边”选项，设置描边“大小”为5像素、“位置”为“外部”、“颜色”为孔雀绿色（R：29、G：198、B：175），如图10-40所示。

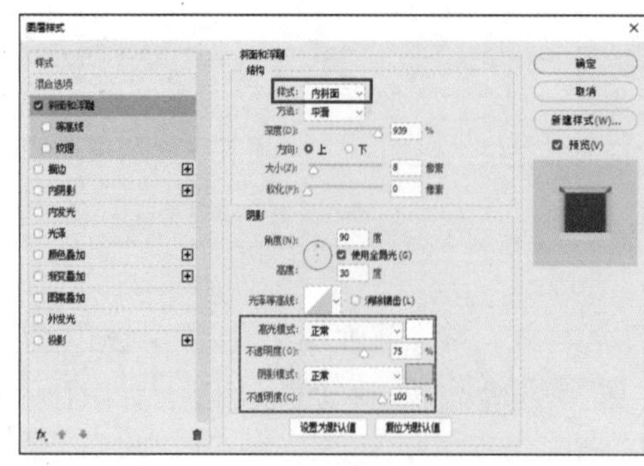

图10-39

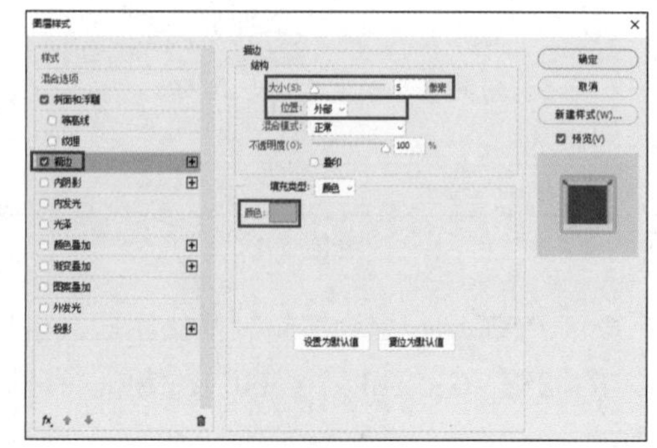

图10-40

（4）勾选对话框左侧的“投影”选项，设置投影颜色为黑色，其他参数设置如图10-41所示。单击“确定”按钮，得到添加图层样式后的文字效果，如图10-42所示。

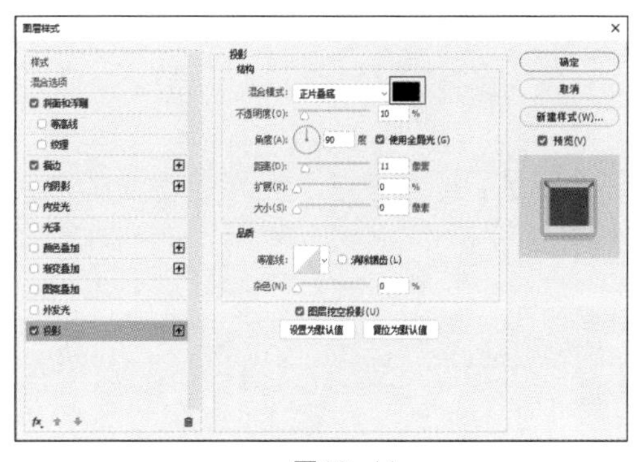

图10-41

图10-42

（5）选择“横排文字工具” T，在属性栏中设置与“满”字相同的参数，输入文字“途”，如图10-43所示。

（6）在“图层”面板中选择“满”图层，单击鼠标右键，在弹出的快捷菜单中选择“拷贝图层样式”命令，如图10-44所示。

图10-43

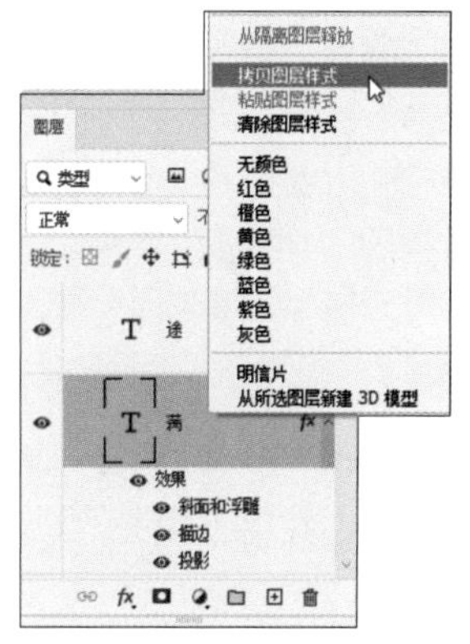

图10-44

（7）选择“途”图层，单击鼠标右键，在弹出的快捷菜单中选择“粘贴图层样式”命令，如图10-45所示，为“途”字添加与“满”字相同的图层样式，如图10-46所示。

图10-45

图10-46

（8）使用同样的方法，分别输入“旅”和“游”字，并粘贴图层样式，排列成图10-47所示的样式。

图10-47

（9）打开“阳光.psd”素材文件，使用“移动工具”将其拖曳至当前编辑的图像窗口中，放到画布左上方，并设置图层混合模式为“滤色”，如图10-48所示。

图10-48

（10）新建一个图层，选择“椭圆选框工具”，按住Shift键，通过加选的方式叠加绘制多个圆形选区，并将其填充为淡蓝色（R：211、G：250、B：255），如图10-49所示，得到云朵图像。

（11）按Ctrl+J组合键复制云朵图像，使用“移动工具”将其向上移动，如图10-50所示。

（12）选择“图层→创建剪贴蒙版”菜单命令，为该图层创建剪贴图层，隐藏超出淡蓝色云朵图像的白色区域，效果如图10-51所示。

图10-49

图10-50

图10-51

（13）复制多个云朵图像，分别调整云朵图像大小，放到画布两侧，排列如图10-52所示。

（14）打开“飞鸟.psd”和“热气球.psd”素材文件，使用“移动工具”分别将其拖曳至当前编辑的图像窗口中，并将其放到背景图像中的合适位置，如图10-53所示，完成本实例的制作。

图10-52

图10-53

10.3 实例：用户注册版块设计

本实例将制作一个网页中的用户注册版块，要求设计简洁易懂，能够让用户快速找到所需选项，实例效果如图10-54所示。

图10-54

资源位置

实例位置 实例文件>第10章>用户注册版块设计.psd

素材位置 素材文件>第10章>图标.psd

视频位置 视频文件>第10章>用户注册版块设计.mp4

设计思路

（1）运用线条作为边框，制作简洁的注册框。

（2）注意注册框的分类填充。

（3）设计出注册步骤示意图，运用图文结合的方式制作出步骤图。

10.3.1 绘制注册框

（1）打开10.2节中制作的“网站首图背景设计.psd”图像文件，下面在其中制作用户注册版块内容。选择“横排文字工具” T，在属性栏中设置字体为“黑体”、颜色为黑色，在画布中输入文字“注册账户”，如图10-55所示。

图10-55

（2）选择“椭圆工具”，在属性栏中设置工具模式为“形状”、“填充”为蓝色（R：58、G：199、B：255）、“描边”为无，如图10-56所示。按住Shift键在文字左侧绘制一个圆形，如图10-57所示。

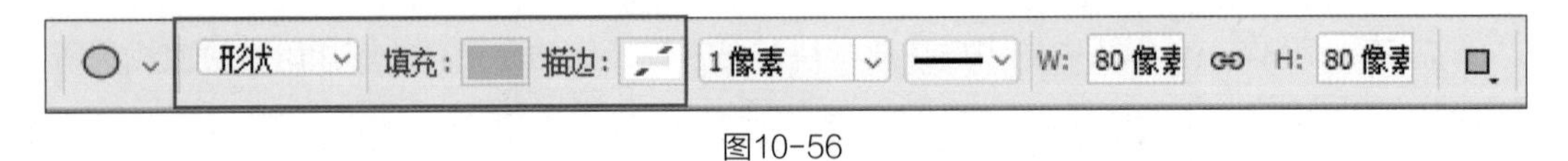

图10-56

图10-57

知识拓展

当使用文字工具在画布中单击确定文字插入点时，会出现一个闪烁的“I”形光标，光标中的小线条标记的就是文字基线，如图10-58所示。默认情况下，大部分文字都位于基线之上，只有英文小写字母g、p、q位于基线之下。当用户选择文字，并调整其基线位置后，往往会得到一些特殊的排列效果，使排版样式更加特别。

图10-58

（3）选择“钢笔工具”，在属性栏中设置与第（2）步中“椭圆工具”相同的属性，然后单击“路径操作”按钮，在弹出的列表中选择“合并形状”选项，如图10-59所示。在圆形下方绘制一个三角形，如图10-60所示。

图10-59　　图10-60

（4）选择“横排文字工具”T，在圆形中输入文字，在属性栏中设置字体为“黑体”、颜色为白色，如图10-61所示。

（5）下面绘制注册框。新建一个图层，选择“矩形选框工具”，在文字下方绘制一个矩形选区，并将其填充为白色，如图10-62所示。

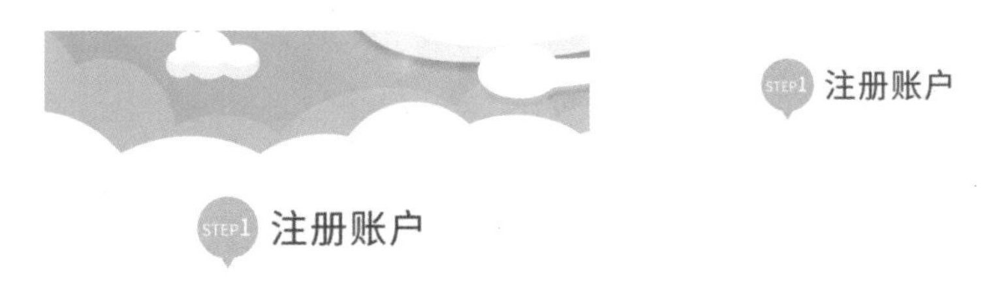

图10-61　　图10-62

（6）在“图层”面板中双击该图层，打开“图层样式”对话框，勾选“描边”选项，设置“大小”为2像素、“颜色”为淡蓝色（R：199、G：236、B：239），其他参数设置如图10-63所示。单击“确定”按钮得到描边效果，如图10-64所示。

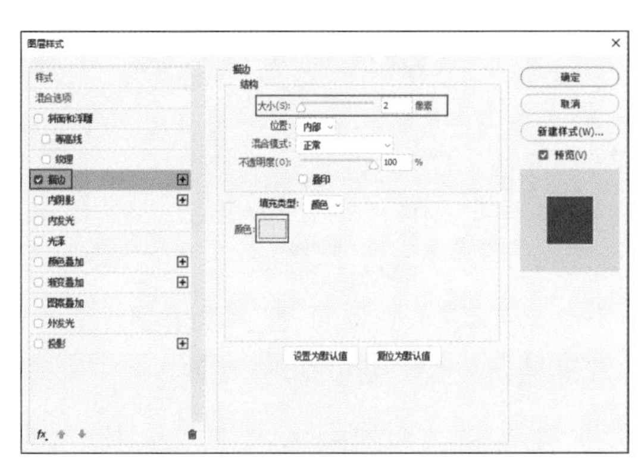

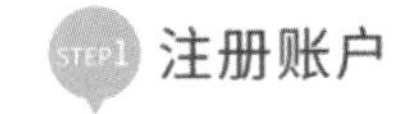

图10-63　　图10-64

（7）新建一个图层，使用“矩形选框工具”绘制一个较小的矩形选区，并为其应用相同的图层样式，如图10-65所示。

（8）按Ctrl+J组合键两次，复制两个较小的描边矩形，并分别向下移动，如图10-66所示。

（9）按Ctrl+J组合键，复制描边矩形，将其向下移动。按Ctrl+T组合键调整矩形宽度，效果如图10-67所示。

（10）选择“横排文字工具”T，在属性栏中设置字体为“黑体”、颜色为灰色（R：141、G：143、B：143），在矩形中输入文字，排列成图10-68所示的样式。

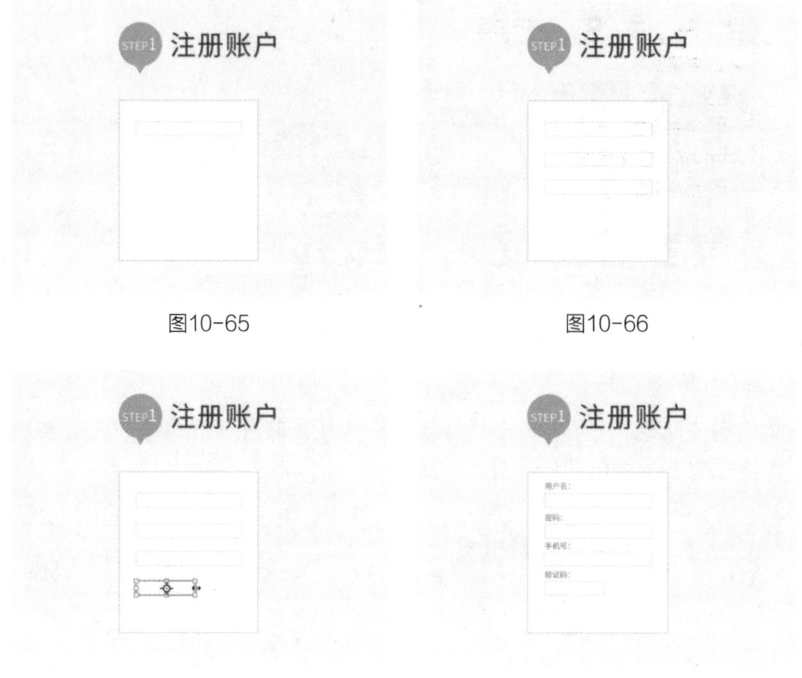

图10-65　　图10-66

图10-67　　图10-68

（11）新建一个图层，选择“矩形选框工具”，在注册框右下方绘制一个矩形选区，并将其填充为灰绿色（R：255、G：0、B：0），然后在其中输入文字，并设置字体为“黑体”、颜色为白色，如图10-69所示。

（12）在注册框底部绘制一个矩形选区，将其填充为蓝色（R：58、G：199、B：255），并在其中输入文字，如图10-70所示。

图10-69　　图10-70

10.3.2 绘制注册步骤图

（1）新建一个图层，选择“椭圆选框工具”，在注册框右侧绘制一个圆形选区，将其填充为白色，如图10-71所示。

图10-71

（2）选择“图层→图层样式→描边”菜单命令，打开“图层样式”对话框，设置描边“大小”为6像素、“颜色”为淡蓝色（R：199、G：236、B：239），其他参数设置如图10-72所示。单击“确定”按钮，得到描边图像，如图10-73所示。

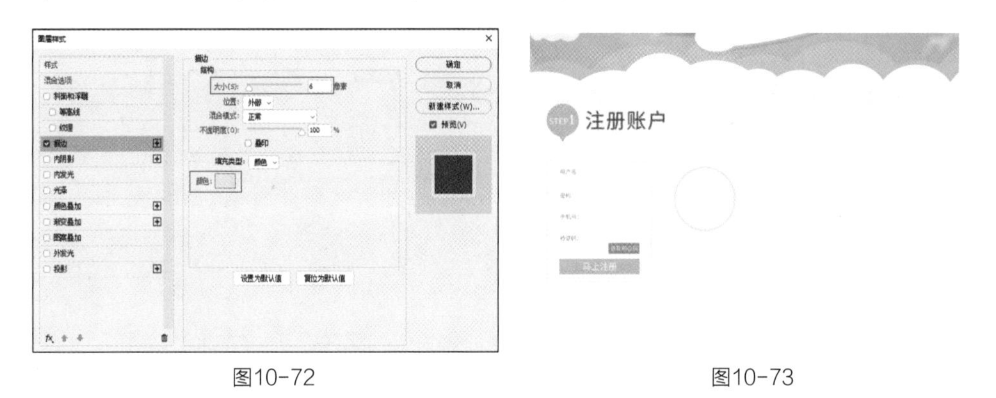

图10-72　　图10-73

（3）新建一个图层，选择“多边形套索工具”，在圆形下方绘制一个三角形选区，将其填充为淡蓝色（R：199、G：236、B：239），如图10-74所示。

（4）按住Ctrl键选择圆形和三角形所在图层，按Ctrl+E组合键合并图层，然后按Ctrl+J组合键两次，复制两个图层，分别将组合图形向右移动，排列成图10-75所示的样式。

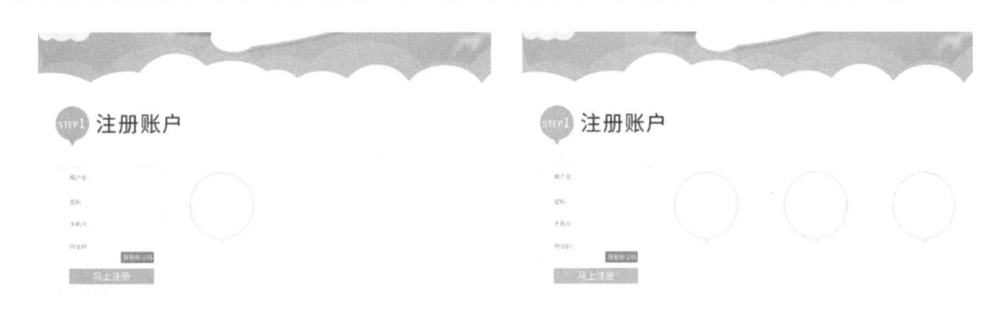

图10-74　　图10-75

（5）打开“图标.psd”素材文件，使用“移动工具”将其拖曳至当前编辑的图像窗口中，并分别放到3个组合图形中，如图10-76所示。

（6）选择“横排文字工具”，在属性栏中设置字体为“黑体”，在组合图形下方分别输入注册选项的文字介绍，将文字分别填充为黑色、浅灰色和橘黄色（R：254、G：180、B：3），参考图10-77所示的样式进行排列。

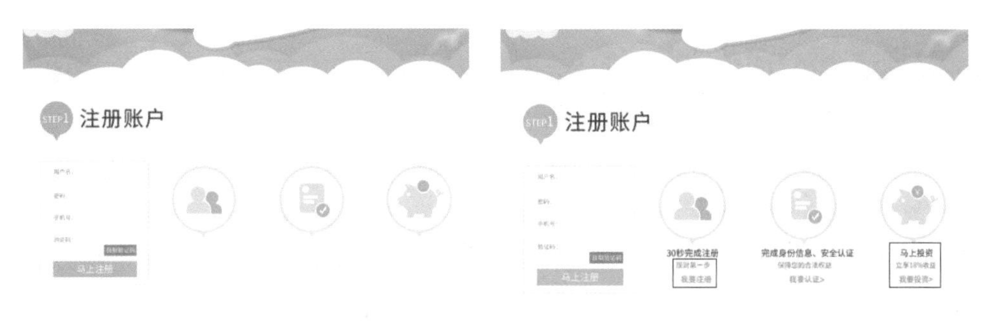

图10-76　　图10-77

（7）新建一个图层，选择“矩形选框工具”，按住Shift键绘制一个矩形选区，将其填充为淡蓝色（R：199、G：236、B：239），如图10-78所示。

（8）按Ctrl+J组合键复制矩形，按Ctrl+T组合键，矩形周围将出现变换框，将变换框的中心点移动到右下角，如图10-79所示。

图10-78　　　　图10-79

（9）在属性栏中设置旋转角度为180度，如图10-80所示。矩形将沿中心点旋转180度，效果如图10-81所示。

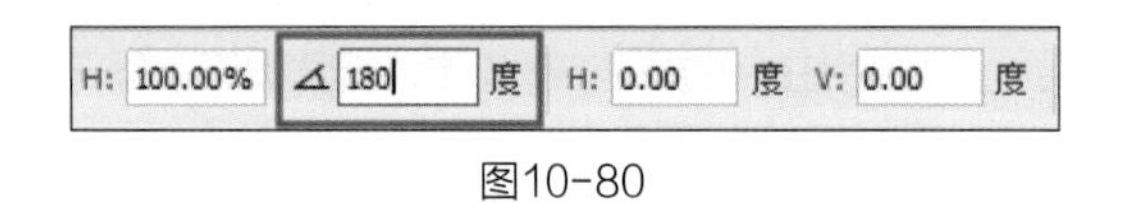

图10-80

（10）使用同样的方法，多次复制并旋转矩形，排列为图10-82所示的效果。

图10-81　　　　图10-82

（11）选择最下方的矩形，按Ctrl+J组合键复制矩形，按Ctrl+T组合键，矩形周围将出现变换框，将中心点移动到左下角，如图10-83所示。将图像旋转180度，得到图10-84所示的效果。

图10-83　　　　图10-84

（12）使用相同的方法多次复制矩形，调整变换框中心点到左下方，旋转图像，排列得到图10-85所示的效果。

（13）选择所有淡蓝色矩形所在的图层，按Ctrl+E组合键合并图层，适当调整矩形大小，将其放到注册步骤中间，得到箭头符号，如图10-86所示。

图10-85　　图10-86

（14）按Ctrl+J组合键复制箭头符号，将其向右移动，如图10-87所示，完成用户注册版块的制作。

图10-87

10.4 实战训练：网站图标设计

本次实战训练的内容是网站图标设计，网站图标采用统一的外形设计，使用不同的渐变色进行填充，放上相应的图案，得到风格统一的网站图标，效果如图10-88所示。

图10-88

资源位置

实例位置 实例文件>第10章>网站图标设计.psd

视频位置 视频文件>第10章>网站图标设计.mp4

设计思路

（1）绘制出图标的基本造型，并分别用渐变色填充。

（2）根据不同的需求制作图标中的图案，使其更有识别性。

制作要点

（1）选择“矩形工具”，在属性栏中设置“填充”为渐变、渐变颜色为从淡蓝色（R：0、G：242、B：254）到蓝色（R：79、G：172、B：254）、半径为130像素，如图10-89所示。

（2）按住鼠标左键在图标中拖曳，绘制一个带渐变色的圆角矩形，并为其添加投影图层样式，如图10-90所示。

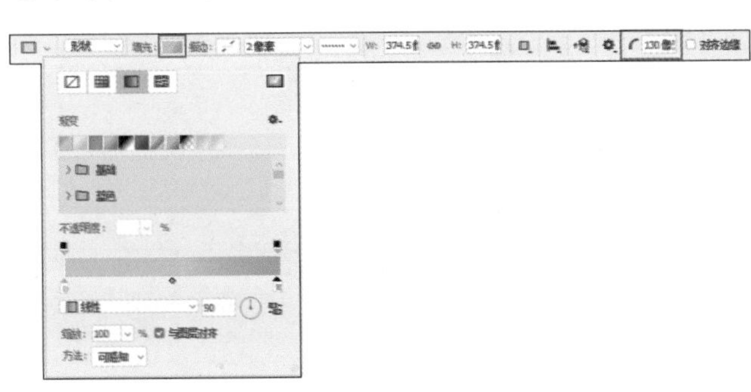

图10-89

图10-90

（3）按Ctrl+J组合键复制3个图标，分别调整其渐变色，效果如图10-91所示。

（4）使用“钢笔工具”绘制出各个图标中的装饰图案，并分别为其添加渐变色填充，如图10-92所示，完成制作。

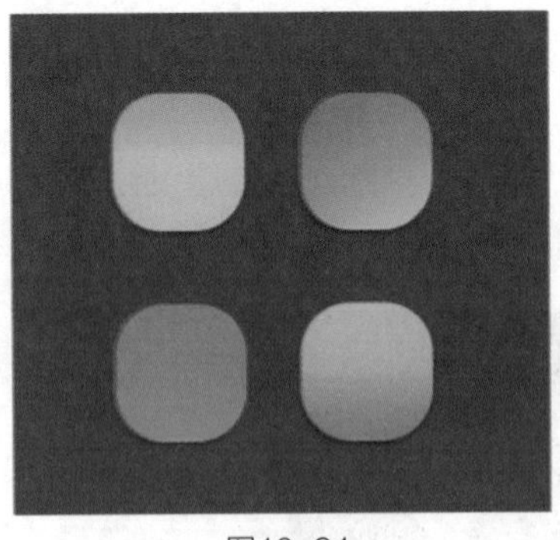

图10-91

图10-92

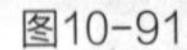

第11章 综合实例

通过对前面各章的学习，读者已经了解了Photoshop 2022的各种设计功能。本章将运用前面所学进行综合实例的设计练习，包括篮球比赛海报设计和书籍装帧设计。

11.1 篮球比赛海报设计

本实例将设计制作一款篮球比赛海报，要求在设计中突出青春活力与勇于拼搏的精神，展现出学生积极阳光的运动状态，实例效果如图11-1所示。

图11-1

资源位置

实例位置　实例文件>第11章>篮球比赛海报设计.psd

素材位置　素材文件>第11章>底纹.jpg、墨迹1.psd、墨迹2.psd、运动.psd、墨迹3.psd、光.psd、文字.psd、火球.psd

视频位置　视频文件>第11章>篮球比赛海报设计.mp4

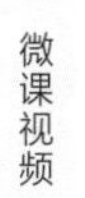

11.1.1 实例分析

（1）选择合适的素材文件，用人物作为主要背景图像，将水墨痕迹图像与光亮图像结合在一起，得到极大的视觉反差效果，让设计更具有个性。

（2）用简洁的浅灰色作为背景，更能突出展示海报的主题。

（3）注意颜色的搭配，使用热情的红色与文字内容相结合，制作一些特殊效果，使主题更加突出。

11.1.2 实例设计

（1）选择“文件→新建”菜单命令，打开“新建文档”对话框，设置文件名为“篮球比赛海报”、“宽度”和“高度”分别为40厘米和60厘米、“分辨率”为150像素/英寸，如图11-2所示。单击“创建”按钮，新建一个图像文件。

（2）打开“底纹.jpg”素材文件，使用“移动工具”将其拖曳至当前编辑的图像窗口中，按Ctrl+T组合键调整图像大小，使其布满整个画布，如图11-3所示。

（3）打开“墨迹1.psd”素材文件，使用“移动工具”将其拖曳至当前编辑的图像窗口中，将其放到画布底部，如图11-4所示。

图11-2

图11-3

图11-4

（4）打开“墨迹2.psd”素材文件，使用“移动工具”将其拖曳至当前编辑的图像窗口中，按Ctrl+J组合键复制墨迹图像，参照图11-5所示的样式排列。

（5）打开“运动.psd”素材文件，使用“移动工具”将其拖曳至当前编辑的图像窗口中，适当调整人物图像大小，将其放到画布下方，如图11-6所示。

（6）单击“图层”面板底部的“创建新的填充或调整图层”按钮，在弹出的列表中选择“色彩平衡”选项，打开“属性”面板，在“色调”下拉列表中选择“中间调”选项，参数设置如图11-7所示。

图11-5

图11-6

图11-7

（7）“图层”面板中新建一个调整图层，按Alt+Ctrl+G组合键创建剪贴图层，得到调整颜色后的人物效果，如图11-8所示。

图11-8

（8）新建一个图层，设置前景色为黑色。选择“画笔工具”，在属性栏中选择画笔样式为“柔边圆”，设置“不透明度”为50%，在人物图像手部和腿部进行绘制，如图11-9所示。

图11-9

（9）按Alt+Ctrl+G组合键创建剪贴图层，隐藏超出人物图像区域的黑色图像，如图11-10所示。

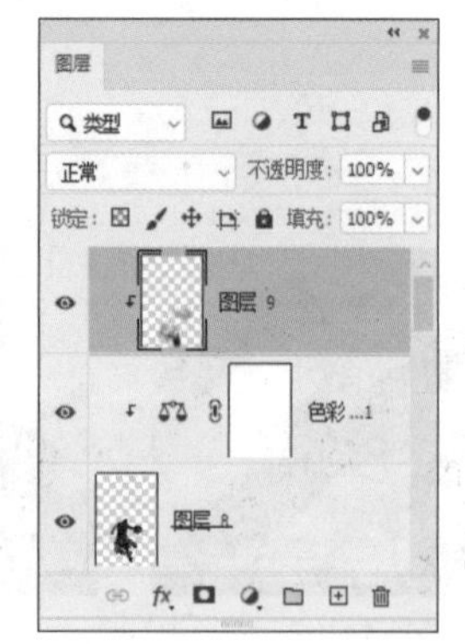

图11-10

（10）打开“光.psd”素材文件，使用“移动工具” 将“光圈”图层拖曳至当前编辑的图像窗口中，将其放到人物图像中间，如图11-11所示。

（11）在“图层”面板中设置该图层混合模式为“滤色”，得到图11-12所示的效果。

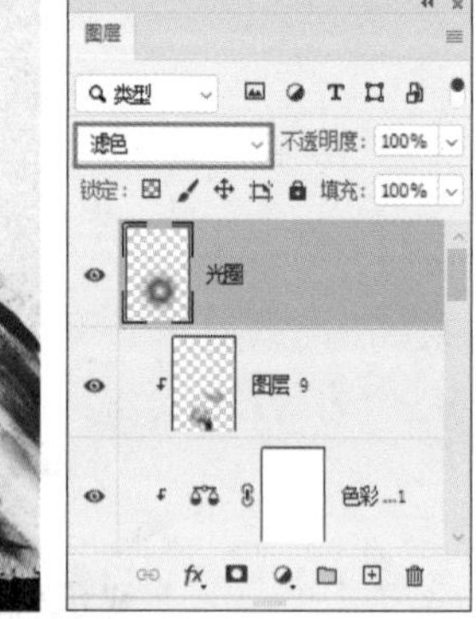

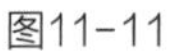

图11-11　　图11-12

（12）按Ctrl+J组合键，再复制两个“光圈”图层，适当调整光圈的大小，将其分别放到画布的下方和右侧，如图11-13所示。

（13）打开“墨迹3.psd”素材文件，使用“移动工具” 将其拖曳至当前编辑的图像窗口中，放到画布上方，如图11-14所示。

图11-13　　图11-14

（14）选择“图层→图层样式→颜色叠加”菜单命令，打开“图层样式”对话框，设置叠加的颜色为深红色（R：185、G：28、B：34），如图11-15所示。单击“确定”按钮，得到颜色叠加效果，如图11-16所示。

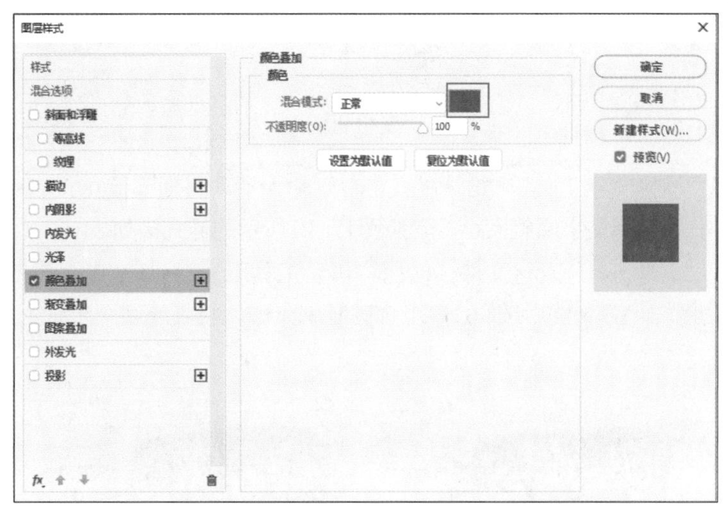

图11-15

（15）打开“文字.psd”素材文件，使用“移动工具”将其拖曳至当前编辑的图像窗口中，放到画布上方，参照图11-17所示的样式排列。

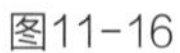

图11-16

图11-17

（16）新建一个图层，选择“矩形选框工具”，在文字下方绘制一个矩形选区，将其填充为红色（R：185、G：28、B：34），如图11-18所示。

（17）选择“横排文字工具”T，在矩形中输入一行文字，并在属性栏中设置字体为“方正综艺简体”、颜色为白色，如图11-19所示。

（18）在矩形下方输入一行英文文字，在属性栏中设置字体为“方正综艺简体”、“填充”为红色（R：185、G：28、B：34），如图11-20所示。

图11-18

图11-19

图11-20

（19）选择“横排文字工具” T，在画布右侧输入活动日期等信息，在属性栏中设置字体为“黑体”，分别选择文字调整大小，参照图11-21所示的样式排列。

（20）打开“火球.psd”素材文件，使用“移动工具” 将其拖曳至当前编辑的图像窗口中，放到人物图像上方，然后按Ctrl+J组合键复制火球，将其放到画布右上方，如图11-22所示。

图11-21

图11-22

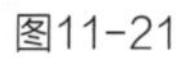

（21）选择“钢笔工具” ，在属性栏中设置工具模式为“形状”、“描边”为红色（R：185、G：28、B：34）、宽度为5像素，选择线条样式，如图11-23所示，然后在画布左侧绘制一条垂直线段，如图11-24所示。

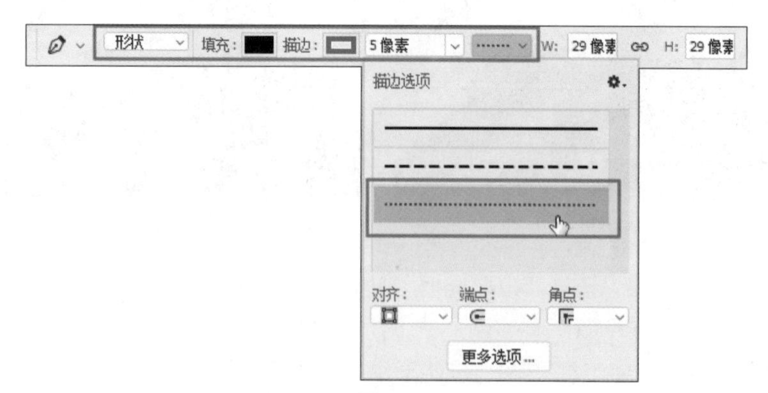

图11-23

（22）新建一个图层，选择“椭圆选框工具” ，在线条顶部绘制一个较大的圆形选区，将其填充为红色（R：185、G：28、B：34），如图11-25所示。

图11-24

图11-25

（23）使用“直排文字工具” 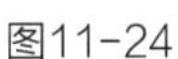 在线段下方输入一行文字，在属性栏中设置字体为“方正综艺简体”、“填充”为红色（R：185、G：28、B：34），效果如图11-26所示。

（24）在画布底部输入文字，设置字体分别为“方正综艺简体”“黑体”、“填充”均为红色（R：185、G：28、B：34），如图11-27所示，完成本实例的制作。

图11-26

图11-27

11.2 书籍装帧设计

本实例将设计一本书的装帧效果图。先将书的封面和封底制作成一幅完整的画面，再添加素材和文字，让书的装帧设计更加和谐统一，实例效果如图11-28所示。

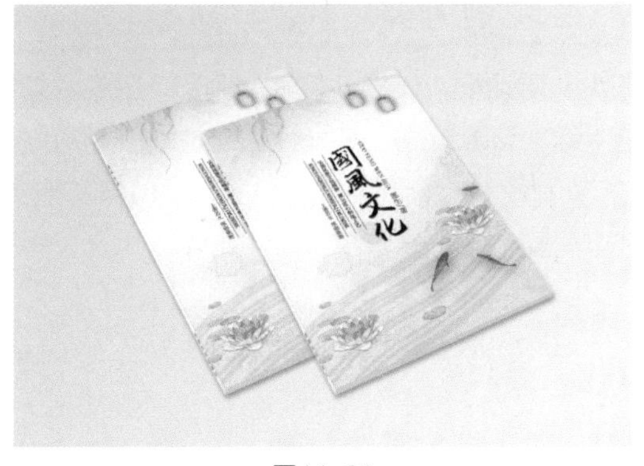

图11-28

资源位置

实例位置 实例文件>第11章>书籍装帧设计.psd

素材位置 素材文件>第11章>彩色图.jpg、背景.jpg、线条.jpg、草.psd、灯笼.psd、荷花1.psd、荷花2.psd、鱼.psd、文字.psd

视频位置 视频文件>第11章>书籍装帧设计.mp4

微课视频

11.2.1 实例分析

（1）选择清淡色调的素材文件，合理安排图像的排列位置。

（2）选择适当的字体和颜色。

（3）适当地对图像应用一些特殊效果。

11.2.2 实例设计

（1）选择“文件→新建”菜单命令，打开“新建文档”对话框，设置文件名为“国风文化书籍设计”、“宽度”和“高度”分别为42厘米和29.7厘米、“分辨率”为300像素/英寸，如图11-29所示。单击“创建”按钮，新建一个图像文件。

（2）按Ctrl+R组合键显示标尺，选择“视图→新建参考线”菜单命令，打开“新建参考线”对话框，设置“取向”为“垂直”、“位置”为20.5厘米，如图11-30所示，单击“确定”按钮，得到第一条参考线，如图11-31所示。

图11-29

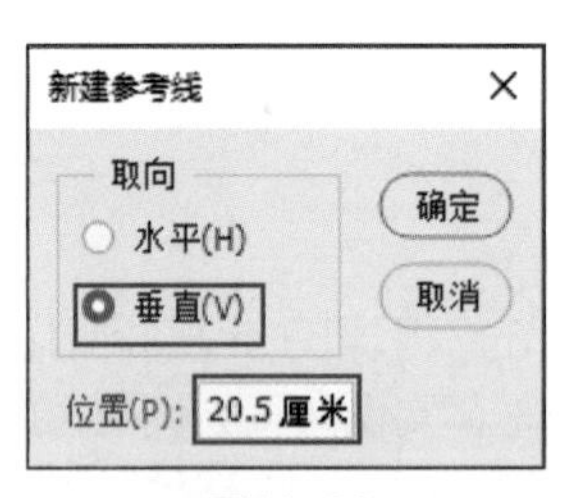

图11-30

图 11-31

（3）打开“新建参考线”对话框，设置“位置”为21.5厘米，如图11-32所示，单击“确定”按钮，得到第二条参考线，该参考线用来划分封面、书脊和封底，如图11-33所示。

（4）打开“背景.jpg”素材文件，使用“移动工具” 将其拖曳至当前编辑的图像窗口中，调整图像大小，使其布满整个画布，如图11-34所示。

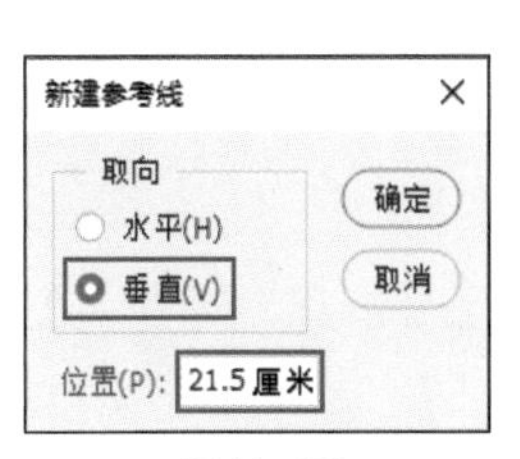

图11-32

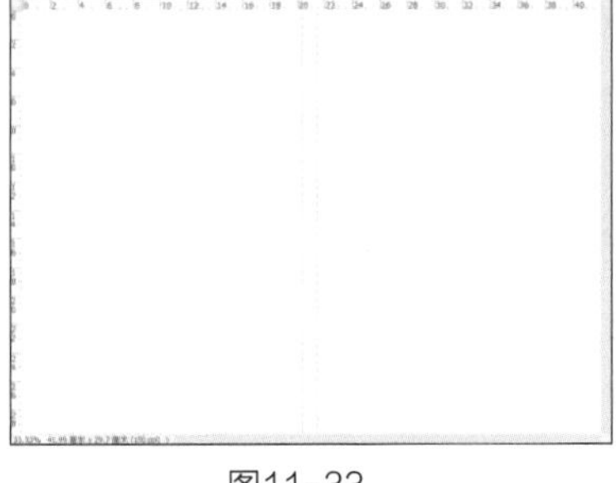

图11-33

图11-34

（5）打开“彩色图.jpg”素材文件，使用“移动工具”将其拖曳至当前编辑的图像窗口中，按Ctrl+T组合键适当调整图像大小，使其布满整个画布，并在“图层”面板中设置“填充”为36%，得到透明的效果，如图11-35所示。

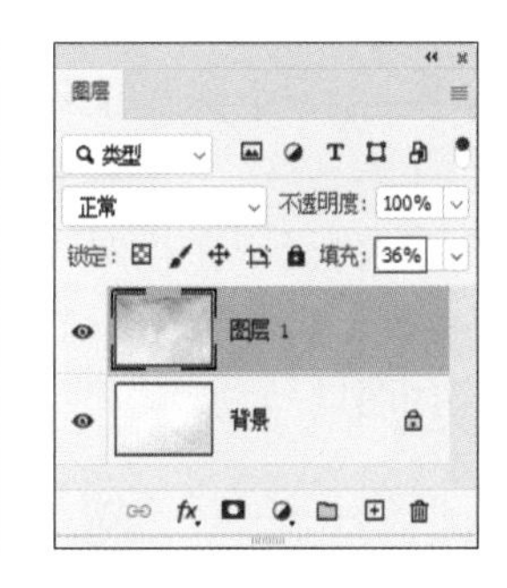

图11-35

（6）单击“图层”面板底部的“添加图层蒙版”按钮，选择“画笔工具”，在工具属性栏中设置画笔为柔角，对图像下方进行涂抹，隐藏大部分图像，如图11-36所示。

图11-36

（7）打开“线条.jpg”素材文件，如图11-37所示。使用“移动工具”将其拖曳至当前编辑的图像窗口中，放到画布右侧，并设置该图层的混合模式为“正片叠底”、“不透明度”为43%、“填充”为25%，得到的底纹效果如图11-38所示。

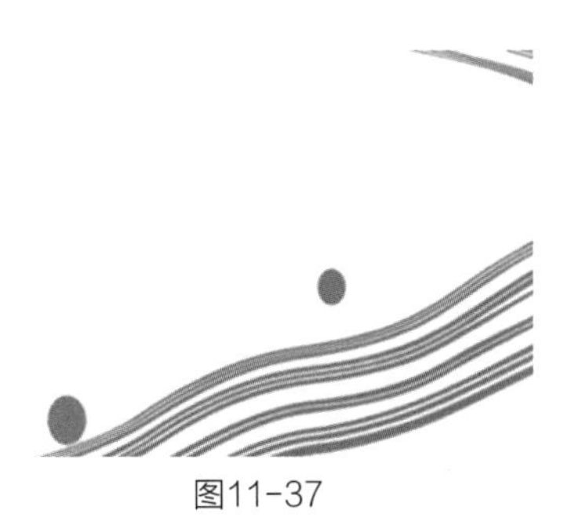

图11-37

图11-38

（8）打开“草.psd”素材文件，使用“移动工具”将其拖曳至当前编辑的图像窗口中，放到画布上方，如图11-39所示。

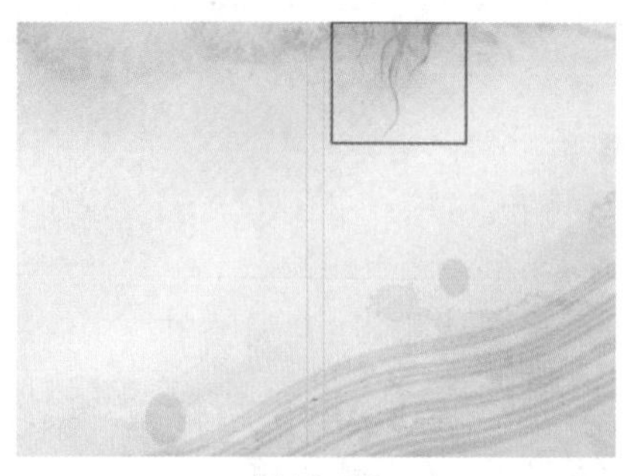

图11-39

（9）新建一个图层，设置前景色为蓝色（R：158、G：210、B：227）。选择“椭圆工具”，在画布中绘制一个椭圆形路径，然后选择“铅笔工具”，在属性栏中设置画笔“大小”为3像素，单击“路径”面板底部的“用画笔描边路径”按钮，得到椭圆形图像，重复操作，绘制多个大小不一的椭圆形，如图11-40所示。

（10）按Ctrl+J组合键复制该图像，并将其向左侧移动，然后使用“橡皮擦工具”擦除部分图像，效果如图11-41所示。

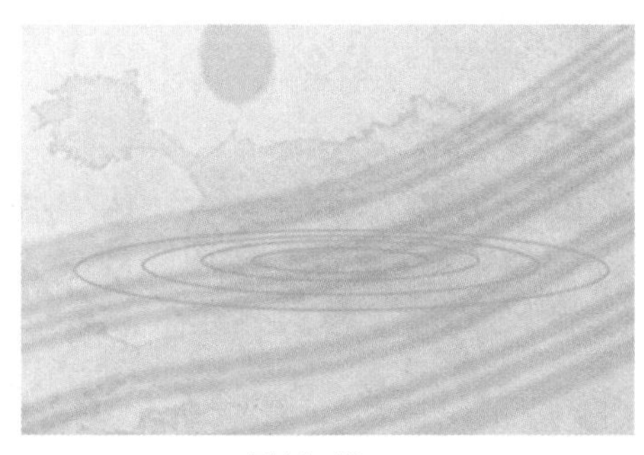

图11-40

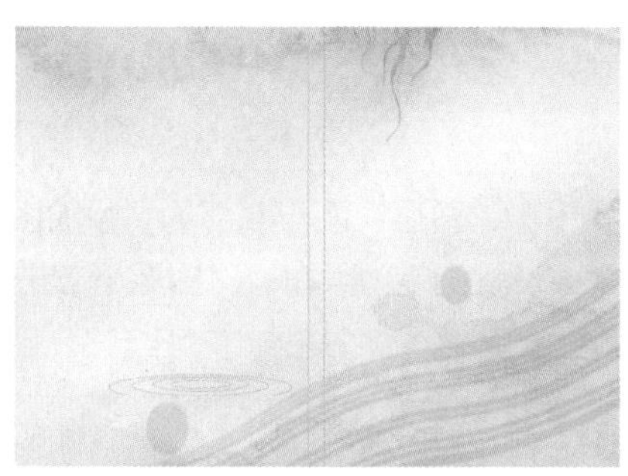

图11-41

（11）打开“灯笼.psd”素材文件，使用“移动工具”将其拖曳至当前编辑的图像窗口中，按Ctrl+J组合键复制该图像，将其放到画布右侧，如图11-42所示。

（12）新建一个图层，选择“矩形选框工具”，在灯笼图像上方绘制两个细长的矩形选区，将其填充为粉红色（R：203、G：150、B：143），如图11-43所示。

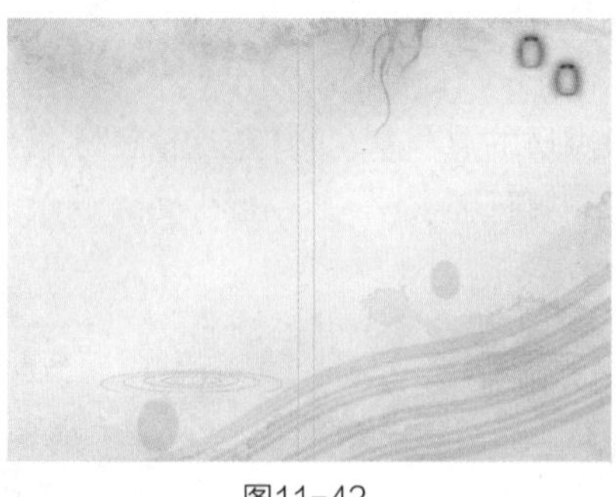

图11-42

图11-43

（13）打开“荷花1.psd”素材文件，使用“移动工具”将其拖曳至当前编辑的图像窗口中，放到画布左侧，如图11-44所示。

图11-44

（14）在“图层”面板中设置图层混合模式为“正片叠底”，得到图11-45所示的效果。

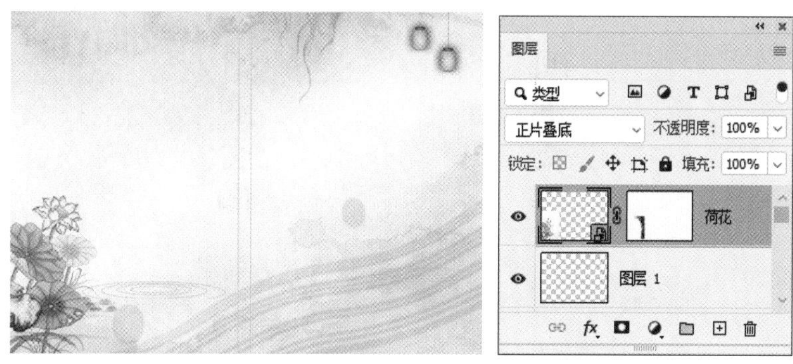

图11-45

（15）打开“荷花2.psd”素材文件，使用“移动工具” 将其拖曳至当前编辑的图像窗口中，放到画布中间，然后按Ctrl+J组合键复制图像，将其移动到画布右侧，效果如图11-46所示。

（16）打开“鱼.psd”素材文件，使用“移动工具” 将其拖曳至当前编辑的图像窗口中，放到荷花图像附近，效果如图11-47所示。

图11-46

图11-47

（17）选择鱼图像所在图层，选择“图层→图层样式→投影”菜单命令，打开“图层样式”对话框，设置投影颜色为深红色（R：140、G：10、B：4），其他参数设置如图11-48所示。单击“确定”按钮，效果如图11-49所示。

（18）打开“文字.psd”素材文件，使用“移动工具” 将其拖曳至当前编辑的图像窗口中，适当调整图像大小，放到画布中间，如图11-50所示。

（19）选择“矩形选框工具” ，在文字左侧绘制一个细长的矩形选区，将其填充为黑色。选择该选区，按两次Ctrl+J组合键复制两次，移动选区，使其并列排放，如图11-51所示。

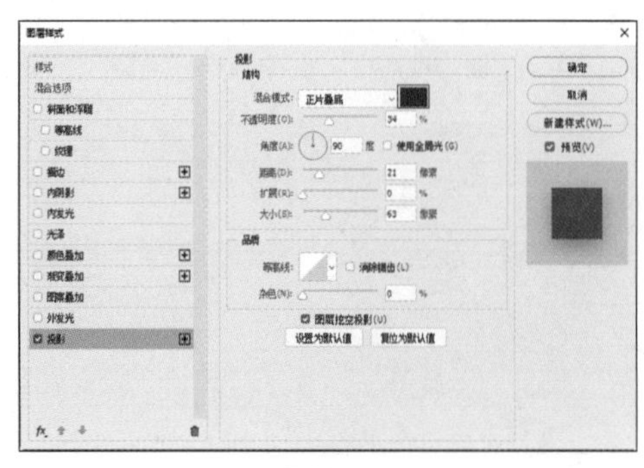

图11-48

图11-49

图11-50

图11-51

（20）选择“直排文字工具” ，在细长矩形之间分别输入一行英文和中文文字，在属性栏中设置字体为“宋体”、“填充”为黑色，如图11-52所示。

（21）在“国风文化”文字右侧输入一行英文文字和作者名称，并将作者名称填充为红色（R：231、G：30、B：24），如图11-53所示。

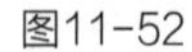

图11-52

图11-53

（22）下面制作书脊部分。新建一个图层，选择“矩形选框工具” ，在两条参考线中间绘制一个矩形选区，将其填充为白色，如图11-54所示。

（23）在“图层”面板中设置该图层的“不透明度”为40%，选择“直排文字工具” ，在书脊中输入图书名称和出版社名称，如图11-55所示。

（24）在封底中输入文字，并将标题文字填充为绿色（R：26、G：82、B：23），其他文字填充为黑色，完成图书平面图制作，效果如图11-56所示。

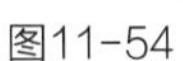

图11-54　　图11-55

（25）新建一个图层，选择“渐变工具”，在属性栏中设置渐变色为从灰色到浅灰色，应用线性渐变填充，如图11-57所示。

图11-56　　图11-57

（26）切换到绘制好的“国风文化书籍设计.psd”图像窗口中，按Alt+Ctrl+Shift+E组合键盖印图层，然后使用“矩形选框工具”框选封面图像，按Ctrl+C组合键复制图像，再切换到新建的图像窗口中，按Ctrl+v组合键粘贴图像，如图11-58所示。

（27）选择“编辑→自由变换”菜单命令，按住Ctrl键调整变换框的4个角，得到透视变换效果，如图11-59所示。

图11-58　　图11-59

（28）选择“矩形选框工具”，在“国风文化书籍设计.psd”图像窗口中框选书脊，将其复制并粘贴到新建图像窗口中，如图11-60所示。

（29）重复上述操作，对书脊进行变换，效果如图11-61所示。

（30）新建一个图层，选择“多边形套索工具”，在图书底部绘制一个四边形选区，将其填充为浅灰色，作为书的厚度，如图11-62所示。

（31）在“图层”面板中按住Ctrl键，选择除“背景”图层以外的所有图层，按Ctrl+G组合键创建图层组，得到“组1”，如图11-63所示。

图11-60

图11-61

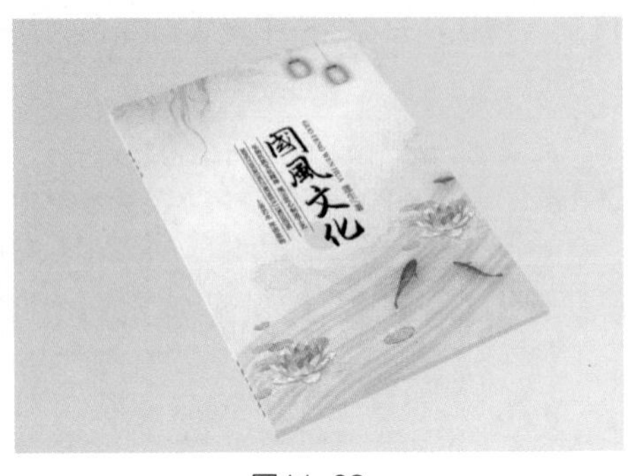

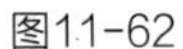

图11-62

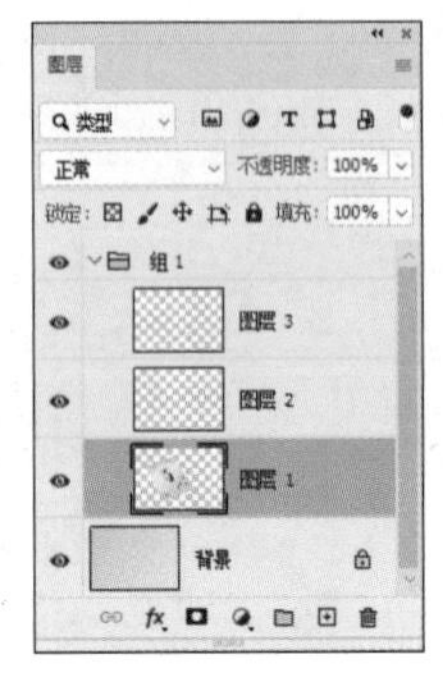

图11-63

（32）选择“组1”图层组，选择“图层→图层样式→投影”菜单命令，打开“图层样式”对话框，设置投影颜色为黑色，其他参数设置如图11-64所示。单击“确定”按钮，得到投影效果，如图11-65所示。

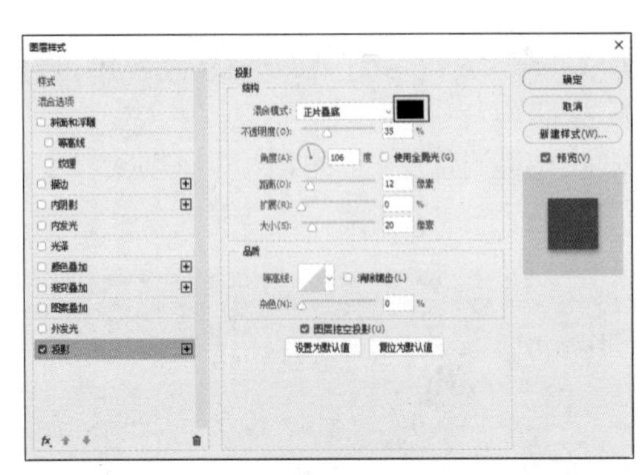

图11-64

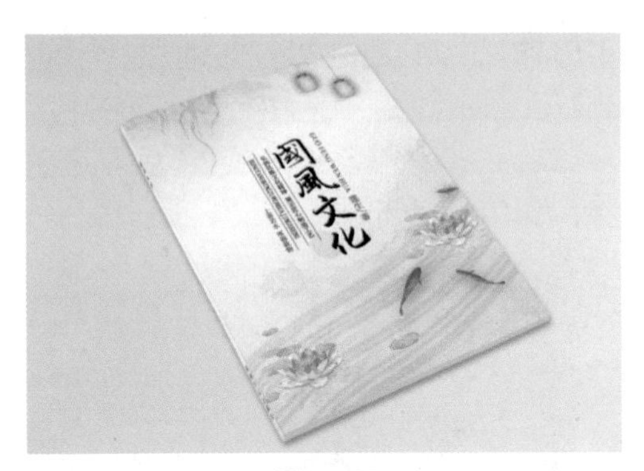

图11-65

（33）按Ctrl+J组合键复制“组1”，得到“组1拷贝”。将复制的图像向右移动，得到重叠的图像，如图11-66所示，完成本实例的制作。

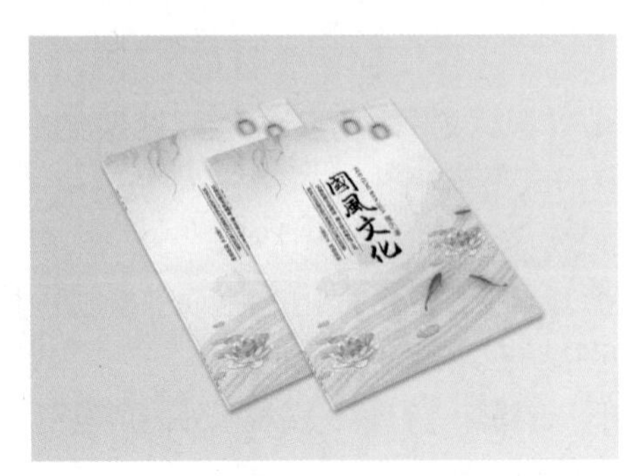

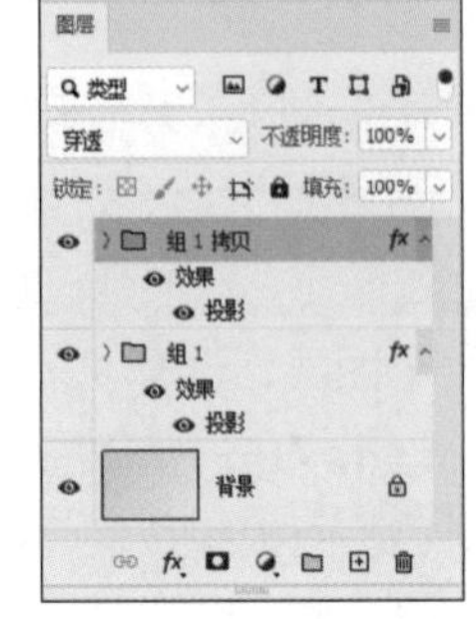

图11-66